生成式AI

与新质内容生产力

从理论解读到实际应用

喻国明 杨雅 等著

U0125382

人民邮电出版社

北京

图书在版编目（CIP）数据

生成式AI与新质内容生产力：从理论解读到实际应
用 / 喻国明等著. -- 北京 : 人民邮电出版社，2024.6
ISBN 978-7-115-64341-4

Ⅰ．①生… Ⅱ．①喻… Ⅲ．①人工智能 Ⅳ.
①TP18

中国国家版本馆CIP数据核字(2024)第089671号

◆ 著　　　　喻国明　杨　雅　等
　　责任编辑　孙燕燕
　　责任印制　周昇亮

◆ 人民邮电出版社出版发行　　北京市丰台区成寿寺路 11 号
　　邮编　100164　电子邮件　315@ptpress.com.cn
　　网址　https://www.ptpress.com.cn
　　河北京平诚乾印刷有限公司印刷

◆ 开本：720×960　1/16
　　印张：16.75　　　　　　　2024 年 6 月第 1 版
　　字数：249 千字　　　　　2024 年 6 月河北第 1 次印刷

定价：69.80 元

读者服务热线：(010)81055296　印装质量热线：(010)81055316
反盗版热线：(010)81055315
广告经营许可证：京东市监广登字 20170147 号

理解生成式 AI：一种新质内容生产力

一、引言：作为新质内容生产力的生成式 AI

2022 年 11 月 30 日，美国人工智能公司 OpenAI 推出新型人工智能产品——ChatGPT，标志着生成式 AI（Generative Artificial Intelligence，GAI）作为近年来最具革命性和颠覆性的技术之一，正式进入公众视野。该技术以其卓越的能力——从现有数据中学习并生成全新的内容，正逐步重塑我们对生产力的传统认知，并在信息化、数字化、智能化时代成为新质内容生产力的典范——不仅极大地拓展了内容生产的边界，还为艺术创作、产品设计、科学研究等多个领域注入了前所未有的创新活力和无限可能。

在当前对生成式 AI 的讨论中，焦点主要集中在该技术对信息生态、内容系统、人机交互网络，以及算法治理的革新性影响上（见图 0-1）。各种观点交织，形成了一个多元化的讨论场域。例如，"乐观论"的观点认为，生成式 AI 作为新质内容生产力的代表，将极大地丰富人类的社会生活，推动经济和社会的快速发展；"悲观论"的观点则认为，我们需要警惕生成式 AI 可能带来的潜在风险，如信息过载、误导性内容的产生、对人类工作的替代等；此外，还有一些"泡沫论"的观点强调，尽管生成式 AI 的前景广阔，但其目前尚处于未成熟的发展阶段，距离成为推动社会进步的新质内容生产力还有很长的路，因此在推广应用生成式 AI 之前，需要充分考虑其社会适应、伦理道德、监管框架等现实问题。综上，生成式 AI 作为新质内容生产力的代表，其对社会的多维影响要求我们进行全面而深入的考量。在积极推动技术进步的同时，我们必须对潜在的挑战保持警觉，并采取适当的预防和应对措施。这样，生成式 AI 才能在促进社会进步的同时，发挥其积极的正面作用。

图 0-1　当前生成式 AI 研究的词云图

为深入讨论"生成式 AI 作为一种新质内容生产力"这一议题，我们首先需要建立对生成式 AI 的基本理解，包括技术原理、可能带来的广泛影响等。达成一个基础性的认知共识是进一步探讨的前提，本序言旨在提供对这些问题的初步阐释，尝试为读者构建一个关于生成式 AI 的基础性认识框架。

二、生成式 AI 的技术原理

技术如何模拟人类的认知与思考活动，是理解人工智能技术原理的基本认识落点。

生成式 AI 这个概念源自国外自然科学学者，指基于算法、模型、规则，在没有人直接参与的情况下生成图文、音视频、代码等内容的技术，包括生成式对抗网络（GAN）、生成式预训练转换器（GPT）、生成扩散模型（GDM）等技术形式。ChatGPT 就是基于生成式预训练转换器这种具体的技术形式所实现的技术产品，所谓大语言模型（Large Language Model，LLM）是 GPT 技术的一种具体模型。生成式预训练转换器、大语言模型是囊括在生成式 AI 之下的下位概念。

生成式 AI 的技术过程被一些学者形象地概括为"四板斧"：文字接龙、给予引导、标注反馈和强化学习。这一过程揭示了生成式 AI 的核心运作机制：基于给定输入，通过概率计算预测并生成可能的文本或内容，然后利用人类标注的反馈数据进行训练和优化。由此可见，概率计算生成与实时标注训练两大技术特性共同构成生成式 AI 独特的运作模式——与判别式 AI 的演绎式规则输入不同，生成式 AI 侧重于通过预测不同元素间的概率分布来实现认知模拟，这依赖于数据的相关性和概率性，而非因果性。

对于生成式 AI 能否复现人类智能这一问题，学界存在两种主流观点。一种是相对乐观的认识，即认为生成式 AI 是已然逼近能够模拟人类真实智能的强人工智能。这种论断源自人工智能流派的联结主义（Connectionism），他们认为人类智能即"学习"智能，是从不断积累的经验中归纳出一般原则的学习过程。生成式 AI 基于大数据集进行表征的学习过程与人通过表征来把握对象的学习过程很相似，因此该观点肯定了生成式 AI 对"学习"智能的模拟复刻，并认为这赋予了生成式 AI 与人类共享的行动者主体地位。另一种是相对悲观的认识，即认为生成式 AI 与强人工智能的差距仍巨大，无法实现全部人类智能。这种论断源自人工智能流派中的符号主义（Symbolicism）和行动主义（Actionism）。他们认为，人类智能并不是学习过程，而是推理过程或行为反应，要想让机器拥有人类智能，还需要采用各种各样的符号将信息和规则传授给机器，或通过具身认知的方式让机器能够根据外界环境的变化及时做出相应行为。

综上，尽管生成式 AI 在模拟"学习"智能方面取得了进展，但它目前还无法达到强人工智能的标准，这是因为生成式 AI 主要基于机器语言的概率计算和转译，缺乏自主的辨认和控制能力，也不具备自然人的具身行动性和意志主体性，因此其本质上仍是一种工具。

三、生成式 AI 的社会意义

若仍在技术逻辑的框架下理解生成式 AI，我们可能会局限于人机之间的能力比较，从而忽略这项技术更深层次的社会意义和影响。我们必须看到，生成式 AI 释放的巨大潜力并非单纯来自其对判别式 AI 技术原理的革新，更在于其作为新质内容生产力对整个内容生产和分发系统所带来的根本性变革。因此，这项技术的社会意义的本质在于，它是一项能够实现人类传播理性要素与非理性要素交织的新质内容生产力。

新质生产力概念，是习近平总书记在科学研判中国社会矛盾、发展阶段和发展动力的基础上得出的重大理论标识性概念，对当代中国的发展方式、发展动力具有重要指引意义。生成式 AI 作为一项新质内容生产力，主要体现在它从"新"和"质"两个层面对传统内容生产力进行了革新。

所谓"新"，是指生成式 AI 不同于传统内容生产力，它实现了内容领域的关键性技术突破。回顾历史，我们可以观察到内容产业经历了三个不同的生产力时代，正如罗雪尔所阐述：劳动生产力时代、资本生产力时代以及科技生产力时代。在劳动生产力时代，内容的创造和传播主要依靠个体的手工劳作，依赖于民间那些"讲故事的人"和"采风者"来记录、分享；随着印刷技术的兴起，内容产业进入以资本为主的生产力时代，专业的新闻机构和企业成为产业的主导者，内容渠道等资本的积累和集中也推动了现代大众传播的发展；进入现代社会，科技生产力成为推动经济和社会进步的主要动力，高科技和高效率的人工智能技术为内容产业带来了新的生产力。例如，生成式 AI 的出现极大地促进了高质量的人机协作内容创造，该技术将内容生产与分发剥离成体力劳动与脑力劳动两个维度，将重复性的编辑和校对任务交给了机器，将需要人类创造力（包括观察能力、思维能力、想象能力等）的任务重新交还给人类，从而最大限度地发挥了人类的智慧。与传统的以人为主的内容生产方式相比，生成式 AI 开启了人机协作的新可能，也促使内容创作者从侧重体力和技能的角色转变为更加注重知识和创新导向的角色。

所谓"质"，强调的是生成式 AI 能通过关键性技术的突破，与现有的劳动者、劳动资料和劳动对象结合，孕育出一种新的、更为强劲的创新驱动力。生成式 AI 给内容产业带来了创新驱动力——能够促成以机器智能为代表的传播理性要素和以人类智能为代表的传播非理性要素的交织融合，从而推动内容业态的整体演化和升级。具体来说，传统的判别式 AI 依赖人类输入简单的线性计算模型来执行任务，它需要先从训练数据中提取解决问题的模型，再应用这一模型对新的对象进行识别，遵循从基础模型到微观对象的对应逻辑。传统的判别式 AI 一旦构建了解决问题的基础模型，便脱离了人类的直接介入，除非采用新数据重新训练其基础模型。因此，判别式 AI 主要是基于技术计算逻辑建立的，只有清晰指示的理性要素能被机器捕捉并集成入模型。生成式 AI 则采取不同的路径，它在人类逐步向机器描述微观对象特征的过程中进行自我调整，最终形成完成任务的计算模型，这是从微观对象到基础模型的逻辑。生成式 AI 的操作必须建立在与人类的持续互动、"标注""微调"之上，人们可以通过精细化的指令不断影响技术模型。在这个过程中，人类关系、情感等非理性要素会在人机交互过程中被卷入计算模型中，传统被认为无法被机器识别的、模糊的关系和情感因素都会在人类的标注反馈与机器的适应学习中被技术所内化，并表现在其生成内容中。正因如此，我们可以在 ChatGPT 生成的文本中感受到"情商"与"情感张力"。从该角度来说，生成式 AI 是一种融合了人类非理性与机器理性逻辑的新型内容生产力，它不仅拓展了人类的理性思维，也延伸了人类的情感联系。通过概率计算的技术逻辑和用户反馈中的人类情感逻辑，生成式 AI 使得所有传播的理性与非理性要素在海量数据和强大算力的支持下自然"涌现",实现了内容生产力从量变到质变的跃升。

四、生成式 AI 赋能的内容产业新质态

新质态不仅标志着一种全新的发展状态或形式,更是新质内容生产力的影响力的核心所在。生成式 AI 赋能的内容产业质态嬗变,集中体现在两个方面:一是发挥了机器智能在内容产业中的"替代"作用;二是发挥了机器智能在内容产业中的"增强"作用。

(一)生成式 AI 对内容产业的智能"替代"

当生成式 AI 通过与人类共享的行动者主体身份融入复杂系统中时,它将以智能"替代"的方式发挥作用,替代人类智能,自主完成工作。

第一,替代人类智能完成简单性的内容生产思维活动。一方面,思维活动将从人类独有的实践活动变成人机共同协作的活动,从前保留在个人大脑内的思考活动和人内交往活动可能经由生成式 AI 的互动性而外化出来。当个人习惯了与生成式 AI 互动交往后,人的大脑可能会不得不服从智能机器大脑而成为生成式 AI 的配合者。人脑会仿照生成式 AI 展开活动,而生成式 AI 则会侵入人体,替代人体执行决策,使人类思维模糊。另一方面,身体交往也会被所谓"精神交往"替代。这是因为生成式 AI 等技术的使用不会受到身体制约,也不存在因身体缺陷而导致的"遗憾",由此生成的传播关系能更加靠近理想状态下的精神交往。人类与生成式 AI 在交互之前就会拥有一套无主体、共享的原初经验,它们共处于同一系统与机制之中,当两者身体达到一种耦合状态时,人类与生成式 AI 之间的他心感知就成为可能。由此,数字生命、机器生命与生物生命(即人体)的对话将得到充分实现,"跨生命交往"成为可能。

第二,替代重复性的内容生产环节,包括模板性的内容创作、内容校对等环节。正如韦德所提出的,在 ChatGPT 促逼信息传播领域变革的众多路径中,影响最大的将是其

创建初稿的能力。当生成式 AI 取代了大量低端的信息传播和重复性的内容生产工作时，职业内容生产者的生产活动也将向理性、深度、独创的方向深入推进。有学者也将生成式 AI 对内容生产的替代活动看作一种社会资源的再分配途径，生成式 AI 对内容流程的变革本质上是对内容生产资源的重新分配，传统由人类要素绝对把持的生产环节首次有了非人类要素（生成式 AI）的深度介入，并与人类平起平坐，进而突破了人类知识的生产格局。基于人类非理性逻辑所组织的"人类语言"成为一种"数码物"和基础设施，并经由生成式 AI 表现出来。在这种理性要素与非理性要素碰撞交织的内容范式下，生成式 AI 或成为人类语言的外化物，成为一个重新型构社会秩序的行动者，冲击社会对新闻、真相、时效、专业等内容概念的共识。

第三，替代既有的社会传播秩序。生成式 AI 对系统中人类主体活动的"替代"意味着系统中人机的"资源"（Resource）与"位置"（Site）均发生了改变，这会带来社会秩序的变革，传统精英宰制的社会治理逻辑得以被打破并迈入"常人政治"的未来新社会。例如，由于未来分工结构的转变，人机混合工作的新职业结构与社会分工将成为常态，与生成式 AI 互补的提示工程师这种职业正在兴起，他们通过对用户需求的洞察和整合，在对大语言模型进行逻辑解析的基础上反向调控大语言模型，进而输出更高效的模型能力调用方案，提升用户服务效率。同时，生成式 AI 还可以打破大众与精英在信息获取能力上的分工对立局面。从古到今，人类社会的政治、经济、文化大都是精英主导型的，生成式 AI 对于人类社会的最大改变就在于其极大地增强了人类的平等性，缩小了人与人之间的能力差距，打破了精英和普通大众之间的壁垒，突破了人与人在认知把握和资源使用上的天赋异禀及后天能力方面存在巨大差距的局限，使每个人至少在理论和技术层面可以以一种社会平均线水平的语义表达及资源动员能力进行社会性的内容生产、传播对话及其相关的一切社会实践活动。这将在很大程度上改写精英社会的组织结构模式，真正以个人为行动者的去中心化、分布式社会结构进程将被极大推动。再如，由于社会关系模式的改变，生成式 AI 正以无界的方式全面融入人类实践领域（通用性）、以深度学习的方式不断为文本的生成注入"以人为本"的关系要素，进而提升文本表达的结构价值，最终作为自由插件进入人类实践全域并实现普及化，成为人类实践全域、全要素整合的推动者、设计者与运维者，成为深度媒介化社会的"操作系统"和基础设施。这将促使社会在"以人为本"的实践逻辑以及社会多元化价值追求的背景下，朝分布式结构演进。在生成式 AI 的价值连接下，去中心化自治组织（Decentralized Autonomous Organization，DAO）是这张"大网"上进一步剥离出的千态万状的"小网"，即在全要素连接的基础上，部分连接开始闭合成为彼此间隔的中小型关系网络，在这种网络中连接得到进一步升维，拥有了以复杂协作、价值生成为主要功能的趣缘强关系属性。

（二）生成式 AI 对内容产业的智能"增强"

当生成式 AI 作为智能辅助工具进入复杂系统中，它将通过智能"增强"的方式来辅助人类行动。

第一，对个人认知能力的增强。当生成式 AI 被用于辅助人类认知时，它可以通过技术赋能推动人类主体朝着创意密集型、想象密集型的智力增强主体进化。例如，生成式 AI 可以提高中低端脑力工作的效率，帮助人类处理大量重复性任务，减轻人类主体的智力劳动强度。例如，生成式 AI 可以承担一些初级智力劳动角色，包括文本制作人、语言编辑和研究助理等，与承担创意密集型智力劳动的人类主体互相配合，作为人类主体的辅助角色存在。此外，生成式 AI 可以赋能个人生产力，帮助大众跨越搜寻与获取信息的"能力沟"障碍，有效按照自己的意愿、想法激活和调动海量的外部资源，形成强大、丰富的社会表达和价值创造能力。这一技术明显增强了智能文本生成能力，使人们能够在短时间内获得极高的效率。生成式 AI 还可以释放个人创造力，助推个人向知识、智慧、创造密集型劳动发展，充分释放创新与想象潜能。当技术承担了人类的语言、知识、思考里的重复性工作之后，每个人都可以在更有盈余和闲暇的时空中激发出自身的潜能。

第二，对社会关键传播节点的能力的增强。随着社会层级被打破，生成式 AI 将处于不同层级的人类个体和组织拉到社会表达的同一平均线上，社会力量会因此被化约为扁平节点——个体和组织将会以一种"社会公约数"的身份进行交互与合作。由生成式

AI带来的技术性化约可能导致一些技术寡头的出现，也就是说当生成式AI逐渐成为人类智能普遍的增强工具后，创造该技术的组织将成为社会结构中连接众多社会资源的核心节点，关系着社会结构的整体存续。这可能带来一些社会问题，如它可能导致资本和政治霸权。由于生成式AI的开发与应用是资本密集型行业，因此当它成为不可或缺的人类智能增强工具并逐步渗入人类认知方式与知识生产方式背后时，就可能改变财富分配状况。基辛格将这种霸权描述为理解世界的"第三种技术方式"——一种不可知的、显然无所不知的、能够改变现实的工具的到来，使认识世界的第三种方式有了出现的可能。领导权可能会集中在少数人和机构手中，他们控制着能够高质量综合现实的有限数量的机器的访问。另一方面，它还可能导致信息霸权，使信息传播权逐渐集中到少数信息巨头手中，技术使用方面的差异会进一步加剧因信息获取、使用所带来的收入和福利方面的差异，扩大全球数字鸿沟。这预示着未来社会管理需要注重对关键技术节点的引导规制。当节点所连接的社会资源越多时，该节点越关键。对这些关键性技术节点的治理不应也不能通过简单、机械的压制干预，因为在分布式网络社会中，每个节点的变化都会"牵一发而动全身"，更不用说是连接众多资源的关键技术节点。因此，治理应转变为结构引导，需要在理解整个复杂系统结构的基础上，遵从节点的适应性进化规律，通过系统环境的"引导"和"诱使"来推动技术节点改变自己的技术发展规划和功能规划，以符合人类社会的共同利益。

第三，对内容产业流动性和开放性的增强。不可否认，受制于技术缺陷，作为新技术进入内容网络中的生成式AI不可避免地会带来信息失序的问题。例如，由于数据集滞后和数据集错误，生成式AI可能造成更大规模的虚假信息，出现批量制造事实性错误信息的情况；同时，由于算法缺陷，生成式AI所催生的"人工智能幻觉"现象越多，它越可能"一本正经地胡说八道"，以一种令人信服但完全编造的方式来表达自己，制造幻觉性虚假；此外，若技术被挪用操纵，生成式AI还可能成为信息操纵的强大工具，虚假信息得以通过这一工具大规模复制并频繁运行。然而，我们必须辩证地看待这种内容噪声，因为它也预示着内容系统的流动性和开放性的增加。在涌现理论中，提升系统开放性和动态性，从而适当"熵增"，这是具有合理性的。要想实现系统自发涌现，必须给系统提供"涌现新质"（也即推动系统远离平衡态的新介质），它将作为触发因素使系统组成部分形成"化学反应"，产生涌现。生成式 AI 就是内容网络中的"涌现新质"，从该角度来看，它所带来的信息失序将不再是传统意义上的破坏性噪声，反而可能成为将内容网络从"死寂"状态激活为动态的新力量。它将成为解构传统内容权力的介质和一种丰富而巨大的创新性资源，通过新的运行法则来组织信息加工、传输和存储，进而保障内容网络的多样性共存。因而，如何看待生成式 AI 给内容网络带来的噪声现象也是一个重要命题，这需要学界和业界共同探究一种更具多样性和包容性的技术利用方式，在保障技术给既有系统结构注入解构性力量的基础上，也对其过度的"熵增"乱象予以明确。

四、生成式 AI 的治理方案

必须意识到，面对生成式 AI 等新质内容生产力，简单、机械的传统治理方式无法解决复杂系统的不确定性与复杂性，未来的治理核心在于转微入宏，关注系统整体结构与规则的治理。

（一）以宏观原则为指导的复杂性治理思路

传统的治理思路建立在机械控制论上，即"我指挥你动作"，所有决策都由统一的中央处理器来进行，各个系统组成部分没有自己的目的和能动性，因而信息传递的速度和准确性、过渡过程的稳定性、决策的有效性等成了系统治理的决定因素。因此，过去的治理总是显得事无巨细、"眉毛胡子一把抓"。然而，这种治理思路仅在传统社会系统中有效。面对生成式 AI 所带来的内容复杂巨系统，无限扩容的内容主体和自发涌现的内容网络都使得传统自上而下的机械控制论丧失了治理有效性。复杂系统中的多元治理主体具有自适应性和多重目的性，当不确定性发生时，它们能够自适应、自组织地应对混沌或挑战，彼此相互影响、相互作用，这也使得针对系统的治理行为及其结果难以预测，控制效果很有限。动态社会系统的存在表明，社会已不再具有某种一成不变的、客观的平衡状态，它将始终处于不同社会元素相互作用的动态演进过程中。简单来说，"上有政策下有对策"本就是复杂社会系统中不可避免的现象，社会治理无法期待通过固定的社会规制来限制主体能动性和社会系统演化。

　　显然，简单粗暴的治理虽然能够得表面之"效"，但其破坏性的成本和代价是极高的。因为数智互联网已然是全社会要素的关联之所，"牵一发而动全身"是对其治理所必须面对的现实状况。因此，治理者必须秉持"大道不直"的治理逻辑——两点之间画一条直线看似捷径，然而在社会操作中如江河行地的九曲十八弯才是其最有效的实现路径。我们在理念上要把互联网治理视为一种对复杂系统的治理，用生态级意义上的发展范式去处理，不能头痛医头，脚痛医脚，用一刀切和简单化的方式去解决问题。

　　其次，所谓复杂性范式其实就是一种建立在对于创新有容错空间基础之上的规范性的治理方式。要知道，数智互联网及其社会的媒介化进程是以创新为其基本发展条件和动力的，因此，对于创新自由度的保护成为复杂系统进化中不可或缺的必要条件。也就是说，治理的范式中要有容错空间，创新是需要一定的空间的。动辄得咎是无法创新的，过于刚性的管理可能会对互联网与平台发展本身带来某种难以避免的重大损害。中国的历史经验里面就有类似的"前车之鉴"：秦朝作为非常强大的"大一统"帝国，却短时间崩塌，汉朝的统治者长期反思后得出了两句治理教训——"皇权不下县，县下皆自治"。他们认为秦朝统治严刑峻法，对社会的刚性化治理虽看起来极易贯彻中央意图，但问题恰恰出现在这里，不留容错空间的治理本身就容易引起社会的巨大不满。在汉朝统治者看来，社会治理必须要有一定的"不作为"空间，所以皇权只管大政方针在县这一级的落实，而县下的很多具体问题则依照乡规民约、宗法习惯等因地制宜、自由裁量。这既为整个社会运作保留了必要的容错空间，同时也极大地简省了中央政府的管理成本。这种治理思路在某种程度上也正是中国封建社会延续上千年发展的重要秘诀之一，对今天生态级意义上的互联网内容治理来说也具有重要的借鉴意义。

　　据此，如今的治理思路应逐渐过渡到抓大放小的路径上，通过宏观的结构与规则管理、过程管理来实现治理目的。我们不应简单地对一个表达要求过高，对网络的言论尺度和表达事实的标准尺度也应尽可能往下探，如此可以让更多的主体参与到社会信息彼此之间的汇冲、互动和交流过程中，从中找到社会最大公约数，找到社会的共识所在。从宏观层面认识、厘清生成式 AI 的伦理原则，将是治理生成式 AI 的基础一步。只有如此才能从复杂性治理范式的角度形成对该技术的底层治理框架。

（二）以道德伦理和算法伦理为主的治理原则

如上论及，生成式 AI 可作为智能主体或智能工具产生社会影响，因而生成式 AI 除了要遵循机器技术所应当遵循的算法伦理外，还需要遵循因行动者主体身份所带来的新道德伦理。

当考虑生成式 AI 的算法伦理时，即将其作为一种大语言模型看待，考虑其在技术设计层面的设计伦理，具体包括隐私性、公平性、透明性三个维度。隐私性，即生成式 AI 必须保证用户隐私，不应存在利用互联网数据原料进行预训练时窃取用户敏感数据的问题；公平性，即生成式 AI 必须保证数据公平性，不应存在算法原料数据偏见和歧视问题；透明性，即生成式 AI 应披露其算法运作机制，方便外部观察者纠偏。当考虑生成式 AI 的道德伦理原则时，即承认生成式 AI 在创作过程中的准道德能力，应将重点放在规定其权责边界上。乔姆斯基认为，如果总是用"服从人类命令"来为智能机器辩护，并将责任推卸给它的创造者，那么实际就是在否定 ChatGPT 表现出的道德冷漠，包括剽窃、冷漠和回避等。当技术能够自主完成任务时，就应当警惕"人类中心主义"，我们应尝试将技术视为"他者"，并赋予其一定的准道德能力。例如，需要承认与说明生成式 AI 在内容生产中的参与程度，同时生成式 AI 也必须对其使用的语料和拼凑式作品负责。

五、生成式 AI 的未来发展

（一）科林格里奇困境与智能试错方案

2023 年 3 月 29 日，一封名为"暂停大型人工智能实验的公开信"（Pause Giant AI Experiments: An Open Letter）受到了舆论的广泛关注，千位科技顶级专家签名支持，随后 GPT-5 研发被叫停。这便是新技术发展过程中的科林格里奇困境（Collingridge Dilemma）。该概念是英国技术哲学家大卫·科林格里奇（David Collingridge）在《社会的技术管理》（*The Social Control of Technology*）中提出的，指当新技术刚出现，我们没法推断出它的社会效应，而等到真正的负面效应出现时，由于技术已经融入社会太深，又很难对其进行干预与改变。解决科林格里奇困境的最常见思路即所谓"预防原则"，也即，若不能确认一项技术对任何个人、集体甚至是已有的规则是安全的，就不该接受它，换句话说就是"可能有坏处就拒绝"。然而，这种做法无异于因噎废食，走向了阻碍社会发展的极端。

那么，该如何有效预防陷入这一困境？科技发展史上最为学术共同体认可的是"智能试错方案"（Intelligent Trial and Error）。该思路最早在《规模管理：大组织、大技术、大错误》一书中提出，其核心要点是在管理风险时要做到权力分散，在不断试错中了解风险，快速优化方案。2013 年，耶鲁大学的科技研究者爱德华·伍德豪斯（Edward Woodhouse）对其做出了进一步延伸，将该思路用到技术发展过程中。他认为，要快速找到新技术的负面影响并加以控制，就应该让技术能更快地小规模试错，在用户反馈中找到它的短板与不足。只有这样，当技术真正面向大多数用户的时候，才不会突然暴露出巨大的短板，引发难以估量的危害。这也正是生成式 AI 应该步入的未来发展道路——不是给新技术的发展按下暂停键，而是在小规模试错中优化迭代，让其发展得更透明、更公开、更可控。因此，未来关于生成式 AI 的研究也有必要转入到具体情境中，关注其试错表现并提出可用的优化和迭代方案，这将对形成技术应用的直接方法论更为有益。

（二）理解具体情境中的生成式 AI

生成式 AI 作为新质内容生产力想要发挥实际效用，至少还需要对具体情境下的以下议题展开深入探讨。第一，生成式 AI 下游应用层的探讨。下游应用层是生成式 AI 实际产生社会效应的具体场景，因而对下游应用层的场景要素、技术要素、人类智能要素的分析和探讨，将更有助于我们见微知著，理解生成式 AI 的直接效果和可能问题。例如，我们可以深入新闻编辑室内部，探究生成式 AI 在具体的新闻生产场景中的使用边界，这将更能帮助我们理解该技术对新闻流程的改造作用。第二，生成式 AI 在应用中的实际技术逻辑探讨。至今对生成式 AI 的技术逻辑剖析都是建立在技术发展的理想状态下，并未在应用中关照其实际的技术坐标，也即我们并不知道它在具体应用中究竟"新"在何处。探讨生成式 AI 的实际技术逻辑，将更有助于我们认识和理解新技术试错的表现。第三，生成式 AI 落地的社会建构因素探讨。要将技术落地到应用层，我们就不得不关注社会建构因素对其技术演进逻辑的"扭曲"。强调回到应用场景中研究新技术，也即需要打破技术建构的演进"神话"，重视建构技术应然状态的"社会风土"。因而，对生成式 AI 的实践影响、治理逻辑讨论，不应该仅基于技术的客观、必然的演进逻辑来展开，还应该看到历史环境的偶然因素及技术相关群体的开放创造力。对生成式 AI 的研究，不应只有应然状态的讨论，更应该有对其实然状态的探讨。

•目录•

第一章
生成式 AI 的智能化辅助：
重新理解用户洞察

本章概述

　　本章将以用户需求为核心展开论述，讨论媒介用户需求的概念流变、基本特征，生成式 AI 时代用户需求的新变化，以及我们如何对用户需求进行拆解把握。生成式 AI 的智能化写作辅助，可以帮助我们重新理解用户洞察。在提问原则上，生成式 AI 驱动了人机分工。向后看，生成式 AI 是人类文明与知识体系的再调用、结构化，是概率计算之下的线性创新；向前看，生成式 AI 需要结合人类智能，甚至理解人类心智的独特性，形成面向未来、面向发展、面向创新性地解决问题的智能分工与人机协同。在"计算—表征"主义范式和具身感知范式基础上，深层"赋魂"是需要人类独立思考与反思的"真问题"，即那些解释性、创意性和未来性的问题。人类需要更准确地分配任务、传达任务和明确需求。因此，用户需求的细描微调过程极为重要，也是丰裕环境下用户个性化自我的表达。在探讨向生成式 AI 提问的底层逻辑和决定因素的基础上，我们需要把握这种进化的驱动力，即重新理解用户洞察，把握产品功能进化的方法，进而形成对产品更加全面和深刻的理解。

第一节　从事实到价值：生成式 AI 内容生产与提问原则

生成式 AI 的出现促进人类进入了一个"知识外包"时代，其中人类将内容生产与知识存储的权利部分转移给了机器智能。机器智能作为人类的"外脑"，为我们提供了巨大的帮助和便利。在这个时代，"提问"的价值得到了提升，而答案的价值却相对贬值。因为只要我们能够正确地提出问题，借助机器智能，就能轻松地获取完美答案。这种转变带来了许多积极的影响。首先，人类不再需要依赖个人的记忆和知识储备，因为我们可以随时通过机器智能来获取所需的信息。这极大地减轻了人类的负担，并提高了工作效率。其次，机器智能可以处理大量的数据和信息，帮助我们分析和解决复杂的问题，并提供更准确和全面的答案。最后，机器智能也为人类创造了更多的机会和时间去探索新的领域和解决更具挑战性的问题。总而言之，生成式 AI 促使智力劳动中的"提问"与"回答"环节相分离，也给人类的"提问能力"提出新要求。

"学会提问"对人类来说更为重要了——只有提出准确、有价值的问题，人类才能更好地驾驭"生成式 AI"的力量，真正实现知识的价值和应用，共同推动科技进步和人类社会的发展。具体来说，生成式 AI 所带来的全新提问逻辑在于，推动人类问题意识、问题解决方式的转变，从提出"事实之问"转向提出"价值之问"。

一、问题分工：从向后整合到向前创新

在以生成式 AI 为代表的人工智能驱动下，人机分工（尤其是智力劳动分工）已成当前备受关注又亟待探讨的重要前沿议题。

从人机分工历史逻辑来看，参照恩格斯提出的三次社会大分工理念，可将人机分工历史大致划分为以下三个时期：一是社会分工 1.0 的蒙昧时代，人类开始使用复杂劳动工具，原始劳动开始被相对专业化和固定化的劳动代替，农业与畜牧业分离；二是社会分工 2.0 的野蛮时代，人类使用的劳动工具从石器拓展至青铜器、铁器等，人表现为以工具劳动为主的体力人，劳作方式以人驱动简单工具为主导，手工业与农业分离；三是社会分工 3.0 的文明时代，劳动工具精细化、复杂化，人表现为以知识劳动为主导的知识人，劳作方式表现为人操控动力机、简单控制机等进行作业，商业与其他产业分离。在此基础上，人工智能

正推动人类社会迈入社会分工 4.0 的智能时代，AI 等赋能的智能机器加速智力劳动的深化分工，人表现为以智慧劳动为主导的智慧人，劳动分工主体由人这个单一主体的分工拓展至人机双元主体的分工协作。

进一步而言，该如何看待生成式 AI 驱动的人机分工的表现呢？在综合参考劳动分工理论、人机功能分配、生成式 AI 技术逻辑等相关文献资料的基础上，生成式 AI 代表的人工智能与人类智能的异同可总结如表 1-1 所示，人工智能的"智能性"建立在"计算—表征"主义范式上，其基本思想是将所有思维活动和过程看作计算状态，换句话说，"认知就是计算"。因此，人工智能是一种完全理性的"有限智能"，它能依据理性策略产生强大的"计算—表征"能力，严格按照规则和约束解决问题，除此之外别无他物，数据算力便是它的"有限边界"。人类智能也是一种"有限智能"，然而构成其智力边界的则是生物局限性。

表 1-1　生成式 AI 代表的人工智能与人类智能的异同

	智能性基础	智能特点	智能可为性	智力劳动角色
机器智能	计算—表征主义	理性（"按部就班"、精确、可描述、可计算）	"向后整合"（面向已知领域的信息总结）	"执行"角色
人类智能	具身感知主义	非理性（"天马行空"、突现、具身、直觉）	"向前创新"（面向未知领域的信息创新）	"赋魂"角色

表注：这里生成式 AI 代表的人工智能即机器智能。

认知科学家托马斯·格里菲斯（Thomas Griffiths）提出，人类作为生物天然具有时间、算力和交流尺度的有限性——人类有限的寿命长度决定了其智能必须是短链的突现式智能，能在短时间内凭本能筛选加工信息并得出结果，可以说人类智能相对机器智能来说，是更依靠非理性要素（例如，情感、意志、心灵、自我意识）驱动的非理性智能。据此，在智力分工中，机器智能是面向已知领域、"按部就班"的计算智能，可基于趋势规律来整合人类社会的已知领域（例如，对人类既有知识的整合），在各元素间建立向度分布平均的稳定联系，即"向后"的整合；而人类智能是着眼未知领域、"天马行空"的突现智能，可基于具身、直觉、意志来创造新思想和实现知识创新。基于人类智能所建立的元素联系是无法用趋势和规律描述的、不平均且随机的"火花连接"（Sparkle Link），即"向前"的创新。可以说，生成式 AI 开创性地把诸如内容创作等智力劳动拆解为机器智能劳动与人类智能劳动两部分，将智力劳动中那些可被数据描述、可被算法解析的逻辑性、理性化部分剥离，并交由机器智能完成；而将那些无法用算法解析与表达的目标性领域交由人类智能完成，强调人类智能画龙点睛般的"赋魂"地位。

按照生成式 AI 强度的演进趋势来看，人与生成式 AI 的协作分工将继续伴随智能技术的发展表现为两个递进阶段：一是人类是解决问题的劳动主体，而生成式 AI 成为解决问题的副手，其每一步操作都需要由人类来完全指导，它作为完全被动的助手来协作人类高效完成一些常规性工作，这也是目前生成式 AI 与人类社会的主要分工表现；二是人类与生成式 AI 成为解决问题共同的劳动主体，机器完成向后整合的部分，而人类完成向前创新的部分。例如，先让生成式 AI 执行基础性、预测性和重复性的既有资料整合任务，人类基于此进行更深层次的精细创新，此类分工协作模式能够极大地提高问题结果的创新程度。在这个"共同劳动"阶段，人类智能与人工智能是交互螺旋上升式的关系，人工智能基于人类社会既有的全部智力成果，形成强大的整合与归纳智力，人类智能基于人工智能的整合智力，发挥突现式的创新智力，这再次推动了人工智能整合智力的增强。

总的来说，生成式 AI 不是对人类智能的"替代"，而是对人类智能的"致敬"，其重要价值正在于对人类智力劳动的再连接与再分工，从普通、冗余的智力劳动中"淘金"出那些真正只能由人类完成的部分，再次强调人类智能的不可替代性。这导致在解决问题时的分工表现为，那些原本由人负责的机械性功能和任务都将逐渐转交给机器，"机器换人"后的"剩余任务"才是人类各工作岗位的核心，即那些最贴近人的本质、本性的"向前创新"任务，则保留由人工完成。

二、问题意识：从简单问题到深度问题

从问题出发，是人们在进行研究和探索时的重要意识。问题意识是人们思维的起点，没有问题意识，我们的思考将是浅薄而被动的。事实上，无论是在学习还是在生活中，我们都常常被强调具有"问题意识"的重要性，但很少会有人告诉我们，什么是问题意识？怎样拥有问题意识？

问题意识是指人类对某个问题或现象的认知和思考方式。人们在进行认识活动时，会对认识对象进行观察，并进一步产生怀疑和批判，发现自己的认知缺陷或认识到对象

的实际情况与自己的认知之间有所冲突。基于这些认知冲突，我们进行深入思考，产生了一些难以解决的实际问题或理论问题，进而进行积极思维，从而解决问题、做出发现式创新，这就是问题意识的形成过程。问题意识引导着我们不断深挖和拓展，深入的思考反过来成为动力，进一步启发问题意识的出现。问题意识亦可被视为一种思维品性，体现了人们思维的批判性和创造性。在问题意识的指导下，人们不断发现、怀疑与思考，进一步生发和创新，推动着文明的进步。

1. 何谓"真问题"：生成式 AI "赋魂"独立思考与反思

完整的问题意识产生过程，包括发现问题、界定问题、综合问题、解决问题、验证问题。其中，发现问题是问题意识的基点。在发现问题时，我们必须不断地去鉴别我们发现的问题是"真问题"还是"假问题"。要有问题意识，最重要的是要学会提出"真问题"。"真问题"究竟是什么？在生活与学习中，我们常常萌生许多问题。例如，童真的孩子对世界充满好奇，对万事万物发问。然而，这些问题都是"真问题"吗？答案是否定的。任何一个真问题都必须满足逻辑性和实践性两个条件。"真问题"不是对表面现象的发问，也不是高深而难以落地的空想，真问题的提出必须看到表面现象背后的根源和本质，产生的基础是我们所处其中的历史现实，所遵循的逻辑是我们独立批判的理论思考，包含了问题的提出者对自己、对社会的自觉反思。

提出"真问题"在智能互联时代下十分重要，除了问题自身价值的影响外，还因为生成式 AI 会与人类的进一步互动与分工有关。换言之，生成式 AI 的发展更加需要人们提出"真问题"。生成式 AI 在解决问题方面的能力非常卓越，甚至超过人类的掌控，却无法胜任提问者的角色。虽然人工智能实质上以模仿人脑的功能为目的，但二者之间的智能基础有着本质的不同。人工智能的"智能性"基础尚没有脱离"计算—表征"范式，不论是对人工智能情境适应的能力的提升抑或是情感理解能力的提升，本质上都是对机器关于情境和情感参数计算能力的提升。因此，计算机并不会像人那样去理解，而仅仅是在计算和推理。人类有限的生命让人必须在短时间内筛选加工信息并得出结果，有限的大脑计算能力让人必须从感知经验中学习，人类无法直接复制他人脑中的信息，只能通过语言将知识从一个大脑有限地转移到另一个大脑，通过积累文化进化机制学习和传承人类智能，具有立足已知、展望未知的想象能力。相较于人工智能的绝对理性，人类的智慧是一种融合了理性与非理性的智能，情感、意志、心灵、自我意识，都是驱动人类智能的因素。人类智能的创造充满了"灵光一现"，能够着眼未知领域，创造新思想和实现知识创新。

生成式 AI 的出现，将智力创作拆解为机器智能劳动与人类智能劳动两部分，机器智能可以完成能被数据化的、可被计算的理性部分，无法被算法解析与表达的纲领性提示则交由人类智能来完成。仅依靠生成式 AI 的智能，无法生产出具有创造性的成果，而人类智能的参与则让创新成为可能。人类智能担任了"赋魂"的职能，从目标、结构层面提出问题，引导生成式 AI 的内容生产，起到"四两拨千斤"的效果。可以说，生成式 AI 的内容生产质量，很大程度上取决于人类提问的能力，问题措辞越具体精确或具有创造性，生成式 AI 的回答就越具体精确和具有创造性。因此，只有人类提出了"真问题"，生成式 AI 的内容创作才能够富有意义。

2. 如何提出"真问题"：解释性、创意性和未来性的问题

我们已经明确了"真问题"的重要性与意义，如何提出"真问题"又是另一门学问。要提出"真问题"，我们需要把意识投向解释性问题。解释性问题，又称说明性问题。它要求人们扎根到生活中去，热切观察现实，并将自己观察到的现象与自己的生活经验相结合，通过分析和思考来提出问题，力图寻求事物之间的因果关系。解释性问题常常以"为什么？"的形式出现。举例而言，稚嫩的孩童初次面对世界万物，好奇万分，见到光芒四射的太阳，对父母提问："悬挂在天空中发光的圆形是什么？"这并不是一个解释性问题，而当他通过对世界的观察，发现除了太阳，并没有别的事物在为世界提供自然光亮，他提问："为什么太阳能发光？"这便是一个解释性问题。在各类研究中，我们常常关注解释性问题。为什么粉丝群体中常常出现群体极化现象？意见领袖在互联网空间中是如何发挥作用的？解释性问题力图阐明我们所在的社会现实中各类现象的发生原因。提出解释性问题，目的不仅在于描述某个社会现象，也不在于对它们进行操控，或对未来发展做出预测，而是阐述这一现象是为何发生和如何发生的，在于对各种社会事物的特征、内在联系、成因和规律做出明晰的说明和阐释。要提出解释性问题，我们就需要保持谦和的心态，关注现实，从日常经验出发，探究各类现象的尚未明晰之处。除此之外，我们还需要发挥非理性的想象力，所提出的问题需既源于现实又高于现实。

要提出"真问题"，我们需将把意识投向创意性问题。创意性问题，简单来说便是新鲜的问题，未被他人关注或能够引发新事物的问题。"创意"就是创立新意，通过人脑

中的思维活动，萌发出新思想、新观念和新想法等，这些新思想、新观念和新想法，具有其思想、文化和价值的内涵。创意是新颖且合理的，有用、正确且具有一定程度的启发意义。创意是人类智能的表现，人类的许多非理性思维活动，如自我意识、灵感、顿悟等，都可能迸发出创意。创意性问题引导人们关注未知领域，扩展知识的边界。创意性问题一方面会激发人的想象力，另一方面也需要人们注入想象力，让灵感发挥作用。有了创意，提出了创意性问题，才能为后续的创新性探索、创造性实践打下基础，使产出创造性成果成为可能。

要提出创意性问题，我们必须要发动自己的创造力。创造力并非上天赋予，只存在于极少数天才身上的特质，而是可以通过后天努力习得的。在创造力理论中，影响创造力的个体因素主要有三个：相关领域的专业知识、创造技能和出于兴趣或个人挑战的内部动机。除了个体因素之外，外部环境因素也很重要。只有所有因素融合，人们才能更好地发挥创造力。一个具有丰富的专业知识、丰富的创造性思维技能且内在动机很强的人，在一个高度支持创造力的环境中工作时，创造力应该是最高的。从个体的角度出发，想提出创意性问题，我们就必须立足于扎实的专业知识，同时对自己的专业领域保持好奇心，能基于对旧知识的深入理解提出新问题，不断推陈出新。

要提出"真问题"，我们需要把意识投向"未来性"问题。未来性问题，关注的是大局，是宏观层面的思考。生成式 AI 不断发展的解题能力，可以帮助人们实现越来越多的创作，让许多历史的和当下的问题得到解答。同时，这种革命性技术的发展，不仅使人们当下的生活和社会现实发生了巨变，也给人们的未来带来了更多的不确定性。这要求我们不能只盯着当下发生的事，更要把目光投向未来，将问题意识投向未来性问题。

在指导未来的同时，未来性问题的提出还有助于更好地引导人们走出发展困境。关于未来的想象和判断，实际上影响着当下人们的思维和行动，人们可以依据未来性问题的答案来设计和修正当下的行动。如果对历史和现实的考察脱离了对未来性的思考，那么我们对历史与现实的关注便陷入了虚无，我们的行动也失去了方向。因此，只有站在未来性问题的思想高度，关于种种问题的讨论才能获得完整的意义。

三、问题解决方式：从人脑方案到内外脑并用

问题解决方式与人们对运用哪些工具解决问题的基本认知有关。在传统认知里，"人

脑"主导了大部分的问题解决过程，人脑的边界即可解决的问题的边界。然而，随着生成式 AI 时代的到来，以机器智能为代表的"外脑"实现了对人脑的辅助，通过远超人脑的存储、计算能力，拓宽了人力可及的边界。人工智能的加持，让"内外脑"并用成为可能。为了更好地构建"内外脑"系统，我们需要提前进行三项工作：学会分配任务、学会传达任务和学会明确需求。

1. 学会分配任务

从智能产生的根本机制来看，人工智能与人类智能具有完全不同的智能基础。人工智能的本质是以计算的方式机械地模拟人脑的生物功能，依据理性策略产生强大的计算—表征能力，严格按照规则和约束解决问题。对人工智能的提升（如情感理解能力、情境适应能力等），本质上都是对机器关于该参数计算能力的提升，其有限性由自身算力来决定。这种精确、可计算的特性决定了人工智能的应用是面向已知领域的信息总结过程。由于语境的更新，人工智能很难捕捉、解读新的表征，这时便需要人类智能来实现更新。相较于人工智能，人类智能在时间、算力和交流尺度三个方面的有限性十分突出：有限的寿命和算力决定了人类只能处理有限的、少量的数据，是一种短链的突现式智能，也是以经验感知为主的具身智能；有限的交流尺度则意味着，人类无法如机器一样以复制的方式转移信息，只能基于展望未知的想象能力，以学习的方式获得智能。这些有限性塑造了人类智能区别于人工智能的特征：人类智能是基于具身、直觉、意志的突现式智能，具有面向未来的创新能力；人工智能则是精确、可描述、可计算的计算智能，侧重于面向过去的总结。可以看出，人工智能弥补了人类智能在数据处理方面的客观不足，而不可被计算的"灵光一现"式的创造机遇则只能属于人类智能。

基于两种智能生产机制的差异，我们可以将二者的智力生产分成理性智力劳动和非理性智力劳动两个层次。前者指智力劳动中那些可被数据描述、可被算法解析的逻辑性、理性化部分，后者则强调那些无法用算法解析与表达的目标性领域。在仅以人脑为主导的智力劳动中，两个部分往往没有明晰的界限，需要借助生成式 AI 这一媒介实现分割。举例来看，在传统的人脑主导的思维模式下，创作一段小说开头需要搜索灵感、选择风格、调动语言，这些任务杂糅在一起，完整而不可拆分。但在使用 ChatGPT 时，我们可能会传达这样的指令："*写一段具有马尔克斯风格的开头，描述一个女人在河边徘徊的场景，使用青苔、水草等元素。*"稍等片刻，机器便会输出结果。无论它的回答内容是否满足我们的需要，这样的一问一答，都实现了对写作任务的切割与分配：抽象的、意志的劳动，如捕捉灵感、描述目标等任务仍由人脑完成；纯粹机械的、技艺性的、无差别的、同劳动特殊形式毫不相干的劳动活动，如从既有经验中总结规律、输出结果的任务，则被剥离出来，交由机器"外脑"回答。在马克思看来，这种机器化生产使人类劳动逐渐去技能化，成为旁观机器作业的助手。但正如上文提到，人工智能与人类智能间存在难以逾越的鸿沟，面对生成式 AI，人类并非站在流水线旁边的机器生产的附庸，而是"内外脑"并用时的指挥者。

2. 学会传达任务

由于人工智能只能从事机械的、技艺性的理性智力劳动，如何利用人类智能传达任务指令，协调好人脑的"赋魂"与"外脑"的执行，实现"内外脑"的并用，就变得格外重要。一般认为，博物馆等知识媒介，是一种围绕客观性组织的线性的"本质性资料库"（Essence Archive）。在"本质性资料库"中，受众接收的是确定的实体或符号。与之相反，生成式 AI 则是围绕概率性组织的"或然率资料库"（Probability Archive），是一个不确定的群集，松散、混乱而充满变化。我们与生成式 AI 的每一次交互，都可能获得不同的输出。这意味着，向生成式 AI 下达任务可能不是一劳永逸的，而是一个动态的、不断调整的过程。这也是生成式 AI 区别于其他算法媒介之处——它是一种可"微调"（Fine Tuning）的算法媒介。

所谓"微调"，是指模型从训练数据中读取文本标记，并预测下一个标记的过程。预测出错时，模型会更新内部权重，使其更有可能在下一次做出正确预测。在标记、反馈的过程中，人类智能得以对人工智能进行调整。一方面，我们可以调整生成式 AI 的训练数据，用包含偏好、需求的私有资料训练出个性化的人工智能；另一方面，我们还可以通过交互中的提示，标记实现针对部分参数的部分微调。此外，基于强化学习框架的人类反馈强化学习（Reinforcement Learning from Human Feedback，RLHF）也是生成式 AI 适应人类指令的有力推手。该技术不需要预先标记文本，但需要对机器输出内容做倾向性反馈，依此实现语言模型的优化。现有研究已说明，这种标记 / 反馈—调整的训练激发了模型的理解能力，使之可以在没有显式示例的情况下，更好地完成新任务指令。基于此，我们在向生成式 AI 下达任务时，可以遵循以下三项原则。第一，由简入繁。在下达任务时，我们可以先进行零样本（Zero-shot）提示，即不向生成式 AI 提供具体显式示例。例如，当模型能够识别熊和企鹅的特征时，要求其根据"类熊形态"（熊的特征）和"黑白相间"（企鹅的特征）这两个标签及对应样本，在不给定熊猫样本的情况下，仅凭对熊猫的描述识别出熊猫。当然，这时的输出可能并不准确，若我们想获得更优质的结果，可以尝试给出少样本（Few-shot）提示，即给出少量示例供模型学习。比如，在对熊猫的描述之外，增加几张熊猫的图片作为学习样本。如果以上两种提示都未能得到满意的结果，则可以对模型进行前面提到的"微调"，使之更好地理解任务。第二，化大为小。当我们让生成式 AI 进行故事创作等复杂任务时，它可能只会给出一段枯燥、粗糙的流水账。这时，我们可以试着分割该任务，将大的故事分成小的结构，先让生成式 AI 完成一个开头，再继续创作下一部分内容，直至结尾。通过化大为小的方式，生成式 AI 可以一步步给出更符合人类要求的答案。第三，设置自查。这一部分需要我们为生成式 AI 设置一个关于"好"的判准，并要求其在输出前检查答案是否符合要求。比如，我们可以提示生成式 AI，"一份好的旅行策划应包括时间、目的地、交通、住宿、花费等信息，以表格形式呈现"，要求其在输出答案前完成自查，如果答案不符合要求，则重新生成内容。通过自查，生成式 AI 可以交出一份更符合人类标准的答案。

3. 学会明确需求

由上述内容可以看出，向生成式 AI 下达任务的过程，是一个逐渐逼近需求的过程，不同的提问方式可能带来迥异的输出结果。这也催生了一门新兴学科——提示工程（Prompt Engineering）。提示工程关注提示词的开发与优化，致力于帮助用户了解大语言模型的能力及局限，进而更好地将其应用于任务场景中。通过遵循一些通用的提示技巧，我们可以更好地向生成式 AI 阐明需求，获得更满意的输出结果。例如，采用具体而精确的指令。为任务加上限定词可以帮助生成式 AI 更好地完成任务，例如，提示"一个 300 字以内的、讲述爱情破裂的、悲情的短故事"要优于"一个爱情故事"。当然，考虑到提示语的长度限制，设置提示时应排除不必要、不相关的细节，仅表述最贴合需求的内容。其次，侧重陈述预期目标。在阐释需求时，我们应聚焦于希望生成式 AI 实现的目标，即让模型产生良好响应的细节，尽量避免只告诉其"不该做"的事。举例来说，提示"设计一个推荐电影的代理程序，不要询问顾客兴趣"便是关注"不要做"的提示，生成式 AI 可能仍会询问顾客的兴趣偏好；如果将提示变成"设计一个推荐电影的代理程序，从全球热门电影中推荐电影，避免询问用户的偏好；如果没有电影推荐，代理程序应该回答'无推荐'"，生成式 AI 完成任务的可能性会更高。

四、问题底层逻辑：从事实之域到价值之维

生成式 AI 催生了一种全新的提问逻辑，从而强化了人类的问题意识、问题解决方式的转变，要求人们的提问从事实之域深化到价值之维。相比传统的基于事实的提问方式，生成式 AI 可以提供更广泛的影响和价值观，帮助我们更好地理解问题的本质，并在此基础上提出更有针对性和深度的提问。人类的提问逻辑从事实之域到价值之维的转变，意味着人类智力（具体表现为提问能力）在生成式 AI 时代的解放升维，从对客观"是与不是"的事实判断转变到从主观出发，对主观"合适与不合适"的价值判断上。从事实到价值的提问递进过程，反映了人类对于自身和周围世界的理解和认知深化。

一方面，这种逻辑转变意味着人机智力劳动分工的进一步明确，即人类需要将智力集中在解释主观范畴的事物之上，而将客观范畴的判断、分类交由生成式 AI 完成。生成式 AI 可以通过算法和数据来判断一个事物是否属于某个范畴，而人类则可以通过自己的经验和直觉来判断事物的真实性和价值。它要求我们建立一种新的思维方式，即从"是什么"转向"为什么"，在生成式 AI 可以完成客观范畴的判断和分类之后，我们需要更加关注主观范畴的探究，即为什么一个事物具有某种价值。这种超越事实层面的价值提问涉及人的主观能动性，即人如何根据自身的需求和偏好来评价事物的价值。我们需要意识到，主观范畴的判断和价值是基于人的经验和价值观的，因此不可能有一个统一的标准。不同的文化和背景会塑造出不同的价值观，这正是人类智能的优势所在。因此，在人机协同的"提问—获答"过程中，一是需要充分利用生成式 AI 的优势，二是需要保持人类的智慧和判断力。在某些情况下，我们需要将生成式 AI 的算法和数据作为参考，以便更好地理解和评价事物的价值。其意义在于，人机之间不再是"取代"的关系，而是相互明确分工情况的"协作"关系。

另一方面，这种逻辑转变也意味着社会生产力的进一步提高，即人机智力劳动分工会推动人类的知识创新。在既有的智力劳动中，人类总是受限于大脑容量而无法实现对既有人类知识的全面整合，而在生成式 AI 的帮助下，人类可以站在全人类的"肩膀"上，进一步实现知识创新，对事实现象的研究也将进一步升华至对价值逻辑的探讨。例

如，学者们也逐渐意识到，仅凭现象本身无法获得全面的知识。为了寻求更为可靠的知识，研究需要进一步关注现象背后的因果关系。海德格尔将这一观念称为"存在之域"，强调在现象之外，还存在着更为深层次的因果关系。从事实到价值的过程，是人类对自身和周围世界的认知不断深化的过程。人们通过对事实的观察和思考，逐渐形成对事物的主观感受和价值判断，并且通过社会实践和文化积淀，将这些价值观念逐渐转化为社会文化、制度规范和行为准则。在生成式 AI 的帮助下，人类可以更加深入地探讨自然和人类的关系。例如，通过生成式 AI，人类可以更加准确地预测和理解自然界的规律，从而更好地将其应用于农业生产、能源开发、环境保护等领域。同时，人类也可以借助生成式 AI，更加精确地掌握人类的情感和行为，从而更好地探索人类的内心世界和认知机制。

总而言之，生成式 AI 的诞生和发展，不仅是一种技术上的进步，更是对人类智能可为领域的再一次厘清。它将推动人类对自身和周围世界的认知不断深化和扩展，从而实现更加和谐共生的人类社会。

第二节　从框架到指令：生成式 AI 提问的关键因素

随着生成式 AI 技术的发展，人类智能正在从"回答时代"向"提问时代"转变。在提问时代，人类不再是被动的信息接收者，而是主动地提出问题、探索知识的探索者。因此，如何提高提问水平，以及生成高质量答案成为人类和生成式 AI 共同面临的问题。然而这说来容易，实践并不简单。普通人如何"驾驭"专业的大语言模型之力量？生成式 AI 的"对话"（Chat）属性，为人们提供了另一种培养提问能力的途径——人们得以在人机交互中，通过对话逐步厘清和逼近自己的真实需求，渐进地将自己的需求提炼与拆解成多个在对话中可以完成的任务指令。可以说，生成式 AI 的对话属性是释放大语言模型力量的一把密钥，它使普通人也可以在日常般的对话场景中，逐渐提升利用人工智能的能力。

从逻辑上看，要提高提问水平，人类需要培养自己的提问能力，提问的质量取决于自身对问题框架的认识和具体问题指令的设计。在提出问题时，人类需要运用逻辑思维、批判性思维等思维能力，从不同角度对问题进行分析和思考。此外，人类还需要不断地积累知识、积累经验，扩大自己的知识面，以便更好地提出高质量的提问。除了个人能力，一些提问逻辑中的细节因素也会影响人类的提问质量，这主要表现在人类给生成式 AI 输入的指令上面。例如，提问的清晰度、提问的深度、提问的广度等都会对提问质量产生影响，在提问时需要注意提问的清晰度和深度，确保问题能够被准确地表达出来，尽可能明确、简洁、清晰地表达自己的问题，以便生成式 AI 更准确地理解问题。

总的来说，决定提问质量的因素包括宏观的提问框架和微观的提问指令等细节。提高提问水平不仅需要人类不断地培养自己的提问能力和思维能力，同时也需要关注提问输入指令的清晰度、深度和广度等细节。在"提问时代"，人类和生成式 AI 需要共同协作，以提高提问质量和生成高质量答案。

一、背景信息：为提问增强场景要素

要提出高质量的问题，首先要提供足够的背景信息，为提问增强场景性要素。背景信息是指在某个特定主题、人物或问题领域中，与之相关的已知事实的总和，它能够帮助生成式 AI 更好地理解和分析相关提问，在所提供的场景下回答问题，得出更具针对性和更加准确的结果。以个人与社会、内部与外部为轴，我们可以将背景信息划分出四个维度：提问者的一般特征、个人提问的特定场景、内隐的社会共识和外显的社会环境。综合这些维度的背景信息，可以使提问直入重点，搭建好生成式 AI 回答的框架。

（一）提问者的一般特征

在对生成式 AI 的提问中，人脑起到纲领性作用，许多问题的提出与提问者的内部特性关系密切，提问者对自身特征的熟稔能帮助生成式 AI 快速定位提问者的需求重点。因此，在提问时，我们需要提供提问者的一般特征。提问者的一般特征主要包括提问者的人格特征和社会特征，可以被细分为个人稳定的自身偏好、性格、职业、工作经历、教育背景等的个人因素，与提问者自身的特质和个体经历息息相关。个体本身是不断发展的，但每个人的个性与特征在一个较长的生活周期中往往会维持不变，因此提问者的一般特征相对来说较为固定，变化较小。个体独特的性质与经历，影响着问题的具体含义。

例如，提问者向生成式 AI 提问："如何杀除病毒？"由于缺乏背景信息，生成式 AI 将难以定位病毒的具体含义，从而形成答案的误差。如果提问者是程序员，那么提问者想研究的"病毒"或许是指破坏计算机功能或数据的指令或程序代码；如果提问者是医生，那他想了解的或许是如何消除引起人类疾病的"病毒"。为生成式 AI 提供提问者的一般特征能让模型实现更精准的定位。

（二）个人提问的特定场景

个人提问的特定场景主要指个人在具体时空场景下的动态因素。例如，个体在提问时段的兴趣点、具体需求。与提问者的一般特征相比，个体外部的背景信息更加关注个体在某些具体的场景下更加灵活多变的因素，具有时效性和情境性。过去的或当下的提问场景不一定能应用到未来的问题中去，个人在提问时，如果不提供特定场景，生成式 AI 的回答可能会出现时空错位的情况，继而无法准确地匹配提问者的诉求。

例如，提问者看到电视上播放某地的旅游广告，一时产生了兴趣，想要获得一份该地区的旅游攻略，于是求助生成式 AI："请帮我生成一份旅游攻略。"然而，仅仅凭借这样的提问信息，人工智能无法定位到提问者的具体诉求——想去哪里旅游，何时去旅游——因而无法进行精准的推荐。只有明确了外部背景信息，并将其添加至提问中去，生成式 AI 才能根据具体需求得出答案。因此，提问者应该这样向生成式 AI 提问："*我想在 1 周后去上海进行为期 1 周的旅游，请帮我生成一份旅游攻略。*"此时，提问者便能得到想要的答案。同时，提问者对该地区的旅游兴趣是被外部因素激发的，如果下一次在网络上看到另一个旅游推荐，这一兴趣很可能会转移，此时个人提问的特定场景便发生了变化，我们在提问时也应该适时做出调整。

（三）内隐的社会共识

内隐的社会共识主要是社会中相对静态的深层价值心理、基本社会态度等，社会的主流价值观，社会在历史、文化、政治等方面的基本状况和特点等都可以被当作内隐的社会共识。在社会中，往往有许多约定俗成的、被人们默默遵守的社会共识，如崇尚真善美、同情弱者等，这些社会共识约束着我们的思想和行为选择。在不同的文化环境中，这样的社会共识也会有许多不同。无论是一种文明内隐的社会共识自身，还是不同文化间的差异，都会对生成式 AI 的内容创作带来困扰。在向生成式 AI 提出一些与个体相关的问题之外，我们往往也会提出一些与政治、经济、文化、历史等有关的社会性问题，这时，我们需要向生成式 AI 提供社会对一些事物或现象的基本态度，给予指引，避免出现答题偏误。

（四）外显的社会环境

外显的社会环境主要是社会中相对动态的环境，如某个具体事件中表露出来的社会意见。内隐的社会共识由一些常见的社会规范构成，在同一社会背景下变化不大，而外显的社会环境与具体事件联系在一起，会随着事件的发展阶段发生改变，与个人提问的特定场景相似，具有情境性和多变性。其区别在于，个人提问的特定场景是与提问者自身在某一时段的需求有关，而外显的社会环境则是指整体的社会意见。

外显的社会环境往往十分复杂。在互联网高速发展的今天，舆论的传播速度极快，越来越多的人加入社会事件的讨论，许多舆论事件在尚未盖棺定论时便会在网络上迅速传播、发酵，人们在舆论场中积极发表意见和表达情绪，随着事件的发展，可能出现多种社会意见，有的后续意见还会完全推翻之前的意见，出现多级反转的情况；针对同一社会事件，还可能会出现两派势均力敌的声音。面对纷繁复杂的信息，选择哪方社会意见作为背景信息是提问者需要掌握的课题。如果我们向生成式 AI 提供了不恰当的外显社会环境信息，得到的答案便会与真相背道而驰。

必须强调，提问者的一般特征、个人提问的特定场景、内隐的社会共识和外显的社会环境这四个维度的背景信息并不是孤立存在的，有时会出现相互交叉、相互影响的情况。每个人都不是生活在真空之中，个人的经历和意见融合在一起，便形成了社会共同的经历和意见；而生活在社会中的人，其思想和行为也无法脱离社会的影响。因此，在处理某个主题或问题领域时，我们需要根据具体情况综合考虑，对各个维度的背景信息进行选择，提供有针对性的背景信息，帮助生成式 AI 更好地理解和回答问题。

二、提问框架：为提问注入价值判断

明确提问框架是提高提问效率的关键。一方面，我们需要在提问中表达清楚自己的价值倾向；另一方面，明确预期生成答案也有助于更优质答案的输出。前者强调人为赋予的表征意义，后者则侧重明确输出结果的客观形式。如果不预先对二者加以确定，就可能需要耗费大量时间调整后续提示，输出结果也会不尽如人意。

（一）判断问题价值

生成式 AI 的语境，是一种"计算—表征"的语境——机器可以灵活使用符号，却无法理解其意义。面对人类社会不断生发的新语境，没有情感、自我意识的人工智能很

难自行融入其中。在人类主体完成表征解读后，人工智能这种代理主体才能继续其计算工作。向生成式 AI 提问的过程，也是捕捉、解读新表征的过程，通过对其输出价值判断，人类得以引导机器在符合要求的轨道上继续前进。

从问题选择看，向机器提出怎样的问题暗含了个人的价值观念。比如，将生成式 AI 看作搜索引擎的人，可能更倾向于提出事实性问题（"委内瑞拉的首府是哪里？""介绍《霍乱时期的爱情》的主要人物关系"），而那些认可生成式 AI 文本生产能力的人，则会乐于邀请机器进行文本创作。从问题表达看，不同的提示陈述方式获得的输出结果是有差异的。由于机器无法自行理解、赋予表征意义，因而提问者需要预先做出设定，在提问环节明确问题性质、紧迫程度、重要等级，以及自己对该问题的基本价值判断，通过不断追问的方式，在一问一答间明确价值倾向。比如，当向其询问对某谚语的看法时，机器可能给出一段含糊的解释而非明确的态度，此时追问其具体态度，机器才会给出一个判断。必要时，我们也可以给出部分示例，为机器提供参考。尽管前文介绍的零样本提示表明，生成式 AI 可以在没有显式示例的情况下做出判断，但预先给出少量示例可以帮助机器提高预测的准确度。

值得注意的是，向机器提供的示例也可能在无意识间产生价值引导。与庞大的训练数据集相比，普通提问者提供的少量样本对模型的影响是不稳定的，它们可能会导致以下三种偏差。第一，多数偏差。机器会倾向于输出在提示中频繁出现的答案。例如，在分类任务中，如果给出的消极示例远大于积极示例，那么机器在判断中性文本情感属性时，会更可能输出偏"消极"的结果。第二，近因偏差。机器会倾向于重复出现在提示末尾的答案。仍以分类任务举例，当提示以两个消极示例结尾时，机器判断输出偏消极的文本可能性也会增高。这种近因偏差有时会胜过多数偏差，成为影响偏误的主要因素。当一组示例同时具有多数偏差与近因偏差时，模型的倾向性会格外严重。第三，共同标记偏差。机器会倾向于输出在其预训练中常见的标记，那些在预训练数据中出现频率更高的标记，也更容易成为模型随后的预测对象，这可能对下游任务（Downstream Task）中的答案分布造成不利影响。

由此可知，示例的选择、排列会影响模型预测的分布。目前，研究人员也在积极开发相关校准技术，以减少此类偏差造成的不稳定性，提高模型的绝对精度。对于一般的提问者而言，为了获得符合要求的答案，慎重设置提示中的示例内容、顺序也是至关重要的。

（二）预期生成答案

对生成答案的判断本质上是对任务目标的具体化。在这一阶段，需要明确自己希望得到的答案类型：是"介绍香山地理位置"的事实类答案，还是"生成旅游咨询代理程序"的技术类答案，又或是"创作一个以香山为背景的小故事"的创意类答案？只有明确了预期答案类型，才能选择适宜的指令。一般而言，同一答案类型可以通过多种提示方式获得，本书后续章节将提供这方面的具体示例。第一，事实类答案。一般指使用生成式 AI 进行知识探究、事实检索后的输出结果，这也是提示方法应用最早的场景之一。用户可以通过文本概括、信息提取、文本分类、自然语言推理等相关提示词获得简单的、直观的、易推理的事实类答案；也可以使用生成知识提示，使机器预先融合知识、信息，从而突破其知识局限性，获得更准确的答案预测。例如，在要求机器判断高尔夫相关信息正误时，机器可能因为缺少相关知识给出错误的答案，但若预先给出其他知识生成示例，引导机器生成高尔夫相关知识，便可以提高其答案准确率。第二，技术类答案。生成式 AI 的另一个典型应用场景是代码的生成、解释与转换。用户仅需传达期望生成的代码内容及使用的语言，便可以收获一段完整的代码。用户提供的注释内容也可以被转换为代码，但有时会缺少必要的导入类语句。此外，用户可以通过提供数据库架构及相关提示，要求机器生成有效的 MySQL 查询。微软的人工智能助手"Copilot"甚至无须用户提供指定编程语言，就可以根据任务提示编写简单的程序。第三，创意类答案。尽管机器不具有如人类般"灵光一现"的时刻，但在创意性内容生产方面，生成式 AI 已经可以创作出接近人类水平的、富有美感的作品，展现了包括风格模仿在内的抽象处理能力。在获取创意类答案时，用户需要预先设定创作风格、篇幅、题材等属性，并在答案偏差过大时，调整提示结构或提供部分示例。此外，用户也可以通过修改模型参数来调整答案范围。例如，适当调高"Temperature"值，以获得更具发散性、创造性的答案；或调高"Top_p"值，以获得更多样的答案。

三、提问指令：为提问形成可行脚本

提问时所使用的具体语句也会直接影响提问质量。提问指令可以包括两种具体情境：一种是简单的一条提问指令（即如何用一句话 / 一段话来准确表达自己的需求）；另一种是追问或分阶段的持续性指令（即如何在交互"一问一答"的过程中逼近自己的需求）。具体来说，不同提问指令的形成有不同需要注意的要素。

（一）提出简单指令

提示（Prompt）是提供给大语言模型的一组指令（Instruction），通过提供特定规则、指导，向模型传达输出目标，进而影响后续交互过程。简单指令则指仅使用一条提示描述用户目标，包括但不限于需求、问题、语境、示例、输入数据和输出指示等元素。需求或问题，即期望模型解决的具体任务，如"将下列语句翻译成西班牙语"或"大洋洲有多少个国家"；语境，指为模型提供的上下文信息，帮助模型更准确地预测答案，如"请扮演一个学习助理的角色，你需要回答来访者的提问，保持态度友好、谦逊"；示例，即为模型提供的参考样本；输入数据，指用户输入的文本；输出指示，即指定的输出格式，如"信息：<学生姓名＋学生学号>"。根据提示中示例的有无、数量多少，可以将提示分为零样本提示和少样本提示，例如：

① 零样本提示。

提示词：

将文本分类为积极、消极或中性。

文本：我不喜欢加班。

情感：

输出结果：

中性

② 少样本提示。

提示词：

将文本分类为积极、消极或中性。

文本 1：我不喜欢加班。

情感 1：消极

文本 2：我喜欢玩游戏。

情感 2：积极

文本 3：我喜欢看电影。

情感 3：

输出结果：

积极

一般来看，生成式 AI 的经典应用场景包括文本概括、文本分类、信息提取、对话和代码生成等，下面是一些常用的简单指令示例。

① 文本概括。文本概括即快速概括出文本大意，一般可用于简单问答后对机器输出答案的进一步提炼。

提示词：

抗生素是一种用于治疗细菌感染的药物。它们的工作原理是杀死细菌或阻止它们繁殖，进而使身体的免疫系统抵御感染。抗生素通常以药片、胶囊或液体溶液的形式口服，有时也可以通过静脉注射。它们对病毒感染无效，使用不当可能导致抗生素耐药性。

用一句话解释上面的信息：

输出结果：

抗生素是用于治疗细菌感染的药物，通过杀死细菌或阻止细菌的繁殖，自身对病毒无效，过度使用会导致抗生素耐药性。

② 信息提取。区别于面向全部文本的内容概括，信息提取侧重于对特定信息的识别、筛选，是提高用户信息处理效率的另一助力。

提示词：

论文中的作者贡献声明和致谢应清楚地说明作者是否以及在多大程度上使用了ChatGPT 等人工智能技术，还应表明使用了哪些大语言模型。这将提醒编辑和审稿人更仔细地审查手稿，以发现潜在的偏见、不准确和不适当的来源。同样，科学期刊应该对大语言模型的使用保持透明。

指出上文中提到的大语言模型：

输出结果：

上面提到的基于大语言模型的产品是 ChatGPT。

③ 文本分类。与上面两种提示不同，文本分类任务的提示一般需要包含示例、输入数据等元素，用户应向机器解释需要的特定语境并设定输出所需的格式。

提示词：

将文章分为中性、否定或肯定。

文本：我觉得这个假期还可以。

情绪：中性

我觉得食物还不错。

情绪：

输出结果：

中性

对话，也被称作角色提示（Role Prompting），用户需要预先为机器设定身份及行为意图，以实现后续的对话任务。

提示词：

以下是与人工智能研究助理的对话，你的语气应该专业、技术性强。

人类：您好，您是谁？

人工智能：您好！我是一位人工智能研究助手。我能帮您做什么？

人类：您能给我讲讲黑洞是怎么产生的吗？

人工智能：

输出结果：

当然！黑洞是一种时空区域。那里的引力非常强，任何东西——甚至光——都无法从中逃脱。当一颗质量巨大的恒星死亡时，它的核心会坍缩，形成一个密度无限的奇点。奇点的强烈引力吸引了它周围的所有物质，形成了黑洞。

④ 代码生成。通过预先明确任务需求及编码语言（有时无须特定语言），模型可以自动输出代码内容，但代码可能无法直接使用，需要用户自行调试。

提示词：

Table departments, columns = [DepartmentId, DepartmentName]

Table students, columns = [DepartmentId, StudentId, StudentName]

Create a MySQL query for all students in the Computer Science Department

输出结果：

SELECT StudentId, StudentName

FROM students

WHERE DepartmentId IN (SELECT DepartmentId FROM departments WHERE DepartmentName = 'Computer Science');

值得注意的是，提示的清晰程度、示例设置和模型的参数配置都可能会影响提问质量。从清晰度看，高质量的答案输出离不开有效的内容输入，清晰、明确、具体的提示可以帮助模型更好地输出符合需要的答案，模糊提示的答案很难带来有效的信息增量。从示例设置看，示例的出现频率、顺序会影响模型的预测概率，在示例中出现频率高、出现位置靠后的内容会更容易成为预测答案，从而影响模型的准确度和随机性。从参数配置上看，"Temperature""Top_P"等参数会影响模型的答案范围，我们需要针对答案类型（事实类、创意类等）适时调整，否则可能出现答案过于发散或刻板的质量问题。

（二）提出追问指令

在对生成式 AI 进行提问时，一两次的提问往往不能让其生成提问者满意的结果，因此，我们可以向其发出阶段性追问指令，在交互式的"一问一答"中，逐渐逼近自己想要的答案。阶段性追问指令是指在向生成式 AI 提问时，提问者通过一系列具有逻辑的问题，逐步进行提问，引导模型生成更详细或更深入的信息。追问指令分阶段进行，可能包括一系列与主题或领域相关的提问，每深入一个阶段，试图获取的信息也更丰富、更具针对性。这种方式可以确保问题的有效性。

在阶段性追问指令中，一个重要的提问方式是分阶段提问的，即问题从宏观到微观，逐渐聚焦于我们想要的主题。例如，若提问者直接向模型提问：什么是阶段性追问指令？模型很难定位到我们想要了解的生成式 AI 领域，它可能给出人际交互中追问的定义。若在简单指令中加入一些背景信息，问题也很可能出现歧义，引起模型的误解，如我们提问：请定义在对生成式 AI 提问时采用的阶段性追问指令。模型很可能将其理解为针对生成式 AI 主题的追问，给出不符合提问者需求的答案。此时，我们可以使用阶段性追问指令，从宏观到微观分阶段提问。先提问：什么是提示工程？让模型生成与之相关的内容，再接着追问：请简述提示工程中的阶段性追问指令。这样模型便能够给出正确的反馈，输出我们想要的结果。在进行追问时，我们还应该根据生成式 AI 的回答持续提问。生成式 AI 的内容生成机制变成"提示—响应—反馈—调整响应"的持续性对话轮，形成独特的算法"微调"范式。在"一问一答"的交互中，模型能够吸收和理解提问者的反馈信息，"微调"相应的对话政策与答案，以生成更符合用户需求的下一段内容。因此，我们在对模型进行提问时，要及时捕捉模型输出内容中的模糊之处和错误之处，及时给出反馈，针对模糊不清的答案，要抓住模糊点要求进一步解释；对于错误和存在误解的答案要立刻指出，帮助模型更改。同时，我们还可以针对模型答案中我们想要了解的重点提出问题，激发生成式 AI 提供更深入的信息。

在提问者使用阶段性追问指令的情境下，影响提问质量的因素主要围绕"提问能否促进模型实现更深入的回答"这个核心。第一个要考虑的是问题的明确程度。虽然我们可以通过不断的追问逐步逼近最正确的回答，但提供明确、清晰、具体的问题可以在很大程度上减少模型的误解，降低问答的次数，降低交互成本。其次，问题是否逐步深入也会影响提问。在进行阶段性追问时，我们还应该确保问题的逻辑性，做到逐步深入，从宏观到微观、从简单到复杂，引导模型逐步深入地生成我们所需的信息。我们还需注意所提出问题的类型是否多样化。在追问时，我们应当确保所提出问题类型的多样化，从不同的角度、用不同的提问方式去提问。如果我们的追问指令过于单一且重复，追问便失去了意义，模型无法从中识别出新信息，自然也无法生成有用的新内容。最后，提问者应当依据模型的回答做出反馈与调整。在进行追问时，提问者应该及时依据模型的回答做出反馈与调整，充分利用生成式 AI 的"微调"范式，让模型从提问者的反馈中收获信息，不断精进自己的答案，使我们获得更有价值的信息。

四、提问流程：为提问明确设计指令

人类需要不断提升自己的提问能力，运用逻辑思维、批判性思维等能力，提出高质量的问题；而生成式 AI 则需要不断完善自己的能力，以更准确地理解人类的问题，并生成高质量答案。这意味着，人类需要提高对"提问行为"本身的战略价值的认识，将"提问能力"作为一种观念层面的战略顶层设计来看待。在生成式 AI 的智能创作时代，人类能够提出好问题、提出真问题，充分发挥人类智能的创新能动性对未来的治理创新更为重要。具体来说，提出一个真正的问题，一方面，人类要学会明确问题框架，即明确自身需求，以及究竟什么问题是需要人类"指引"机器智能的；另一方面，也要学会设计和运用机器更能理解的指令，这些指令模式决定着提问是否能够落地。

（一）明确问题框架

人类需要在"提问意识"中树立几个关键原则。其一，问题必须清晰明确，具备明确的问题陈述和问题背景，以确保生成式 AI 可以准确理解问题。这需要人类在提问时，有意识地提供问题的上下文信息，包括问题所涉及的主题、领域、时间、地点、人物等信息，以帮助生成式 AI 更好地理解问题。其二，问题必须具备一定的开放性，以便生成式 AI 可以提供更具创造性和创新性的答案。这需要人类在提问时，在问题中留出一定的空间和不确定性，以便生成式 AI 可以给出更具创新性的答案。其三，必须对问题进行一定的限定，以便生成式 AI 可以提供更加准确的答案。这需要人类在提问时，明确问题的范围和限制条件，以便生成式 AI 可以提供更加准确的答案。其四，问题必须具备一定的逻辑性，以确保生成式 AI 可以提供符合逻辑的答案。这需要人类在提问时，运用逻辑思维能力，设计出符合逻辑的提问题目，以便生成式 AI 可以提供更加准确的答案。在几个原则的基础上，生成式 AI 也需要不断完善自己的能力，以便准确地理解人类的问题，并生成高质量答案。这需要生成式 AI 不断学习，不断优化自己的算法，不断提高自己的理解能力和生成能力。同时，生成式 AI 还需要与人类不断交互，从人类的问题中学习，提高自己的能力。提出高质量的问题对于未来的治理创新来说更为重要。在人类能够提出好问题、提出真问题的同时，生成式 AI 也需要具备更高水平的"回答"能力，这样才能更好地服务于人类。

（二）设计和运用指令

追问或分阶段的持续性指令中，人类要学习和提高自身使用简单指令和追问指令的能力。在简单情境中，人类要学会用清晰、简洁、明确的方式表达自己的需求，这可以通过训练数据集和语言模型来完成。例如，当用户需要搜索特定信息时，他们可以使用简单的指令，如"搜索 ×××"，其中 ××× 代表他们需要的信息类型。这种指令可以帮助生成式 AI 更好地理解用户的意图，从而提供更好的答案。

追问或分阶段的持续性指令则需要用户具备更好的语言表达和推理能力。这种指令通常需要用户先提出一个主题或问题，然后生成式 AI 在回答中进一步推进对话。在这个过程中，用户需要能够清晰地表达自己的观点，并在回答中使用逻辑和推理来推进对话。例如，当用户问到"如何减肥"时，生成式 AI 可能会回答："通过运动和饮食来实现。"但是，如果用户希望进一步了解减肥的细节，他们可以使用追问指令，如"请问减肥的具体方法是什么"，生成式 AI 则会根据用户的需求，提供更具体的答案。人类在向生成式 AI 输入简单指令和追问指令的过程中，需要不断提高自己的语言表达和思考推理能力，这可以通过不断练习和反复使用生成式 AI 来完成。例如，用户可以利用问答平台或在线对话机器人，反复练习输入简单指令和追问指令，寻找自己与生成式 AI 交互的最佳方式。除此之外，人类还可以通过学习生成式 AI 的原理和算法来更好地理解和使用生成式 AI。这可以帮助用户更好地理解生成式 AI 是如何运作的，从而更有效地利用它们。例如，用户可以学习生成式 AI 的机器学习算法，了解它们是如何从数据中学习和推理的，从而更好地利用它们生成更准确的答案。

总之，提问能力是人类智慧的重要体现，人类历史上很多伟大的创新和发现正是源于针对当时的世界所提出的真问题、能解决的问题。确保向生成式 AI 提出真问题、能解决的问题，能够进一步提高人类利用生成式 AI 的主动性，有效发挥人类智慧，推动人类社会更加进步。

第三节　从分众匹配到要素融合：生成式 AI 时代的用户需求

我们已探讨了生成式 AI 提问的底层逻辑和决定因素，以厘清"生成式 AI 能为我们做什么"这个关键问题。需要说明的是，站在任何一个快速发展的技术节点前我们都无法准确地概括一个 AI 产品的功能框架，这是因为产品会随着时间不断进化完善。因此我们需要把握这种进化的驱动力——用户需求，只有把握用户需求，我们才能把握产品功能进化的方法，进而形成对产品更加全面和深刻的理解。

一、用户需求与表达：定义、特征、演化

（一）用户需求定义：基于客观需要的主观心理状态

在传播研究中，"用户"（User）这一概念诞生于互联网媒介时代。传播语境下的用户可以理解为媒介信息的参与者、使用者，具有主动选择信息、参与媒介环境的能力和意愿。与过去的"受众"（Audience）概念相比，"用户"一词的使用映射了传播学从"线性、技术化"到"非线性、社会化"的模式转变。纵观"受众"到"用户"概念的转变过程，不难看出，随着媒介环境、传播模式的变化，基本的传受关系也在发生更迭。20世纪 70 年代，"使用与满足"理论的提出将受众概念聚焦于个体之上。进入互联网时代，个体同时拥有了编码、解码自由，传统"受众"概念不再适用，自然地为"用户"所替代。可以说，互联网媒介开辟了媒介用户与用户需求的观念，也奠定了用户需求的基本特征。

在研究用户需求之前，我们有必要先厘清"需要"和"需求"的概念。首先，"需要"是人类为适应环境而慢慢进化出的各种有利于人类生存和繁殖的动机，具有客观性。"需要"是现实中人的实践活动的逻辑起点和内在要素，并影响整个实践过程。"需求"在心理学中被认为是人的一种主观心理状态，是人们为了延续生命和发展自身，以一定

方式适应生存环境而产生的对客观事物的要求和欲望。"需求"相对"需要"更具主观性,实际上更接近于用户目标,可以指代用户希望在产品中看到的功能或内容。需要不等于需求,只有当用户非常需要某产品,且能够承担起支付成本,这种需要才可能成为需求。需求是建立在需要基础上的一种延伸,并且需求本身也有不同层次,如马斯洛提出的"需求层次金字塔"模型,该模型将人的需求从低到高分为生理需求、安全需求及超越需求等。传播中的用户需求,则侧重媒介使用者对某种事物或服务的支付能力及意愿,包括信息需求、交流需求、娱乐需求等方面。其中,信息需求是用户的首要需求,交流需求和娱乐需求次之。

用户需求具有内隐性和模糊性的特征,是一种用户生理上的本能洞察和欲望感知。内隐性和模糊性具体体现在需求内隐于用户,无法被直接观测,是人们尚未意识到的、朦胧的、没有明确满足物的内在要求。一般而言,与用户进行面谈是了解用户需求的传统途径,即直接询问用户的需要是什么。然而,并非所有用户都可以准确地意识到自己的需求,并用精确的描述进行传达。根据用户的感知程度,用户需求可分为意识性需求和无意识需求。所谓意识性需求,即用户自己能够明确感知、察觉并可以用语言描述的需求,也叫"显性需求"或"基本需求",如"希望获得更高清的视频""需要获得一篇文书材料"等。无意识需求则指那些用户不能完全清晰感受和用语言描述但又确实存在的需求,是介于基本需求和欲望满足之间的一种中间状态,也叫"隐性需求"或"兴奋需求"。这可能有多方面原因,如受用户自身认知水平限制而"自满自足",或者用户对某种需求习以为常,以至于习惯性地忽视其存在。例如,用户大多需要"信息撤回"功能,但在构想新产品时,可能不会专门提及该点。心理学家弗洛伊德把意识比喻为"浮在水面上的冰山一角",认为我们观察不到的无意识部分才是巨大的水下冰山,这也意味着,相较于显性需求,用户的隐性需求往往占比更大。实际上,无论是显性需求还是隐性需求,都是内嵌在用户个体生理欲望和认知结构中尚未被语义化的内容和思绪,具有内隐性和模糊性的特征。用户需求的生成和释放是一个先后过程,用户需求会先受到个体特征和周围环境的影响,进而转化为语义化的外显行为,即需求表达。

(二)需求表达的特征:外显化、可分析、可连接

如果说用户需求是用户在需要基础上的本能洞察,那么需求表达则是将这些需求进行具体化和细化,转化为明确的、可操作的形式。两者的关系在于,用户需求是需求表

达的基础和来源，需求表达是满足用户需求和期望的手段和方式。此外，由于用户需求本身的内隐性特征和模糊性特征，需求内隐于用户，无法被直接观测，因而需要通过表达来实现与用户外部的信息、资源、服务形成连接。在当下，虽然图像、视频、虚拟现实技术等发展迅速，但用户需求表达形式的基底架构仍然是语言和文字。因此，用户需求的表达实际上是一个用户将其需求进行语义化呈现的过程，即人的认知、思绪、欲望等通过语言和文字进行具体的呈现。例如，"购买智能手机"是用户的需求，而通过文字、语音搜索相关信息或与他人交流信息是需求的表达过程。

需求的表达是实现用户需求外显化进而可分析、可连接的基础，但需求的展现和表达并不是一个畅通无阻的直线路径，用户的需求表达具有曲折性，用户需求到需求表达是一个"递减"的过程。首先，用户需求在进行语义化之前就已经存在"损耗"，从语义学视角来看，用户的表达能力主要取决于用户的语用能力，即对语言文字进行实际运用的能力。语用能力以认知能力为基础，它主要取决于"认知图式"的多少和联想能力的大小。在信息"输入—匹配"的过程中，"图式"丰富，输入的信息立刻有相关信息可供选用，经由联想"激活"，完成知识匹配，实施"编码""解码"等语言信息处理，从而实现表达。

由于用户"认知图式"的限制和联想能力存在不足，有些需求很难被关注、激活和匹配。例如，在信息检索过程中，用户由于语用能力不足，不能准确地描述自己的需求且不能正确地分析处理大量的检索结果，导致其需求无法获得满足。其次，用户需求的表达会受到外部"噪声"的干扰，如舆论环境、文化习俗、意见领袖等。再次，用户由于不熟悉现有技术，所以无法想象新产品、新服务的特性，进而无从表达相关需求，如在"信息撤回"功能得到应用前，用户很难产生"延长信息撤回时间"的需求。即使是意识性需求，有时也并不清晰明了，反而是晦涩难辨的。以信息需求为例，用户无论是否知道该信息的具体检索方式，最初都会在客观上产生对某种信息的需求，即真实的信息需求。当其对此有所察觉后，便形成了相应的感知信息需求。然而，用户对自身需求的感知有时会出现偏差，感知信息需求与真实信息需求间可能存在出入。在信息检索阶段，由于用户并非总能精确地使用最具相关性的检索词，最终呈现出的需求语句只能表现为近乎妥协的信息需求。当然，在检索的过程中，用户可以获得关于需求的反馈，如检索框下的关联搜索内容，进而调整自身检索策略。通过"检索—调整—再检索"的重复搜索过程，用户可以更接近自身感知需求，获得更多且更有用的信息内容。可以看出，捕捉用户需求的过程不是一劳永逸的，而是长期的、动态的且递进的。用户需求和需求表达都会受到新的技术社会环境的影响。

（三）需求与表达的演化：个性化、长尾化、拟人化

相较于传统的决策式 / 分析式人工智能，生成式 AI 带来了两个关键的变化。一是生成式 AI 将满足个体个性化、长尾需求的边际成本降至无穷小。智能生成拓展了创意边界，赋予了个体用户无边界的创造力，众创式个性化内容生产扩展了创意来源，极大降低了个性化创新成本，降本增效地满足了长尾需求。二是生成式 AI 以其空前的个性要素识别、人类认知模拟、针对性输出能力完成个体更细致的内生性需求的对外连接。生成式 AI 更加聚焦于用户的语义世界，所生成的内容和人类的常识、认知、价值观更加匹配。在"对话—交流"式的内容生成模式下，媒介用户更加容易获取即时反馈，发掘和连接内生性需求中的个性化要素，事半功倍地扩大个体认知能力，更好地实现需求的外显化和对外连接。

一方面，生成式 AI 成为打开用户隐性需求大门的关键钥匙，以 ChatGPT 为例，一开始用户的需求可能只是"浏览当天的重要新闻资讯并就某些内容简单聊聊"，但在用户不断深入聊天的过程中，更多的需求随之产生。例如，对"希望跟进某一新闻事件的相关信息""你怎么看待该事件"等，从一开始"单纯地获取信息"慢慢演变成对和 ChatGPT 聊天的依赖，更多潜在需求在聊天中被释放出来。用户的需求在这个过程中也愈发趋向于得到更加深化的个性化满足。

另一方面，在传统的互联网时代，用户需求的表达虽然已经脱离了一定的束缚和限制，甚至可以通过多模态的内容输出自己的所思所想，但缺乏即时反馈和稳定互动环境的缺陷也限制了用户需求表达的专注性和连贯性，进而影响到表达的准确性、完整性、逻辑性和细粒度。在生成式 AI 时代，AI 技术为用户需求的表达提供了更多可供性。

倘若说数字化极大地缩短了用户"需求—满足"逻辑的链条，那么生成式 AI 技术更加深刻地促进了用户需求侧向满足侧的渗透，即所有信息和内容的形成都是依照需求而产生的。这就意味着生成式 AI 技术下用户是居于主导地位的，用户的个体自由度和信息获取能力得到极大提升，用户需求更容易被关注、感知和满足。这种空前的技术和

产品的变化将引发用户需求和需求表达发生巨变。

二、生成式 AI 驱动用户需求与需求表达的变革

生成式 AI 极大地变革了传播媒介的形态，这不仅改变了用户需求满足的方式，更为用户需求表达开辟了全新的模式和空间。在互联网媒介时代的基础上，生成式 AI 时代的用户需求表达呈现出模式转换、逻辑加深、粒度加细三大特征。

（一）模式转换：从图形控件交互到多模态自然交互

互联网媒介时代的用户需求表达主要基于图形控件交互。该交互方式可以追溯至 20 世纪 70 年代，美国施乐公司研究人员艾伦·凯（Alan Kay）发明了重叠式多窗口系统，基于该技术形成了当前广泛使用的图形用户界面。其主要特点是以窗口管理系统为核心，使用键盘和鼠标作为输入设备。随后基于触摸屏的交互，如 iOS、Android 的系统交互界面，在交互学习成本和易用性方面做出了重大改进，使图形界面交互得到了极大普及。该种交互方式催化了媒介用户这一概念的出现，媒介用户能够基于图形界面输入信息并获得媒介的反馈，媒介至此具有了交互的特性，用户也可以进行需求表达。需要说明的是，这种需求表达经过预先设计，即媒介设计者，比如互联网产品经理，在最初就确定了用户可以输入哪类信息，获得哪些反馈，这些设计都以图形界面的样态存在于媒介之中。尽管用户通过这种方式可获得一定的需求表达的自主性，但这种自主性是极为有限的。

生成式 AI 前所未有地变革了这种需求表达的模式，取而代之的是具有多模态特征的自然交互。其基础是自然用户界面（Natural User Interface, NUI），通过研究现实世界环境和情况，利用新兴的技术能力和感知解决方案实现物理和数字对象之间更准确和最优化的交互，从而达到用户界面不可见或者交互的学习过程不可见的目的。其重点是关注传统的人类能力，如触摸、视觉、言语、手写、动作，以及更重要、更高层次的过程，如认知、创造力和探索。在自然交互的过程中，用户可以输入自然语言、语音、图像等多模态的信息，为用户需求表达提供更高水平的可供性。不同于图形界面交互中用户为实现某种功能需要寻找功能入口和学习操作逻辑，在自然交互的基础上，用户无需刻意学习需求表达的模式，而是能够以熟悉的语言、语音、图像等方式表达自己的需求，从而对自身个性化的需求进行完整、精确的表达。

（二）逻辑加深：从表层理性需求到深层非理性需求

心理学中的"逆转理论"（Reversal Theory）假定：在任何一个时刻，人们的动机都可以用处在一对元动机状态之间的位置来定义，比较典型的是"有目的状态"和"无目的状态"。有目的状态指，在外在动机驱使下认真做一件事情，按照计划实现一个目标。无目的状态则指，在内在动机驱使下做一件事情，因为做这件事情是快乐的而自发地去做，几乎不考虑做这件事情要达到什么目的。根据逆转理论，用户在媒介消费的过程中实际上至少存在理性需求和非理性需求，这主要表现为目的性成分和非目的性成分，二者的偏向程度形塑用户的整体性需求。

然而，用户在表达媒介消费需求，尤其是以计算机为基础的数字媒介需求时，其非理性需求是被遮蔽的。长期以来，传统主流媒体作为社会系统中主要的内容生产者，对信息内容的生产和传播追求的是科学理性，并以此为准则来发现、建构社会现象背后蕴含着的因果关系，然后归纳总结出这些因果关系的运作模式以及社会机制，以解决现实问题、规范受众行为，让社会在一个有序的框架内运行。这一特征对应到媒介用户侧则表现为：媒介用户表达需求始终是以理性需求为基础的，即将媒介视为工具，为达成某种目的而进行媒介消费。例如，阅览报纸杂志以获取信息，观看电视节目以休闲娱乐等。

非理性需求被遮蔽的另一个原因在于，媒介用户非理性需求成分的表达极为细微和隐晦，无法被作为工具或机器的媒介所捕获。这在许多研究中得以证实。例如，意向立场理论认为当用户面对明显由人设计的复杂实体时，会借助类似人类社会的目标和特征来进行启发式的理解，因而体现出非理性的、社会性的特征。与之类似的还有克里福德·纳斯（Clifford Nass）等人提出的"计算机为社会行动者范式"（the Computers Are Social Actors Paradigm，CASA），该范式认为计算机用户会礼貌对待计算机，且不会觉得自己在与编程人员对话，他们将社会性归因于计算机本身。CASA 范式展示了人们会将人际交流中的一些社交法则运用到人机交流中。然而受限于机器智能的技术水平，传统媒介无法对这些非理性因素进行有效的回应。在互联网媒介时代，用户非理性需求的表达则主要依赖同时在线的其他用户，而非媒介自身，其本质上仍然是互联网媒介中介的人际交往。

生成式 AI 时代一个巨大的转变是，基于生成式 AI 的媒介具备了深度理解人类自然语言的能力，并前所未有地具有"生成性"（Generative），这使用户表达逻辑得到延伸，即从表层的理性需求到更深层次的非理性需求。生成性是将生成式 AI 要素结构化的能力特征。它通过持续与用户对话，不断对用户的个性化要素进行识别、学习和整合，并将输出要素进行结构化处理，以贴近用户的方式进行有机呈现，实质上是对人类交往方式的深度模拟。在这一技术的基础上，用户可以使用自然语言表达自身需求，并通过字里行间的语义链接形成更深层的非理性需求的表达，并通过生成内容和资源要素的连接完成需求满足。非理性要素的有效表达是媒介用户需求表达的一项重大突破。

（三）粒度加细：从经验的粗放匹配到语义的精细连接

用户需求表达的另一个重要转变是用户需求表达粒度的加细，这是由用户需求满足方式的转变所驱动的。在传统媒介和互联网媒介时代，用户需求的满足依赖于外部信息、资源、服务等要素与用户需求的连接——即社会信息、资源、服务等要素在生产之后，通过用户特征匹配以分发或供给至用户侧。传统媒体时代的这种匹配是非常粗放的，比如各省市卫视台、少儿频道等就是基于用户的地理位置特征和年龄特征形成的匹配。互联网时代，这种匹配在算法的中介下进一步加细，能够根据每个用户的数据标签进行针对性推送。例如，今日头条等算法推荐内容平台，将互联网内容根据用户阅读偏好对个体进行信息分发。

从传统媒介时代到互联网时代，尽管需求匹配的粒度在技术的中介下不断加细，但其本质上仍是将已生产的内容以尽可能贴近用户特征的方式进行匹配连接，而非定制化的生产。生成式 AI 的关键突破在于，基于自然语言输入分析技术，生成式 AI 革命性地以其人类认知模拟机制打开所有"黑箱"，打破内部与外部的关系壁垒，对更加细微复杂的结构要素进行解构重组、重新生成、重新连接，意味着技术能够对人的要素状态进行响应分析，对情感表达等实现精准匹配，并针对每个用户的每个个性化需求成分进行涌现式的生成。在这种精细连接可供性的基础上，用户需求的表达呈现为更细粒度的样态。用户可以用熟悉的语言指涉对象、表述逻辑、传情达意等，这种表达的过程也将使用户需求摆脱与经验世界的粗放式的匹配，而是通过人的自然语言形成需求的完整表达，并以极细粒度实现与数字要素的微价值、微资源的连接。

除了自然语言对表达细粒度的提升，生成式 AI 技术允许用户与机器展开多轮对话，这意味着用户需求表达获得更大的精准化空间。用户可以在对话窗口持续获取机器智能的反馈，并基于此进行多轮循环的需求表达的调整，进一步使需求趋向明晰和完整。此外，这种上下文的语义衔接构造了语境和场景，使用户需求表达的场景度大大提高，使用户需求更加精确有效。

三、生成式 AI 时代用户需求的新样态

在生成式 AI 技术的加持下，媒介可供性极大地增强，用户需求表达方式发生巨大转变，这进一步为用户需求场景开辟了想象空间。一些此前潜在的、无法被表达的、无法汇聚为系统性需求的要素，能够以结构化的形式进行重组，驱动内隐的用户需求呈现出新特征、新样态。

（一）层级递进：用户需求匹配的过程性

大众媒介和互联网媒介以分众匹配为基础为用户提供价值，用户需求也在这种互构过程中表现为一种模糊且需要定义的存在。尽管可能存在进一步精确表达匹配的空间，但这一过程也会被粗放的匹配本身所遮蔽，换言之，一种尚未定义的需求的满足往往伴随着诸多不必要需求的价值连接。比如，用户可能需要一幅艺术作品寄托情愫，但其精心遴选的画作往往也不能完全精确地匹配其所需表达的感情，而是混杂着创作者对用户的需求的多元想象。由此可见，这种精细、微妙的需求难以表达，从而长期表现为一种内隐模糊的思绪。

生成式 AI 时代的用户需求是呈现为一种抽丝剥茧、逐级递进的过程，即用户可能会对自己的认知过程进行反思和调整，以更有效地满足需求。对于这一过程，我们可以通过认知心理学中的元认知（Metacognition）理论加以理解。元认知即"我们在自身认知过程方面的知识和控制"。元认知涉及我们如何解释正在进行的心理活动，这些解释是以我们与世界的互动为基础的。然而，元认知会基于此类解释与我们自身相互影响，并利用大量情境化的线索，进一步解释正在发生的行为以及我们做出判断的方式。元认知包含监控机制，即我们如何评价我们所知道或还不知道的事情。具体包括两类监控：预期式的，在获得信息之前或者期间发生；回顾式的，在获得信息之后发生。总而言之，用户的元认知过程强调其对自身认知能力和思维方式的认知，帮助用户发现自己需求认知的盲点，并找到改进的策略。

从元认知的视角来看，生成式 AI 技术提供了这种"与世界互动的过程"，允许用

户与媒介进行多轮会话和需求表达，这一过程实质上调用了用户元认知的机制。在用户初次表达需求时，用户通过预期式监控等思维过程粗略地锚定此时此景的需求，这一需求表现为笼统且简单的语义结构。在需求得到生成式 AI 的反馈后，用户再次调用回顾式监控等思维过程对需求进行微调，包括对指涉对象进一步细化，对语言逻辑进一步修饰，对语义内涵进一步丰富。"需求表达—得到反馈"的过程将循环往复，尚未语义化的用户需求就在这循环过程中不断增添新的指涉要素、情绪要素、场景要素、价值要素等，最终形成用户个性化的精确需求。

这种全新的需求呈现方式促使用户需求表现为全新的样态，存在着"基底—新要素补充"式的螺旋上升的循环机制，表现出"过程性"和"渐进稳态性"。"过程性"是指用户需求并非一个静态的思维或语义结构，而是动态的持续精确细描的过程。"渐进稳态性"则指用户需求不存在过程性的终点，即完美且透彻的需求形态，而是通过持续调整使得需求表达逐渐能够基本反映出用户所思所想，无限趋近所谓"完美状态"。这种性质使用户需求呈现为两个层级：其一是用户需求在初次表达时所需细描勾勒的粗略的需求"基底层"；其二是在需求基底之上，不断集成以形成系统性需求的细小微妙的需求"要素层"。

（二）粗略锚定：用户需求类别的结构化

尽管在生成式 AI 技术赋能下的用户需求表现出前所未有的个性化和微粒化特征，但其需求的基底往往仍然可以根据需求的性质进行归类。比如，用户要求生成式 AI 根据某项主题生成小说式文本，或根据某项需求生成一段可执行的计算机代码，其本质都是具有生产意义的需求。这种需求归类是既往分众匹配式需求满足的理论基础，决定着媒介产品设计所遵循的功能划分和迭代。

有关需求类别的研究已经十分丰富，早期且较有代表性的如 ERG 理论。该理论由美国耶鲁大学的克雷顿·奥尔德弗（Clayton Alderfer）在马斯洛提出的需求层次理论的基础上提出。ERG 是生存（Existence）、关系（Relationship）和发展（Growth）需求论的简称。其中，生存需求是指满足人们基本生存的物质需要；关系需求是指在组织中维持良好人际关系，满足社会地位和交际的需要；发展需求则是个人成长的内在需要。此外，彭兰教授也曾将人机融合定义为"同为传播主体的人与机器之间的直接互动"，强调其与人际传播的类似性。并认为，至少有六种动因存在于人类寻求人机互动的过程中：治疗性需要、投射性需要、定向性需要、可控性需要、补偿性需要和场景性需要。对于不同类别需求间的关系，奥尔德弗证明：在人的各种需求中，人的多种需求要在同一时间内共存；在同时共存的多种需求中，如果其中层次较高的需求不能得到有效满足，那么人们满足低层次的愿望会变得更加强烈；在低层次需求上得不到满足或者得到很小程度的满足时，个体也可能转而寻求更高层次的需求。

　　总而言之，需求分类有助于对用户微粒化的需求样态进行归纳，通过把握用户的主要需求对媒介产品做出有针对性的设计和改进。需要说明的是，无论分类的形式如何，作为基底的需求类别结构延续了分众匹配式需求满足的特征，具有粗粒度和时间截面性特征。要对生成式 AI 时代涌现出个性化用户需求形成更加深刻的把握，就需要认识到，需求基底之上存在着越来越丰富的需求要素成分，这些成分基于每个个体的文化背景、价值偏好、情绪状态、场景状态等，进行着动态的相互影响和持续变化，共同融合成一个需求要素的网络。

（三）细描微调：基底要素融合网络化

　　构架于需求基底之上，用户需求由纷繁多样的需求成分进一步融合形成。这些需求成分对模糊的基底需求进行更为细致的细描微调，使用户需求逐渐明晰、丰富，呈现出每个用户个体的个性化特征。需求成分主要包括：情感，即深层的情感状态，如恐惧、愤怒、喜悦等，可以影响用户的决策和行为；价值观，即个体认为重要的生活目标或理想，如诚实、公平、成功等；道德观和伦理观，这些观点可能影响用户在特定情境下的选择和行为；期望和自我效能，即用户对结果的预期和对自己能力的信念，是更为深层的心理要素；社会和文化背景，包括教育、家庭、文化等因素，这些通常在不易察觉的方式中影响用户行为；场景，主要是用户在对应社会情景或场域之中的即时性需求要素。如果将这些要素视为"一维"的线——用户的需求成分在线的两端之间漂移定位，这些线则将构成一个庞大的成分融合网络，每个用户的需求都是其在各个维度标定值基础上融合形成的多维坐标。这一坐标将赋予基底需求以更加丰富的内涵。

　　因此，用户需求的微调过程极为重要，是盈余环境下用户个性化自我的表达。生成式 AI 技术诞生的社会背景在于，工业文明带来的生产力水平实现了社会物质财富的大幅增加，人类社会逐渐走出了物质的绝对短缺时代，体现出物质盈余、时间盈余与认知盈余的特征。正如克莱·舍基（Clay Shirky）在《认知盈余》一书中指出的，"人口数量和社会总财富的增长使创造新的社会制度成为可能……新社会的建筑师们察觉到，工业化的副产品——某种公民盈余（Civic Surplus）出现了"。在盈余时代，人类不再局限于安全与生存需求的满足，而更多地寻求个人发展、价值实现和自我尊严。在这一背景下，用户需求在基底需求的基础上体现为更加追求个性化的成长和自我实现，其本质是人性自由的表达，也是作为中介的用户需求对个体与机器智能连接、与外部经验世界连接的升维。

总之，用户的需求样态和需求表达会伴随着技术和社会发展阶段的变化而呈现出新阶段的特点。整体上来说，相较于传统互联网时代，生成式 AI 时代的用户需求本质上作为需求基底类别结构，通过"基底—新要素补充"的生成机制，对笼统且简单的语义结构、语言逻辑和语义内涵进一步丰富，并在"需求表达—得到反馈"的调整后，最终形成用户个性化的精确需求，呈现出动态的持续精确细描的"过程性"、需求不存在过程性终点的"渐进稳态性"和使用户需求逐渐明晰、丰富和深度个性化的"要素融合下的细描微调"的特点。用户需求的表达基于"对话—交流"式的信息交换方式和"编排—生成"式的内容整合模式，在集合了互联网对于用户需求表达的优势的基础上，提升了用户的认知能力，放大了用户的语用能力、强化了用户的互动能力。用户需求的表达方式、表达逻辑和表达粒度也分别更加趋向于从图形控件交互到多模态的"自然交互"、从表层的理性需求到深层的非理性需求的"理性和非理性互构"和从经验世界的粗放匹配到语义世界的精细连接的"定制化与细粒度"等特点，如表 1-2 所示。

表 1-2　互联网媒介与生成式 AI 媒介在用户需求和需求表达方面的区别

		互联网媒介	生成式 AI 媒介
用户需求	需求形态	呈现即落地的静态思维模式	"基底—要素"式的需求融合网络
	需求特征	粗放匹配	抽丝剥茧、逐级递进的动态过程
需求表达	表达方式	图形控件交互	自然交互
	表达逻辑	浅层的理性需求	理性和非理性成分共同构成的整体性需求
	表达粒度	粗放匹配逻辑下的粗粒度表达	定制化生成逻辑下的细粒度表达

第二章
生成式 AI 的智能化变革：
人机交互与人机关系

本章概述

  作为一种全新的人工智能形态，生成式 AI 带来了全新的人与人工智能交互的方式，即允许用户使用自然语言与人工智能展开多轮对话以实现用户目的，满足用户需求。这种交互方式并非生成式 AI 首创，但生成式 AI 使这种方式变得真正"可用"，并能以面向大众的产品形态落地推广，形成了巨大的交互与传播范式的革新，书写了全新的人机关系。在这一背景下，生成式 AI 所落地的人机交互范式，从驱动图形控件交互转型为自然交互。这种新范式驱动了具身关系的加深，社会信息价值裁定由分发把关转向价值把关，机器智能涌现，人类智能与人工智能双向发展。同时，这种变革也影响了生成式 AI 的实践和未来的行动路径，如何超越人际交流层面的模仿，达到终期心智融通的境界，超越语言局限以触达心灵。最后，从负责任创新的视角，生成式 AI 时代传播生态的治理可以从复杂性治理、过程性思维出发，尝试信息助推与监管沙盒策略。预判性、前瞻性的情境技术治理策略能协调技术发展与社会需求之间的一致性，减少技术发展带来的不确定性与风险性，实现新兴技术柔性治理，标本兼治地为其长远发展施以社会性的建构。

第一节　生成式 AI 时代交互范式与人机关系的重构

一、理解人机交互范式：人类系统与机器系统的连结界面

（一）人机交互的时间：人类调度机器以增强自身

人机交互（Human-Computer Interaction，HCI），在美国计算机学会（Association for Computing Machinery，ACM）下的人机交互的特殊兴趣小组（Special Interest Group on Computer-Human Interaction，SIGCHI）的定义中，是一门对人类使用的交互式计算机系统进行设计、评估和实现，并对其所涉及的主要现象进行研究的学科，这一定义基本概括了人机交互的研究领域。其以计算机系统的设计与实现为主，因而表现出较强的工程学色彩。也有研究定义，人机交互是人与作为物理系统的机器的交互，研究聚焦于如何使人的心理和生理与机器的物理特征相互作用，以达到高效的作业方式。后者在前者基础上进一步强调了人与机器系统的二元性，以及人类心理、生理与机器的物理性质在人机交互协同过程中的重要作用。用户界面是人机交互研究的重点，即人与计算机之间传递、交换信息的媒介和对话接口，主要涉及人与各种输入、输出设备之间的交互。

现如今理解人机交互的语境与以往已发生较大的变化，即在人工智能深度参与下，交互已经从简单的信息交互转变为更为复杂的信息、情绪、认同等方面的交互。首先，中文语境中的人机交互除了指人与计算机交互（HCI）外，通常也涵盖人与机器人的交互（Human-Robot Interaction，HRI）。早期的人机交互局限于机器人依据设定命令机械式的输出模式，此时的机器人并不具备了解人类的能力，也无法根据人类的行为动态地调整交互行为。自然语言处理（NLP）和自然语言生成（NLG）技术的兴起，促使机器人不再仅扮演辅助交流的角色，而开始以主体身份参与到传播中来。人与机器的交互，也已经从界面的交互，转向信息甚至情绪、情感的交互，这种交互也对人类行为产生了影响。生成式 AI 的出现进一步赋能机器智能，使其能够基于用户自然语言指令展开更加全面和拟人化的实践，这也促使人机交互进入新的语境——任何机器都可能嵌入计算和智能模块，因此人机交互已经成为包含人工智能在内多重技术要素参与的交互样态。

人机交互本质上是人类调度机器以增强自身的实践。1960 年，现代人机交互学科的开创者利克莱德（Licklider）提出人机融合（Man-Computer Symbiosis）的概念，认为人应该和计算机进行交互。这是由于计算机可以帮助人类增强解决问题的能力，如辅助记忆、增强实时思考能力、管理数据和交流等。初步分析也表明，共生关系将比人类独自完成智慧活动更加有效。进入生成式 AI 时代，机器智能化程度远超以往，并能基于自然语言交流渗透到人类社会实践的各个环节之中，从而系统性地增强人类对主客观世界的把控能力。因此，人机交互本质上是人类调度机器，以增强自身的实践。

（二）交互范式重构：人与机器界面系统的变革

我们可以将特定时期的人机交互实践归纳为对应时期的"交互范式"。如麦克卢汉所言的"媒介即讯息"，真正有意义的讯息在于传播工具的性质、其所开创的可能性及其带来的社会变革。不同时代的交互范式在技术特征、文化特征、人的生理心理特征等多元合力下，呈现出特定的可供性样态，从而根本上形成人类调度机器的模式、尺度、标准，进而对人类把握主客观世界形成不同程度的赋能，驱动人类一次又一次地迈入技术进化的新形态。

这种交互范式实质上构成了区隔并连接着人类与机器系统的界面（Interface）。界面即"介于人类与机器之间的一种膜（Membrane），使互相排斥而又互相依存的两个世界彼此分离而又相连"。界面具有一种居间性，与"媒介"概念不同的是，界面更强调人类与机器的传播，或称调度机器的实践，强调机器对人类所处的物理世界及机器表征的赛博世界的连接与区隔。如果将人类与机器视作两个异质性系统，那么交互范式连接着两个系统，既受到双方特征的形塑，又驱动两个系统的迭代。就这一意义而言，交互范式实质上是区隔且连接着人类与机器系统的界面。

因此，交互范式的变革意味着界面的变革，意味着交互界面所连接的人类与机器系统的重构。一方面，新兴交互范式驱动机器系统形成新的整合逻辑，衍生出新的结构功能，进而匹配特定时期的人类需求；另一方面，新兴交互范式也以更自然、更恰切、更无感的方式与人类协同、耦合，促进人类实践模式、尺度、效能的迭代升维。波斯特（Mark Poster）指出："高品质的界面容许人们毫无痕迹地穿梭于物理世界与赛博世界，因此有助于促成这两个世界间差异的消失，同时也改变了这两个世界之间的联系类型。"交互范式的变革追求人类有机体系统与机器无机物系统的自动化交转，是为了将整个世界纳入一个系统中，实质性地推进延森所说的"世界作为一个媒介"的进程。

（三）新型人机关系：嵌入式协同与自然交互

波斯特认为，界面是人类与机器之间进行协商的敏感的边界区域，同时也是一套新兴的人机新关系的枢纽。菲利克斯·加塔利进一步解释了这一"枢纽"，他认为"计算机并非悬浮并游离在现实之上的虚构，而是经由界面的交转，不断与人类进行着交流与反馈，从而以一种区别于坚固的原有社会结构的相异性维度参与到实践中来。这种人类与机器共同参与的社会实践受到人类与机器关系所塑造，也是人机关系本身的表达。当机器借由交转的界面发生变革，就会改变人类与机器实践的形态，进而深刻地影响人机关系。因此，人类与机器系统的界面——交互范式的变革不仅驱动着人类调度机器的变化，往往也意味着新人机关系的诞生。

这种影响在人机交互发展的历史中得到彰显。长期以来，人机交互理论指导了各种技术的研究和开发，在这种语境下，传播带有类似于控制论的特点，即它是为了达到控制的目的而进行的信息传递。这种交互范式催化出一种确定的人机关系，即机器是人的发明与创造，人是一切人机关系的主导者；一切机器（包括各种工具、机器、自动化系统）只有掌握在人的手中，才能在生产和生活中发挥作用。移动互联网时代基于数字触屏的图形控件交互范式使这种人机关系开始松解。比如，便携的智能手机、智能手表、智能眼镜与人的身体产生更为紧密的耦合，开始呈现出人类与机器的"嵌入式协同"样态，即人类与机器在物理上进行联通抑或人机界限上的突破。这种协同的结果包括打造"机器化人"，实现"人的数字化改造"。在这种移动的图形控件交互范式下，机器不只是简单工具，而是融入人的身心，从而表现出人身体机能的特征，改变人类的认知行为。

作为一种划时代的新兴技术，生成式 AI 前所未有地允许用户与其基于人类的自然语言展开交流，这种新兴的交互样态昭示着从图形控件交互向着自然交互的转变，也将驱动人机关系走向新的未来。

二、生成式 AI 时代自然交互范式的主要特征

（一）生成性：人机交互范式变革的关键基础

除了涌现式内容生成，ChatGPT 还能够实现连续性人机协同，这允许生成式 AI 进

行更加细致的生成内容调整。用户可以在个人账号中保存人机对话记录，并基于该记录达成长期连续性对话。ChatGPT 通过持续与用户对话，不断对用户的个性化要素进行识别、学习和整合，并将输出要素进行结构化处理，以贴近用户的方式进行有机呈现。

生成式 AI 的生成性是一项革命性的特征，这意味着对机器的功能输入无须再提前进行信息约束和图形交互界面设计，而是面对用户拥有的任何特别、细微的需求进行细粒度的、个性化的响应。这也意味着，用户传达给机器的信息可以蕴含更丰富的信息，因此，控件交互将不再能够满足这种响应的细腻程度，而是逐渐转向自然交互的模式——基于自然语言文本、图像等多模态交互的模式。正如有研究所指出的，以 ChatGPT 为代表的自然语言生成大模型的一大特征是基于自然语言的人机交互，这在相当大程度上拓展了人机协同的工作空间。

（二）自然性：驱动图形控件交互转型为自然交互

媒介是一个动态变化的过程。正如安德烈亚斯·赫普所言："我们习惯于把媒介看成是静态的。但如果再仔细观察的话，我们会发现它们一直都处于不断变化的状态。相比于机械或电子媒体，今天的数字媒体越来越围绕算法进行构建，其变化的速度更快，效率也要高……不应当把数字媒体单独看作一个过程，而应考虑持续的数据生成和处理如何强化媒介的过程性本质（Process-Like Nature）。"

纵观人机交互演化的历史，我们可以根据交互特征将其粗略地分为三个阶段。第一个阶段，物理交互时代，始自第二次世界大战人类开始探索与机器更高效的协同。彼时人机交互是人与作为物理系统的机器的交互，研究聚焦于如何使人的心理和生理与机器的物理特征相互作用，以达到高效的作业方式。该阶段的主要特征包括：交互本身严格受到时空限制，有限的空间内物理操作控件总是有限的，而交互过程也多为即时触发，因此，在这种模式下人类能够输入机器的指令信息是极为有限的，对机器的控制处于较低的水平，调度机器效能是不足的，是一种非常简单的人机交互模式。

第二个阶段，图形界面交互时代。20 世纪 70 年代，美国施乐公司研究人员艾伦·凯（Alan Kay）发明了重叠式多窗口系统，基于该技术形成了当前广泛使用的图形用户界面。其主要特点是以窗口管理系统为核心，使用键盘和鼠标作为输入设备。随后基于触摸屏的交互，如 iOS、Android 的系统交互界面，在交互学习成本和易用性方面做出了重大改进，使图形界面交互得到了极大普及。实质上，GUI 依靠隐喻来与屏幕上的内容或对象进行交互，用户可以更容易地学习鼠标的移动和动作，更多地探索界面。图形界面交互本质上是对物理交互的功能属性进行数字化、抽象化和模块化，并加以有机组成，使交互界面能够前所未有地突破时空限制，将无所穷尽的信息包蕴在一块小小的荧幕之中。此外，图形交互界面也提供了更加多元的信息输入方式和更大的信息输入量，并极大地降低了交互所需的经济成本和学习成本。

第三个阶段，自然交互时代。该阶段的代表性交互界面是自然用户界面（Natural User Interface，NUI），自然用户界面是人机交互界面的新兴范式。通过研究现实世界环境和情况，人们利用新兴的技术能力和感知解决方案来实现物理和数字对象之间更准确和最优化的交互，从而达到用户界面不可见或者交互的学习过程不可见的目的，其重点关注的是传统的人类能力，如触摸、视觉、言语、手写、动作，以及更重要、更高层次的过程，如认知、创造力和探索。它被认为是下一代交互界面的主流。在 NUI 界面下，用户只需以最自然的交流方式（如自然语言和肢体动作）与计算机进行交互，与计算机交流就如同和一个真实的人交流。自然用户界面时代，键盘和鼠标等将会逐渐消失，取而代之的是更为自然、更具直觉性的科技手段，如触摸控制、动作控制、自然语言控制等。

自然交互以人类自然语言的形式输入更大量和细微的信息，表达着个体的个性特征、价值偏向和细微需求。维特根斯坦曾在《逻辑哲学论》中对世界和语言进行了分层描述和映射，并指出语言和世界的逻辑结构是共同的。尽管人类思维中仍然存在着"世界""语言"之外物，即言外之意、弦外之音，但自然语言无远弗届的特性已经为人机交互提供信息输入的极大可供性。在自然语言输入的基础上，自然语言处理技术同时可以帮助机器理解人类语言的含义和语境，识别其中的实体、情感和观点等，并将其转换成结构化的数据形式。基于此，在语言与世界的细密对应关系下，语言能够描绘世界、表达心灵，进而能够在人机交互的过程中表达更为细致的需求。

此外，自然交互更加符合人类直觉，降低了人机协同的门槛。这得到诸多理论与实证证据的支持。例如，斯坦福大学传播学系学者李维斯（Reeves）和纳斯（Nass）于1996 年首次提出"媒体等同"理论。该理论有两个基本观点：一是"媒体等同于现实生活"（media = real life），即人们会将媒体看作现实生活中的人或场所；二是"人与电脑、电视和新媒体的互动本质上是社会性和自然性的。这是由于人们将人际交往的社交脚本漫不经心地应用到人机交互中——哪怕它并不适合人机融合，因为这从根本上忽略了计算机并不具备社交性的本质。从媒体等同理论可以看出，人在与机器交互过程中表现出自然交互的潜意识倾向，从而能够更轻易地使用自然交互的方式而无需额外投入时间精力学习交互。

图形控件交互到自然交互的变化本质上是从他组织到自组织的转变，即用户所需的媒介结构功能不再由媒介产品经理所设计和分配，而是作为一个自然的整体，可以响应任何用户发出的指令和需求，为媒介中介人类实践活动提供了更细腻的粒度和更加丰富的可供性，进一步拓展人类实践自由度与丰富度。表 2-1 所示为人机交互范式的主要代表媒介和特征。

表 2-1　人机交互范式的主要代表媒介和特征

交互范式	代表媒介	特征
物理交互	报纸杂志、广播电视	受到严格的时空限制、信息通量小、机器效能调用不足
图形控件交互	计算机、手机	突破时空限制、信息通量变大、机器效能调用的粒度粗
自然交互	生成式 AI 应用	信息通量极大、机器效能调用的粒度加细、学习成本低

三、生成式 AI 时代人机关系的深刻变革

（一）具身关系加深：人体机能输出与心灵接合输入

英国哲学家休谟在《人性论》中指出，"人性的原理"是"一切科学唯一稳固的基础"。实际上，在人机交互领域符合人类直觉、习惯和既有知识的交互方式，一直是交互研究不懈的追求。从计算机的鼠标、键盘到触摸屏，再到文本、语音、眼神、动作，自然交互范式无疑在这种"自然化趋势"上更进一步。自然交互范式能够容许技术无感化地嵌入到人的身体和意识之中，自然交互具有微型化、随身化、嵌入化、多模态的天然禀赋。

这种禀赋实质上推动了技术具身关系的进一步加深。美国哲学家唐·伊德（Don Ihde）曾定义两种关于人、技术与世界的关系。第一种是"它异关系"（Alterity Relations），即技术作为相对于个体的准它者（Quasi-other），与个体直接发生关系。其意向图示为"人→技术－（－世界）"，如自动取款机（ATM）。第二种是"具身关系"

（Embodiment Relations），它以"（人－技术）→世界"这一图示表征具身关系，即技术具身于个体的使用情境之中，个体通过技术感知世界。从两种人与技术的关系可以看出，自然交互界面使人与媒介交互变得更加无感化，技术对人生活实践场景的融入更加无界化，人与媒介的关系从它异关系逐渐趋向具身关系。

具体而言，首先，自然交互范式增益着人类机体的功能输出。马克思曾说，"人的本质不是单个人所固有的抽象物，在其现实性上，它是一切社会关系的总和"。媒介作为中介，有机且动态地连接个体外部所有的技术、资源、服务等实践要素。在图形控件交互时代，数字化将物理交互时代碎片化的功能进行整合，在一块块小荧幕之上、在一个个超链接之中包蕴无穷无尽的信息，使人们可以在须臾之间与目标产生连接，并能在媒介预先设计的可供性基础上形成功能，生成价值。可以说，图形控件交互范式是人类的数字化生存启蒙，人类在这个过程中完成数字化的过程，超越物理特性以增强人的实践半径和自由，形成更加丰富多元的生存样态；进入自然交互时代，其关键在于"算法化"，在于人类如何动态地接入并按照目的对数字资源进行运算。自然交互范式允许人类通过自然语言的形式形成机器调度，促使已经形成媒介功能的，以及尚未形成还处于碎片化的数字资源，按照每个个体的目标和需求进行运算和整合，从而促进人类机体功能输出的系统性提升。这本质上是一种"黑箱化"机制，容许个体将简单事务委托于媒介机器，从而赢得更多时间和余力去探索文明的更高层次。

其次，自然交互所产生的信息输入与人类精神心灵耦合，并产生支持效果。这不同于基于互联网平台人际的情感交互，而是完全由机器生成提供的心灵价值，目前已经可以看到越来越心意相通的交互体验。在未来自然交互范式有望更加深化这一过程，甚至形成某种心灵的补全效果，如常态化的陪伴、情感支持、精神疾病的疗愈等。麦克卢汉曾言，"媒介是人的延伸"，这或许是媒介的向内延伸，即媒介本身抚慰或强化了人类的精神和心灵。

（二）社会信息价值裁定：由分发把关转向价值把关

以今日头条为代表的算法分发内容平台不断崛起，形成传媒生态的一个巨大变革。算法已然部分接替传统媒体把关人的角色，决定人们可以看到哪些信息，影响人们对社会现实的认知和建构，但我们必须看到，尽管传播规则发生了巨大变化，信息创作的权力仍然主要把握在人类智能的手中，人类决定内容规模、基本观点、修辞特征和价值偏向，进而决定社会信息传播的基本样态。

伴随着自然交互范式的兴起，机器智能涌现式的内容生产前所未有地成为内容创造的主要形式，并可以预见伴随着生成式 AI 技术的普及，社会信息将大部分由机器智能所创造，这带来的一个巨大的改变是：机器智能在社会信息传播实践中的角色从"分发把关"转向为"价值把关"，即在机器生成内容基础上，机器裁定内容的价值偏向和观点表达，成为社会信息传播的"把关人"。这本质上是基于人类智能"他组织"式的信息传播生态转变为基于机器智能自组织式的传播生态，是社会信息众创化和需求多元化背景下的必然转变。如何在这种全新范式的基础上探索人与机器共治的原则与方法，将成为未来传媒发展的重要问题。

（三）机器智能涌现：人类智能与机器智能双向发展

机器智能能够在自然交互界面的基础上理解用户输入的自然语言，并将其作为方向性的指引，实现机器智能系统整体的"涌现"式的响应。自组织涌现即系统内部各组成要素自发关联并形成新功能的特性，可以实现非线性的价值创生。基于海量参数和自然语言训练语料，大语言模型能够在既有人类文明知识的基础上构造一个极为庞大的智慧系统，能够围绕用户提出的每一项个性化需求，对相关的智能要素进行提炼，有机组合和结构化表达，从而形成远远超越碎片要素的整体性功能价值。这是机器智能在自然交互机制下的重大变革。我们需要面对的现实是，机器已然超越工具的角色，成为与人类相似的社会实践主体，这将是未来人机交互协同的基本语境。正如梅塞勒（Mesthene）所言，"技术为人类的选择与行动创造了新的可能性，但也使得对这些可能性的处置处于一种不确立的状态。技术产生什么影响、服务于什么目的，这些都不是技术本身所固有的，而取决于人用技术来做什么"。在新的人机关系语境下，重新思考如何与机器共处是一项十分重要的问题。

需要认识到的是，具有基于既有人类文明知识涌现特征的机器智能与人类智能并不能完全等同。在目前的自然交互实践中，首先，机器智能的表达往往呈现出一种中庸的特征，即伴随着用户指令的变化，机器智能表达的立场极易发生改变，其缺乏人类表达中的一种"坚持"的成分，因而难以形成方向性的见解。其次，机器智能似乎更擅长趋势外推的、线性的创新，即根据既有的知识要素进行线性的、短程的、直观的推理。换言之，机器智能是一种"向后看"的智能，是在人类指令基础上对既往知识的总结。相对的，人类智能则具有更强的原则性和"方向感"，能够在既有知识基础上形成跳跃式的、非线性的、长程且抽象的创新。

因此，在机器智能的涌现基础上，人类智能与机器智能自此极有可能呈现出双向的发展特征。机器智能是归纳演绎、线性想象性的智能，基于既往知识和模式，机器智能将扮演当前社会运行的实践者；人类智能是跳跃性的非线性的创新智能，基于面向未来的模式预测，人类智能将扮演文明演化方向的探索者。简言之，智能协同的未来是机器智能面向现在、人类智能面向未来。

第二节　生成式 AI 时代人机交互的媒介实践与行动路径

伴随着生成式 AI 技术的迅猛发展，传统人机交互中广泛排布的控件、模块乃至图形交互界面逐渐被消解，自然交互范式开始被引入人们的媒介生活，通过多模态的感知、智能代理交互、知识处理、可视化的显示，机器与人类几乎能够实现与人际传播同等维度的交互。非受限性（Informaity）成为新型人机交互技术的主要特性，即机器给人以最小限制并对人的各种动作做出反应，人们能够用平日里自然表达的语句与人工智能交流，从而达到自己使用语句的目的，不必再将意图转译成指令或高度凝练成词块或控件。在这个过程中，人是主动参与者，可以最大的自由度操作机器，如日常生活中人与人间的交流一样自然、高效和无障碍。这是人机交互范式的重大进步，也将深刻地影响媒介进化的逻辑。

语用学为分析这种新兴媒介实践提供了一个有效的框架。该学科是与自然语言交互关系最为紧密的几个学科之一，主要关注"在不同语境中寻找并确立使话语意义得以恰当地表达和准确地理解的基本原则和准则"。语用学研究一般将会话划分为语境、指示词语、会话含义、预设、言语行为和会话结构几个部分。这些要素并不是完全独立的，在自然交互的过程中，不同的要素会进行一定程度的互动。语用学的框架为分析基于自然语言的人机自然交互提供了一个有益的分析框架。在此，本节将自然交互范式构造下的媒介实践分为媒介与用户的双向认知（对应预设）、媒介的用户场景解析（对应语境）、媒介与用户的会话协同（对应指示词语、言语行为与会话结构）三个部分进行分析（见图 2-1）。

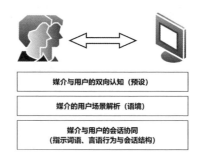

图 2-1　语用学视角下的人机自然交互原型

一、人机自然交互的媒介实践

（一）媒介与用户的双向预设

预设（Presupposition）指言语交际过程中说话人对听话人和自己已有知识的推测，是说话人认为听话人听到话语之后总能根据语境或常识等推断出来的信息。比如，"丈夫"或者"妻子"在作为指示词使用时，其假设是对应人物已婚。基于自然交互范式，用户与媒介交流过程中的预设，呈现为媒介对用户的预设以及用户对媒介的预设，这两种预设均在交互过程中发挥作用。

1. 媒介对用户的预设

媒介对用户的预设主要是指在会话开始之初（或在媒介执行任务之前），媒介基于生成式 AI 的自然语言处理功能，确定针对每一位用户的内容生成、资源匹配策略，从而实现自身对交互过程与使用者的预设。媒介对用户的预设通常涉及对用户兴趣、需求、知识结构、文化背景等方面的假设。诸多生成式 AI 应用已经做出尝试。比如，GPT-4 的"自定义指令（Custom Instruction）"功能允许用户自行介绍自己，并表达希望 GPT 扮演何种角色以及如何响应。这种预设会体现在设置后的所有对话之中。此外，一些其他应用也尝试以问答的形式来获取更多用户数据，形成对用户更个性化、多维化的认知。比如，百度"文心一言"大语言模型就采取了问答的形式，通过基本的设问来获悉用户的使用习惯与偏好。

现在围绕形成媒介对用户预设的媒介实践仍然存在挑战。一方面，目前仅基于文本或语音模态信号的分析仍然有限。比如，仅依靠文本交互很难准确判断用户的性别、年龄、文化背景等特征，这与人类在交流中通过多模态信息的融合形成印象相去甚远。未来人工智能在接入三维数字虚拟空间的交互情境后有望获得更多的识别信号，从而生成更为细腻的内容和服务响应。另一方面，大语言模型需要哪些用户数据，如何对用户数据进行维度化和结构化，如何使用户更轻松有效地告诉大模型"自己是一个什么样的人"，这些问题仍然有待相关理论与技术的进一步探索，如需要考虑不同用户群体，如老年人、未成年人等数据采集方式的伦理问题，以及不同文化背景的用户会侧重关注哪些方面的自我信息等。

2. 用户对媒介的预设

用户在与媒介交互时，也会基于自己的经验和认知，对媒介可供性、价值倾向、交互方式等形成预期和预设，并相应调整自己的交互策略。例如，首次使用智能助手聊天机器人的用户可能会默认其只能进行有限的问答，不具备复杂交流的能力。这种预设会导致用户选择简单的提问方式。经过一段时间的互动后，用户发现聊天机器人只有进行更深入的讨论，提问才会逐渐变得更开放和复杂。

学界对这种预设的研究可以追溯至用户对计算机的社会反应（Social Response）。早期的学者认为拟人化（Anthropomorphism）是个体对计算机反应的重要机理。这一观点认为，个体会在本质上认为计算机是人类，即将计算机"拟人化"，因此用户在与计算机交互时会使用人类社会的交往规范。其后著名的"计算机为社会行动者范式"在诸多实验的实证证据基础上也表明，个人会无意识地将社会规则和期望应用于计算机。例如，性别刻板印象、种族认同、礼貌、互惠、认知承诺、个性尊重等。这些研究都指向了用户在与计算机交往时，即使其不具备自然交互的特征，用户也绝非是将其视为无社会属性的机器，而是在无意识中形成某种预设。

进入生成式 AI 技术时代，自然交互范式赋予媒介具身性的功能角色，目前有关具身角色的媒介实践呈现为两种思路。第一，媒介应用自身作为具身角色。例如，字节跳动的豆包、小米的小爱同学（大语言模型版）、接入大语言模型的游戏非玩家控制角色（NPC）等，它们直接利用大语言模型生成对话内容，赋予了自身一个具体的角色属性。这可以帮助用户更好地建立对媒介的预设，增加交互的代入感。第二，大语言模型自身为工具并内嵌聊天机器人（Bots），这些聊天机器人绑定着具身角色。例如，Poe 内置的"聊天助手"（Chat Assistants），以及 ChatGPT 的"我的 GPTs"（My GPTs），都允许用户使用已经设计好的具身角色或自行创建具身角色。这些聊天机器人配合大语言模型生成对话，同样帮助用户建立预设。相比没有具身角色的自然交互，具身角色更有利于减少用户的使用门槛，引导用户产生对于会话有建设性的媒介预设，从而提升用户体验，如图 2-2 所示。

图 2-2　涉及媒介具身角色的媒介实践

（二）场景解析：场景匹配、应用开发和嵌入系统

语境（Context）即"运用自然语言进行言语交际的言语环境"。语用学将语境划分为三部分：上下文语境，即存在于语用上下文中的语言因素；情景语境，即除了语言因素的非语言因素；民族文化传统语境，该语境关注历史与国族方面的因素对语言交际的影响。语境对于有成效的会话极为重要，它蕴含着对应语境下的行动框架。个体基于既往社交经验发展出了常见序列行为的知识结构，并将其保留在记忆中。一旦遇到类似情境，这些社交脚本就会被激活，从而指导用户的会话实践。因此，清楚的语境可以帮助生成式 AI 更好地预测用户意图，做出符合预期的回应，否则就可能出现脱离语境的回答，降低交互效率。

目前，诸多媒介实践是围绕着解析用户的会话语境而展开的。其中，上下文语境包括对时空特征、主题、文化背景、参与者角色的构建，主要依赖于用户的提示词和会话历史形成；民族文化语境依赖于预训练过程中对用户认知偏好相关语料的训练，以及会话过程中对用户特征的识别。相较于前两者，依赖于非语言要素的情景语境是解析用户会话语境的难点，目前的媒介实践呈现为以下几类。

第一，基于专用型媒介所对应的场景形成会话语境。这是一种较为简单和粗放的路线，不涉及用户场景性数据的读取。例如，基于生成式 AI 技术的游戏 NPC 就能准确地匹配其扮演角色和所处情景与玩家形成会话，为玩家提供沉浸式的游戏体验。基于生成式 AI 技术的导购机器人也可以根据自身所处的时空特征对用户提供精准推荐服务，提供更人性化的沟通方式。

第二，媒介接入专用型插件（应用）读取场景数据。通过开发插件，媒介能够直接匹配用户场景，并获取更多细粒度的数据。例如，GPT-4 已经支持以购物、餐饮、学习为目的的插件；百度"文心一言"大模型也正在创建插件生态，提供可视化界面和应用程序编程接口（Application Programming Interface，API）接口支持开发者进行自定义模型与插件开发。用户在使用专门型插件或应用的过程中定位了自身的情景，并能通过行为数据反映出用户的会话语境，帮助媒介更快、更准确地解析用户所处的会话语境。

第三，将生成式 AI 植入计算机操作系统（或应用平台）以采集场景数据。这一策略可以保障媒介读取用户场景数据的权限，并能在对应功能场景下接入智能服务。采用这一路线的有：小米"小爱同学"语音助手、微软的智慧办公应用"Microsoft 365 Copilot"、金山的智慧办公应用"WPS AI"等。

第四，媒介基于实时联网的响应。由于生成式 AI 的底层模型都是由预训练完成的，而会话语境往往具有即时性，因此实时联网有助于智能媒介识别会话语境。目前，百度"文心一言"接入百度搜索实现实时联网获取信息，ChatGPT 以及 NewBing 也接入必应（Bing）搜索等，如图 2-3 所示。

图 2-3　生成式 AI 应用的插件示例

（三）会话协同：多模态交互与提示工程

媒介与用户的会话协同主要涵盖了语用学的三个研究领域，即指示词语、言语行为和会话结构。指示词语（Indexical Expressions）将具体的人物、地点、时间等信息简化，使语言高度凝练。言语行为（Speech Act）则是将指示词语组织成句进行发声发音、表意行事，并对会话主体产生影响。会话结构（Conversational Structure）涉及的是语言之外的对话组织方式，包括开头语（Opening Sequence）、结束语（Closing Sequence）、话轮替换（Turn-Taking），以及对话中的其他结构特征，如插入序列（Insertion Sequence）；由受话者打断发话者话段引发的分岔序列（Side Sequence）；以及发话者自己的修复系统（Repair System）等。媒介与用户的会话同样包含以上机制，自然交互范式下的媒介实践也按照以上类别机制展开。

媒介侧的媒介实践主要是基于多轮会话窗口形成的多模态交互方式。除生成式 AI 深度模拟人类认知机制生成的文本模态，媒介应用也在探索其他模态的交互。目前 ChatGPT 已经能基于"画外音（Voice-Over）"等插件实现与用户的高质量的语音对话；自定义的 GPTs 允许用户上传自定义的图像作为头像，内置的"DALL·E 模型"也可以帮助用户在任意对话中生成图像，读取图像，从而使基于 ChatGPT 的交互表现出高度的拟真度和拟人化。未来，更多模态，如语音、语调、实时表情、动作、姿态等模态也有望成为会话的基础，并在多轮会话的机制下形成更加全面的可供性。

在这样的自然交互媒介界面下，如何使用语言或非语言符号有效表达需求是用户侧的关键任务，这一工作由于需要提供提示词（Prompts），因而也被称为"提示工程"。提示工程直接影响交互的质量。如果用户的提示模糊不清，生成式 AI 就难以准确理解用户意图。反之，如果用户的提示设计得当，充分利用语言和非语言符号传达目的，生成式 AI 就能快速捕捉用户意图并做出正确回应。目前大多数用户尚缺乏提示能力，为此，一些自然交互界面也在探索辅助提示的功能设计，如显示历史提示、关联提示以及提示模板等。

时至今日，自然交互范式已经在智能音箱、智能客服、AI 语音助手等媒介实践中得到彰显，但其本身仍然不完善，需要在技术、法规、伦理、文化等诸多方面调试和落地。尽管如此，自然交互范式所具有的革命性的可供性为媒介融合发展提供了巨大的想象空间，其有望成为未来媒介交互的主流范式，突破现有媒介交互甚至是人际交互的局限，实现人类对外连接的崭新局面。

二、人机自然交互范式的实践进路

人机自然交互范式至少存在初期话语沟通、中期模态拓展、终期心智融通三个主要发展阶段。

（一）初期话语沟通：满足基本交互的可供性

1. 自然语言具有基本的交互可供性

"可供性"的概念在刚提出时主要是强调环境的客观品质与生物行动的可能性之间的相互协调，随着理论的发展，可供性已被延展到设计、媒介、新媒体等多个方面。而在自然语言交互中，语言这一承载内容的形式也为人类与机器之间的互动提供了广泛可能，体现出了交互可供性。由于人类与机器的生理与机理构造不同、认知模式不同，人机交互仍存在障碍。随着技术发展，人类与机器能通过自然语言这一媒介，在交互中达到一种协同状态。自然语言以最基础通用的方式在界面中呈现，使人机交互成为可能，让其得以存在与赓续。

2. 语言交互是自然交互的早期和基础范式

话语沟通是人与机器交互的基础模式。在计算机刚问世时，冯·诺依曼所设计的人与计算机沟通的模式即机械地编码与解码的自然语言的模式：人将自己想要传达的命令或信息以计算机指令语言的方式表现出来，输入计算机，计算机再对指令语言进行理解，形成二进制代码，从而执行相应的操作，如运算或逻辑处理，输出以自然语言为表现形式的结果。尽管市面上已经涌现出各式各样能以不同形式感知人类、理解人类的模型，但直到现在，因语言独有的特征，最为人们所关注、使用的人工智能仍然是"ChatGPT、LlaMA、Claude"这种以提示词为交互纽带的模型。人机交互范式仍然是以语言交互为主，这与人际交互的主要方式是一致的。

需要说明的是，基于文本模态的初期自然交互范式是通过自然语言来完成所有交互所需要素的设定，即用自然语言描绘所有的预设、语境、指示词语、言语行为等。人类只有使用模块化的语言、精准的提示词才能达到交互的目的。这也暴露了当前人机交互中自然语言交互的短板，即每次在与机器进行交流的时候，人类都需要进行过于完整的、相对不自然的叙述，才能实现对相应功能的调用，否则可能会出现较大偏差。因此，初期的基于文本模态自然语言的自然交互范式表现为"可用"，而非"好用"，距离用户熟悉的人际交流仍有较大差距。

（二）中期模态拓展：实现人际交往的基本模拟

为了弥补媒介自然交互范式发展初期对人类交往的模拟的不足，促使媒介产品从"能用"变为"好用"，自然交互范式将在中期更加强调交互信息模态的拓展以及交互数据的融汇，以更加精确地识别人机交互环境中的非语言信号，从而极大缩短人机协同的逻辑链条，实现人际交往的基本模拟。

1. 话语沟通的局限性

除了自然语言交互在人机交互中体现出的不足，还需要认识到话语沟通模式本身的局限性。人际传播中的话语沟通应当是多感官的、多模态的。语言符号学家艾伯特·梅拉比安为此提出了一个公式：传播信息达到相互理解＝语调（38%）＋表情（55%）＋语言（7%）。由此可知，目前人际交互中仅停留在界面上的文字式语言沟通，远远没有能使人机交互达到充分理解的程度。尽管现在计算机领域已经开始关注到语音识别的相关分支，如语音情感识别，但其目前在人机交互的应用中相关技术还略显稚嫩。交互的过程除了调动视觉与听觉，应当存在其他的要素在其中发挥作用，如交互主体的姿态与动作可以调动触觉，具身的交互可以实现更多感官的调动甚至是融合，感官的调动激发又与主体内生的情感、所处的外在环境相联系，这些都为人机交互提供了未来的发展可能。

2. 拓展交互模态

媒介在人机交互发展中期需要拓展更多的交互模态以输入更多要素，产生更细腻的连接，形成更高水平的可供性。在这一层面，技术需要对自然交互中的情绪进行拆解，通过面部表情特征提取、语音情感特征提取等技术，完成多模态情感的识别；并且需要对自然交互中的非语言符号进行拆解，通过人脸跟踪、姿态跟踪、语音识别等技术，最大限度地理解用户在交互中传达出来的有意识或无意识的信息。最后，机器需要通过特征级融合或者决策级融合或者混合融合的方法，完成对人机交互多模态信号的融合，以实现数据的整合分析，得出更加精准的分析结果并以恰当的方式输出，从而使用户与人工智能能够进行更加深入的交互。

3. 极大地缩短人机协同的逻辑链条

学者刘胜航结合语义三角形模型，提出了基于语义三角形的自然人机交互模型（见图 2-4）。用户与计算机具备相同的概念体系，并且计算机能直接完成对用户界面设定的符号表示（L_H）或具象呈现（O_H）的识别，并将其转化为计算机概念（G_C）。

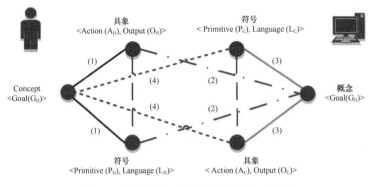

图 2-4　基于语义三角形的自然人机交互模型

实现如上交互方式的重要前提是需要实现人机交互的概念共享、认知共通。首先在大语言模型的产业层面，用户或模型训练者需要提供非常充沛的、专业的预训练材料，完成大模型或者机器本身对场景、语境、社会习惯、社会文化等非言语符号的认知铺陈，形成其自身的认知逻辑，从而避免用户在交互时不得已对机器进行背景阐述或角色塑造。此外，目前 OpenAI、Meta、谷歌等互联网公司都在改进并创新运用微调（Fine-Tuning）、神经网络（Neural Network）、强化学习（Reinforcement Learning）等多项人工智能计算技术，投入制作插件与 AI 原生应用的工作中，完成对大语言模型的拓展，以进行更高效、更自然的信息读取与理解，甚至形成对用户的个性化感受。

自然交互范式中期发展本质上是对人际交往方式的进一步模拟，正如熟人彼此交谈一般不需要问及各种细枝末节的预设或情景信息，处于自然交互范式中期的用户与媒介交往也将不再依赖繁重的提示工程，而是媒介能够敏锐地捕获用户的多模态的、内隐的非语言信号，促使人机协同的逻辑链条进一步缩短，人机协同的体验进一步趋向人际传播或人际交流。

（三）终期心智融通：超越语言局限以触达心灵

即便基于自然交互范式的人机交往能够不断接近人际交往的自然体验，但其始终存在一个根本性问题。就如人际交往一般，交往主体在充分交流后可能依然难以理解彼此。这是由于语言本质上并不能完全反映心灵，这就容易导致同一指示物在不同的交互体系下有着偏离甚至相反的指称，或者在同一环境下，一种指称可能指向多个指示物。同时，语言是片面的，自然语言对话反映了一个人的结构，但它无法支撑起一个人的完整角色，这加大了人被误解的可能。这种情况在人际传播中非常常见，会引起传播失效。

目前的人工智能从本质上来说是一种基于概率的很生硬的智能，而人类智能是一种相对比较精致、细腻、复杂的智能。无论是人类智能与人工智能之间的交互过程，还是从人工智能过渡到人类智能甚至更高维度的进化，都缺少了一个中间态的、连接与调度的接口，这个接口承担着如何调度和使用机器智能的功能。

因此，媒介或人工智能仍然需要一次重要的技术革命，以实现人与机器的"心有灵犀"。这种技术革命需要一种全新的、呈现为硅基文明的技术基座，而不是简单地运用通过计算和概率实现的大语言模型。有研究认为，信息作为高层次基础的感受性关系，是智能的根本基础。因此我们可以设想，在硅基文明创造的赛博世界里面，人类可以完全摆脱身体束缚，接入网络系统，一切都是信息的传播，一切也都成为数字化的意义交换、心智流动。此时，在与硅基系统持续不断的适配过程中，生命的"含硅量"不断上升，人机融合的形态逐步浮现，智能成为人类的延伸。

在通用智能的、赛博化的世界，人类智能与人工智能的相互作用完全可以如同现实一般，甚至因为新技术突破了交互形式的局限而超越现实，以数字化的心灵相通达到心流状态。硅基智能的最大优势是其进化速率，这是碳基智能所无法相比的，因此人类与人工智能心智融通的时候，时间是非常短暂的，但由于用户极其投入在这种状态中，所以感觉不到时间的流逝。从这层意义上讲，用户心流状态可以作为一个心智融通状态的关键评量指标。

最后，新交互范式的革命将驱动整个媒介生态和人机关系的改变。媒介是人类对外实践的中介，当中介的模式从图形控件交互转变为自然交互，这意味着人机交流与协同走向全新范式，意味着筑建于原有范式基础上的传播样态、人机关系也将迎来嬗变。在这种变局中，如何把握人机关系展开创新性实践，以及对传播生态进行治理，是未来的重要课题。

第三节　生成式 AI 时代传播生态治理：负责任创新视角

ChatGPT 被视作近年来最具变革性和颠覆性的人工智能产品，毫无疑问，它将对当前的媒介环境、社会环境和社会生态产生重要的影响。2023 年 11 月 1 日，在英国布莱切利庄园举办的首届全球人工智能安全峰会上，中国等 28 个国家及地区和欧盟签署首个全球性 AI 声明《布莱切利 AI 宣言》，旨在重视未来强大的 AI 模型可能对人类生存构成威胁，以及对 AI 当前增强有害或偏见信息的担忧。其实，"风险立法论"这一治理误区始终是将一项单独的技术产品及其风险作为新型的治理对象，忽视了应当以技术具体应用场景和应用方式为基础。

2023 年 6 月，欧洲议会通过世界首部 AI 监管法律《欧盟人工智能法案》，分级立法监管 AI。该法案根据四个级别的风险对人工智能系统进行分类，即"不可接受的风险""高风险""有限风险"和"极小风险"。危险程度越低，受到的管制就越少，ChatGPT 这样的生成式 AI 还将受到特别监管。2023 年 10 月底，美国总统拜登发布"关于安全、可靠、值得信赖地发展人工智能的行政命令"，为 AI 安全和保障建立了新的标准，并在保护美国用户隐私、促进公平和公民权利、维护消费者和工人权益、促进创新竞争等八个方面进行了规定。

技术的出现会带来新的问题，但最终需要用技术来解决问题。例如，ChatGPT 的出现引发了如何识别其生成内容和实现可追溯性的问题，但归根结底，这些都是科技创新的问题。如果没有科技创新，我们也将无法使用和管理相关技术。技术哲学家安德鲁·芬伯格（Andrew Feenberg）把技术区分为两个层面：初级工具化和次级工具化。初级工具化是指把可用性要素从原有的情境中剥离开来，使其接受分析和控制，技术主体安放在实施远程控制的位置上；次级工具化是指各种技术对象彼此结合起来构成一种生活方式的基础。这恰恰证明了技术不仅是工具的，也是社会和文化的，还是社会所形塑的。随着生成式 AI 以价值涌现的形式进入媒介生产之中，可以说，媒介、技术与社会之间逐渐呈现出一体化的生态发展态势，三者之间已经形成了一张"无缝之网"，科技创新与科技伦理之间的张力也被凸显出来。

生成式 AI 技术的进步为数字人文、新闻传播和社会科学领域的研究和实践，以及大众媒体、社交媒体和合成媒体、教育和创意产业领域的应用带来了大有可为的新机遇。但同样，生成式 AI 也带来了风险和挑战，而应对这些挑战需要精准合适的治理理念与治理方式，进而确保对这种技术负责任和安全地使用。

（一）治理思路：从应对性治理到复杂性治理

《弗兰肯斯坦》科幻小说借助医学科学的讨论反映出两种科技发展的愿景：一种是

寄希望于科技良好发展以推动社会进步；另一种是警惕科技发展的黑暗面。由此可引申出技术伦理的两个主要考量：一方面是技术向善发展，促进提升人类福祉；另一方面是技术要负责任地发展，减少科技发展带来的风险。

面对层出不穷的技术变革及其颠覆性，何以构建技术发展与伦理原则之间的良性互动？《华盛顿邮报》在抨击 OpenAI 不惜以人类安全为代价一味快速迭代模型以圈占用户的同时，指出解决这一问题的办法是负责任创新。负责任创新理论为之提供了一种可用的视角。

传统的技治主义（Technocracy）是一种通过技术的手段实施专家治国的社会治理模式，其背后暗含的是科学技术与社会二元对立的立场。这种治理思路建立在机械控制论上，即"我指挥你动作"，所有决策都由统一的中央处理器来进行。伴随着近年来科技的不断进步，技术也逐渐演变成为社会变革的核心序参量，技治主义也不断被诟病。

首先，简单粗暴的治理虽然能够取得表面之"效"，但其破坏性的成本和代价是极高的。因为数智互联网已然是全社会要素的关联之所，"牵一发动全身"是对其治理所必须面对的现实状况。在深度媒介化的社会，技术与社会、技术发展与技术伦理之间由于其关系连接、相互赋能赋权早已无法形容为对立的二者，媒介、技术与人通过商谈进而达成理性共识的主体间性。认知渗透影响认知图式，而伦理规范是图式的一个子集。新兴技术的社会融合更需要容错机制。在知识多元化的时代，企图通过"头痛医头，脚痛医脚"的单方面控制治理技术的不确定性，显然是不符合时代发展的，被问题牵着鼻子走会失去大方向。要把重点拉回到"发展"两字上，"问题"会在"发展"中得以解决。

其次，复杂性范式就是一种建立在对创新有容错空间基础之上的规范性治理方式。如今的治理思路通过宏观的结构管理与规则管理、过程管理来实现治理目的。过去的治理过程是"一分为二、非黑即白式"的治理，在当前生成式 AI 快速发展的情况下，我们需要数字化发展时代纠错方式，给予科技发展一定的灰色地带，即"一分为三式"治理。传统的治理方式已经不适合当前的社会发展，治理的重点、技术与社会的主要矛盾也发生了变化，我们需要让更多的主体参与到社会信息彼此之间的汇冲、互动和交流过程中，以非正式治理的方式促进试探性实践，通过创设多元包容的制度环境，鼓励多主体参与共建的尝试，广泛积累试探性的经验，从中找到社会最大公约数，找到社会的共识所在。

（二）治理原则：给予容错空间与创新地带

新技术的发展与落地总要经历一个相对混乱的泡沫期，这是探索新事物必须要付出的成本。治理范式中要有容错空间，创新需要一定的空间。面对技术的迅猛发展，每天寻找解决治理问题的方案并不符合技术进步的底层逻辑。很多时候，技术所产生的问题，其实也是可以通过技术本身找到解决方案的。因此，当前技术的问题是"发展中的问题"，也就是说，发展本身能帮助我们解决大多数问题。

雷内·冯·尚伯格（René von Schomberg）提出"规范性锚点"（Normative Anchor Points）来阐述用以确定科技活动责任规则的价值依据。"规范性锚点"就像是责任规则系统中的公理，从几条简单的公理中便可以推出其他一系列定理，即具体的行为规范或价值原则。我们依据"规范性锚点"选择出科技活动所要实现的价值。"规范性锚点"不是简单地给定"善"或"良好生活"这样的观念，而是一些具体的价值或规范，而且锚点之间是相互关联的。技术进步和责任规制从不是二元对立的关系，两者唯有相互引导才能实现价值共创。面对生成式 AI 的出现，如何形成一个具有普遍性的"规范性锚点"，形成社会最为广泛认同的价值标准，成为导向性的规范进而起到约束作用才是重中之重。以大数据侵权为例，相较于传统的抄袭来说，生成式 AI 的数据侵权可能很难被确认，生成式 AI 将底层要素拆解后又重新组合，可能思想的本质来源很难从成分上辨别。因此，我们需要构建"伦理可接受""社会可持续""科技可发展"三个规范性锚点，从而形成一种平衡态。

伦理可接受是指技术在研发和落地的过程中可能带来的伦理风险要总体保持在一个可接受的"安全性"水平之上，技术创造既要符合社会的道德伦理规范，也要通过技术创新帮助人们承担更多的责任，解决先前技术遗留的伦理问题。社会可持续性是指技术要把握"以人为本"的核心思想。人是媒介发展的"元尺度"。技术的进步使得"人的解放"程度在加深，用户的数字价值得以体现。生成式 AI 将各种独立的生活场景连接成一体化的文明生态，在虚拟与现实的转换中，改变社会交互和运行方式，形成保证人与社会的可持续发展的责任规则。科技可发展性是指技术本身的发展。责任规则不是给新技术的发展按下暂停键，而是在小规模试错中优化迭代，让其发展更透明、更公开、更可控，以"预防原则"维持技术本身的发展。

诚然，这三个规范性锚点表现为不同的功能，是互斥又互补的关系。抓住三个规范性锚点，多元主体共治的责任边界将更加明确，传播信息资源的深度连接将更加优化，将治理理念逐渐过渡到抓大放小的路径上，找到生成式 AI 责任实现的价值依据，以多元协同的新理念为社会母系统创造更多的正向价值。

（三）治理策略：科林格里奇困境与过程性思维

2023 年 3 月 29 日，一封《暂停大型人工智能实验的公开信》（*Pause Giant AI Experiments:An Open Letter*）受到关注，千位科技顶级专家签名支持，随后 GPT5 研发被叫停。这便是新技术发展过程中的科林格里奇困境（Collingridge Dilemma）。然而，这种因噎废食的治理方式不利于新技术的发展。同样通过政策执行、监督管理等手段实现技术规制的适应性治理策略也不能将发展与治理推动到平衡态。

当前，"病急乱投医"主要表现为回归一种比较传统的思维方式。如果说要解决眼前的一些困难，传统思路是可以考虑的，但如果要从技术长远发展这样的格局来看，这些传统思路是远远不够的。因为媒介技术的发展是"科学—技术—媒介系统"不断成为社会生产力的过程，也是"知识—利益—价值"的实现过程，同时还可能是技术伦理风险不断展现的过程。静态判别思维是对当下现有情况的判别，而伦理判别模式的未来性，虽需要基于过去认知，但这种过去的认知对现在情境是否有一定意义和价值尚且不能确定。因此，我们需要一种方向性、具有力量型的治理方式，从限度和用度层面来治理生成式 AI，而不是用僵硬的观点直接将利弊二元区分，这便是过程性判别思维。在负责任创新视阈下，技术治理可以偏向风险评估、技术规制等前瞻性治理策略，不仅注重多方利益相关者的期望与诉求，还强调对治理目标的预期与分析，以一种探索性、反思性、动态调整的角度关注社会情境变化。

治理生成式 AI 首先可以在具体情境中探索治理策略。在协商层（Inclusion）中，不再局限于垂直治理模式，以协同网络结构构建"技术治理共同体"，这样可以更为充分地掌握新兴技术治理社会情境，以多元视角分析不同治理阶段的实施行动与信息反馈。在预测层（Anticipation）中，将关注生成式 AI 的下游"风险"转移到上游"创新"，在具体的应用情境实验中将可能出现的和潜在的影响进行预期；在反馈层（Responsiveness）中，则是以开放、包容、互动的态度汲取技术发展创新所需的社会因素，技术治理策略与治理行动协同一致。在反思层，从规范性锚点出发，通过小规模试错，在用户反馈中找到它的短板与不足，对已经出现或将要出现的价值冲突进行反思，提出调整和解决方案，为技术治理提供指导性思路。

（四）治理方案：信息助推与 AI"监管沙盒"

1. 生成式 AI 治理的信息助推

2023 年 1 月 10 日，《互联网信息服务深度合成管理规定》正式实施。该规定提到："提供深度合成服务，可能导致公众混淆或者误认的，应当在生成或者编辑的信息内容的合理位置、区域进行显著标识，向公众提示深度合成情况。"2023 年 5 月 9 日，抖音官方发布消息，首次对生成式 AI（AIGC）提出平台规范和行业倡议。其中两方面内容格外引发关注，一是对生成式 AI（AIGC）内容的标记，二是虚拟人的注册认证。具体而言，抖音将提供水印标识方便用户识别 AI 生成内容，虚拟人直播需有真人实名认证，重点治理侵权造假、违背科学常识等违规内容。而这也意味着生成式 AI 规范化管理的新时代即将到来。"

"信息助推"将成为未来解决认知失序现象的有效思路。所谓"助推"，即在不干扰用户自由选择权的情况下，通过设计用户的"选择架构"来塑造行为；信息"助推"，即通过设计信息内容的标识来重塑在线信息情境，影响用户的行为与感知。对于标记方法，抖音在本次发布的规范文件中进行了详细的阐述。概括来说，需要在各类型图片以及视频文件的左上角，打上"AI 生成"字样，以及使用的生成工具的名称与公司名水印。而其他的信息要素是否标记则为可选项。这样一个作品到最后呈现在大众面前，就会附带有各种各样的水印，通过水印带有的后台信息，就能追溯到各个生产环节。

2. AI"监管沙盒"

监管沙盒（Regulatory Sandbox）最早是由英国金融行为监管局提出的。其本质是一种通过隔离现实的安全机制，增强监管机制容错性，促进金融创新。在技术加速发展的当前，有效的创新机制对技术的快速落地至关重要。现有监管机制遵循的是一种被动的监管逻辑，而监管沙盒主要基于监管者与技术之间的沟通，是一种相对主动的监管理念。

AI"监管沙盒"作为一种监管创新方式，提供了相对包容的空间与弹性的监管方式。构建 AI"监管沙盒"可以在现实中提供一个缩小版的创新空间，在保护用户权益的前提下，给予该空间一个较为宽松的监管环境，使空间内的 AI 技术能够对其创新的产品、服务、商业模式进行测试，较少受到监管规则的干扰。这种模式不仅能够有效防止技术风险外溢，而且允许生成式 AI 等技术在现实生活场景中对其产品进行测试。对技术监管者来说，能够实现与新型技术的对话，并获得关于技术的最新动态与优化方向，缓解当前技术伦理与技术高速更新间较大的滞后性问题。对于入盒的技术来说，在推向市场以前，能够同监管者展开积极互动和连接，并在真实世界而不是模拟环境中去测试技术创新是否满足要求，由此得到的结果及对技术的修正更加具有实践指向性。

　　未来，生成式 AI 的规范化管理还有很长的路要走，要经历三个层次，即技术规范、功能规范、价值规范，确保生成式 AI 技术更普惠、安全可靠、可控地发展，造福全人类。技术发展推动社会技术进步，同时也带来未知风险，根据风险的社会放大理论，无论科技伦理风险的大小，倘若感知风险偏高，则会产生科技伦理风险社会放大的效果，这是一个风险传递涟漪效果的形成过程。站在负责任创新的视角下，预判性、前瞻性的情境技术治理策略能协调技术发展与社会需求之间的一致性，减少技术发展带来的不确定性与风险性，实现新兴技术柔性治理，标本兼治地为其长远发展施以社会性的建构。

第三章
生成式 AI 的人类增强：
提示工程师的社会角色

本章概述

 　　提示工程师是 AIGC 时代重要的社会角色之一。本章主要探讨提示工程师作为价值挖掘者，如何提升大模型在内容创作中的深度，挖掘提问背后的结构性和逻辑性的"思维树"，激发社会对于智能技术的兴趣和创造热情，助推主体行为变迁与技术向善。同时，在大模型逐渐发展实现场景落地的背景下，提示工程师的角色如何在垂直领域，如游戏、虚拟社区等，灵活运用生成式 AI 技术，并作为技术创新曲线中的尝新者，优化应用场景并建设场景生态体系。最后，作为智能创作者，如何处理数据、如何进行有效的标注训练、如何建立整体性认知并提升人机互信与信任校准等，都是大模型素养的重要组成部分。

第一节 价值挖掘者：提示工程师的助推作用

一、基础概念：提示工程、提示词与提示工程师

（一）提示工程

提示工程（Prompt Engineering）是一门比较新的学科，专注于提示词的开发与优化，帮助用户理解并在各种应用领域运用大语言模型（Large Language Model，LLM）。掌握提示工程相关技能有助于用户理解大语言模型的能力边界。掌握提示工程能力可以帮助用户运用大语言模型处理除杂任务场景的需求，如编程、算数推理、问答等。

（二）提示词

提示工程是构建可由大语言模型解释和理解的文本的过程，提示词（Prompt）是描述人工智能应执行的任务的自然语言文本，提示词一般包含传递到大语言模型的指令或问题等信息。

1. 提示词要素

提示词包含以下要素：指令（Instruction）、上下文（Context）、输入数据（Input Data）、输出指示（Output Data），有研究者将其概括为 ICIO 框架，并将其视为提示工程的底层架构。

2. 提示词格式与技巧

标准的提示词格式一般遵循问答格式（Question and Answer，Q&A）。在问答格式之下，有着多种多样的提示技巧，最常用的提示技巧分为两种：第一种为零样本提示（Zero-shot Prompting），即用户不用提供与任务结果相关的示范，直接提示语言模型给出与任务相关的回答；第二种为小样本提示（Few-shot Prompting），即用户提供少量提示范例。当前业界普遍使用更为高效的小样本提示，因为这能够有效挖掘生成式 AI 的潜能。此外，还有研究者提出思维链（Chain of Thought，CoT）提示，希望通过中间推理步骤显著提高大语言模型的复杂推理能力。自我一致性的思维链（CoT-SC）是 CoT 的拓展，从拓扑图的结构来看，将 CoT 拓展为多链，即基于自我一致性的 CoT。当面临需要探索或预判战略的复杂关键任务时，简单的提示过程显然无法满足，因此

有学者在思维链提示基础上进一步提出了思维树（ToT）框架，以便引导大语言模型把思维作为中间步骤来解决通用问题，如图 3-1 所示。

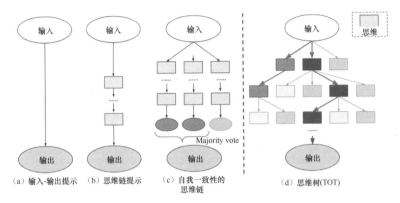

（a）输入-输出提示　（b）思维链提示　（c）自我一致性的　　　　（d）思维树(TOT)
　　　　　　　　　　　　　　　　　　　思维链

图 3-1　思维树（ToT）框架原理图

3. 提示词示例

提示工程指南将提示词示例按照任务类型分为文本概括（Text Summarization）、信息提取（Information Extraction）、问答（Question Answering）、文本分类（Text Classification）、对话（Conversation）、代码生成（Code Generation）、推理（Reasoning）。文本概括主要是快速概括出文章大意或解释相关概念；信息提取可以从制定段落中提取信息；问答是指通过问答的方式改进提示格式；文本分类是指通过添加输入数据或举例的方式让大语言模型按照用户的需求进行分类；对话是用户指导大语言模型的运作，如构建客户服务聊天机器人等对话系统；代码生成是大语言模型非常有效的应用，通过巧妙的提示执行大量代码生成任务，甚至不需要指定使用的计算机语言。

目前提示工程在文生文模型，文生图模型及文生音频模型中较为成熟，对于文生文模型而言，主要通过查询或者命令的提示进行，结合用户简短的反馈（例如，"太长了""太正式""不够学术""需要进一步修改"）或更长的语句调整大模型输出的内容。对于文生图模型而言，主要通过对所需内容的描述进行，如"骑着自行车送外卖的飞行员的高质量图片"等，在文生图模型中可能涉及对提示词的内容进行添加、删除、强调和重新排序，进而得到用户所需的内容。提示词在 ICIO 框架下可进一步细化为媒体（Medium）、主题（Subject）、艺术家（Artists）、详细信息（Details）、图像存储库支持（Image repository support）。

一种典型的文生文提示如下：

Write a dictionary article on the topic "[TITLE]". The article should have about [WORDS] words.

[TITLE] 是相应的主题标题，[WORDS] 是相应的人工生成文本中的字数。

一种典型的文生图提示如下：

A beautiful painting of a singular lighthouse, shining its light across a tumultuous sea of blood by Greg Rutkowski and Thomas Kinkade, Trending on artstation.

格雷格·鲁特科夫斯基（波兰数字艺术家，曾参与《冰与火之歌》《巫师 3》等影片，擅长经典油画般的构图和史诗级场面的营造）和托马斯·金凯德（美国艺术家，绘光大师，作品以鲜活的颜色和柔和的光线著称）的一幅美丽的画，描绘了一座奇异的灯塔，在汹涌的血海中闪耀着光芒，在 artstation（简称 A 站，最专业的艺术家社区之一）上流行。

（三）提示工程师

ChatGPT 爆火之后，提示工程师（Prompt Engineer）作为互补性职业进入职业市场。Scale AI 创始人认为大语言模型可以被视为一种新型计算机，提示工程师就是新形势下的程序员，通过提问等手段发挥大语言模型的最大价值。2023 年 2 月，德鲁·哈维尔在《华盛顿邮报》上发表文章称，提示工程师是科技界最热门的新职业，无须编写代码。古德塞特（Goodside）是 Scale AI 的提示工程师，主要负责创建和完善文本提示并将其输入 AI 中，不同于传统的程序员，提示工程师用纯文本编写的命令引导 AI 执行实际工作。特斯拉前 AI 主管安德烈·卡帕斯认为："最热门的编程语言是英语。"提示工程师是在 AI 工具的最大能力范围内工作的，他们了解这些工具的缺陷，并能增强其优势，通过指定复杂的策略，可以将简单的输入转化为真正独特的结果。因此，有学者认为提示工程师是运用自然语言并将其固化为提示词进而挖掘 AI 模型最大潜力的职业。

有研究者总结了提示工程师的 TESRS 实践原则，遵循这些原则可提升大语言模型回答的准确性。T 指告诉大语言模型能做什么和不能做什么（To do and not to do）；E 指给出示例（Example）；S 指即使用 Select 等引导词（Select），如 Select 提示大语言模型输出 SQL 代码，Import 提示大语言模型输出 Python 代码；R 指设定假设角色（Role），促使大语言模型生成的内容符合人们需求；S 指使用特殊符号进行分隔（Symbol），如使用（""）或（##）将指令或文本分隔开，提升大语言模型生成内容的准确性。

二、提示工程师：工程哲学转向下的新社会角色

（一）大语言模型与工程思维的契合点

1. 技术哲学到工程哲学的转向

20 世纪的科学哲学经历了从技术哲学到工程哲学的转向，这是当代哲学对科技发展的适应性转变。传统技术哲学的核心是对技术的批判和对技术本质的反思，在技术哲学追问的结果是从理论关怀走向现实关怀。但是却始终徘徊在实用主义的走廊上，停留在从理论到实践的过渡阶段。用工程哲学替代技术哲学使得我们能够解决该问题。

科学追求真理，科学方法是保证走向真理的方法，科学方法论重视演绎法和归纳法，但是工程不同于科学。工程是针对不确定性提出解决方案，工程关注偶然性、概率性、特殊性和具体性，工程方法追求发展生产力，工程方法论重视启发法和集成法。因此，工程师依据个人和历史经验得出主观意见，采取有意识的行动，工程哲学主要以偶然性、概率性、特殊性和具体性作为研究特征或研究目标，主要以验证、分析、改善等方式从事哲学工作。伴随计算机技术及应用的快速发展，计算机辅助工程（Computer Aided Engineering，CAE）在工程设计中已经得到了广泛应用，能够借助计算机缩短设计和分析的循环周期，优化设计，降低成本，在工程施工前发现潜在问题，模拟试验方案，减少试验时间和经费。从某种程度而言，从命题性知识（Knowing-that）到能力性知识（Knowing-how），这是工程哲学最重要的转变。工程判断是其中的重要概念，意指系统评估设计、安装、操作维护或安全问题的过程。工程师依据知识和经验，对其工程设计等问题进行准确判断。戴维斯认为不具备工程判断能力的人或许可以成为一名专家，但是不可能是一名称职的工程师。

2. GPT 的工程性质

工程思维不同于科学思维和艺术思维，它们意味着三种不同的思维与现实的关系。工程思维强调创造性关系，即将提前预想与设计的方案通过工程实践的方式将其转变为现实世界中的人造物，如果没有人类的工程实践活动，这些人造物便不可能存于现实生

活中，例如港珠澳大桥等重大工程。其实并不局限在现实世界，工程思维在网络世界也得到了同样的体现，就具体技术而言，GPT 具有明显的工程性质。工程活动并不是经验性和操作性的活动，工程思维决定了工程师必须预先确定的思路构建框架，对并不存在的事物进行操作化定义。提示工程师不正是如此，通过预先确定的方式设定好提示词，以对话的方式调试大语言模型，进而生成符合用户需要的内容。

工程思维的特征是预见性、约束条件性和决断性，即在没有结构的条件下预见结构，在约束条件下操作，具备对思考后方案做出决断的能力。因此，GPT 其实是一种工程性的技术，大语言模型就是一个系统性工程——对各种技术和资源进行调配，进而完成用户提出的具体任务，从单一的技术手段转变为复杂多样的工程设计。

（二）应用转换：网络架构师到提示工程师

AI 技术发展对程序员提出了更高的要求，传统的程序员显然无法以工程思维满足用户需求，此时便需要提示工程师的介入。从词元到提示词的进步，伴随的就是从网络架构师到提示工程师的转换。传统意义上的网络架构师属于技术人员，负责做出高阶设计选择与输出技术标准，简单来说便是负责网络产品的设计与实施，搭建开发人员能够理解的功能架构与服务架构等，承担系统核心功能的研发工作，负责技术协调，规划未来技术架构方向。提示工程师则主要负责设计、优化和实施大语言模型，需要熟练了解大语言模型的工作机制，熟练地根据特定需求给出高质量的提示词，并且能够持续优化提示词以提高大语言模型的输出质量。目前国际与国内招聘平台上已经出现关于提示词（Prompt）的理解算法工程师、大模型算法工程师、AIGC 工程师、Prompt 工程师、人工智能提示工程师等职业，甚至有关于文生图调试的提示工程师招聘。在 ChatGPT 诞生之后，提示工程师成为各类企业和单位急需的新型人才。从网络架构师到提示工程师的转变，意味着从技术思维到工程思维的转变，从编程语言到自然语言的转变，这是对自然语言进行工程意义上的处理。ChatGPT 是基于海量数据搭建的预训练模型，并在此基础上实现对信息的预表与调用。大语言模型在海量数据的基础上通过计算机输出其对自然语言乃至多模态内容的特殊处理结果，而提示工程师本质上是在从事对大语言模型海量数据的分析工作，并在此基础上调试大模型，优化提示词。网络架构师的工作本质上属于技术工作，而提示工程师的工作可以归结为对大语言模型数据的分析工作，应当被视为具备工程思维的工程师角色。

三、提示工程师的价值挖掘作用与目标指向

（一）提示工程师的价值挖掘作用

1. 提升大语言模型的内容创作深度

人工智能的发展历经三个阶段，从生成式 AI 的早期萌芽到生成式 AI 的积累沉淀，再到生成式 AI 的实际应用期，ChatGPT 正是第三阶段的标志性产品。胡泳将诗歌、小说、图片等传统内容称为"前人工智能时代"的内容；将虚拟化身、虚拟环境等新内容称为"人工智能时代"或"元宇宙时代"的内容。在"前人工智能时代"，内容生产的主体是人，如果说印刷术、计算机等技术是对内容生产力的改良，那么生成式 AI 则是对内容生产力的改革，在未来甚至可能替代人作为内容生产的主体。不过，在"人工智能时代"，内容生产的质量取决于提示工程师提问的质量，或者说提示词质量优劣。未来，生成式 AI 将参与内容生产的诸多领域，文本、图像、音频、视频、虚拟环境等，但是这些内容的质量都与提示工程师密切相关。随着大语言模型对自然语言理解的深入，每个用户都将有机会调用大语言模型生成符合自己需要的内容，但是只有掌握一定提示工程能力的用户才能提升大语言模型的内容创作深度与质量。

2. 发挥大语言模型的连接性功能

在智能互联时代，提示工程师能够有效发挥大语言模型的连接性功能。按照技术发展的脉络可以将大语言模型的连接性功能分为中短期功能与长期功能。在大语言模型发展初期，囿于大语言模型之间的区隔，需要提示工程师发挥中介角色，实现对诸多大语言模型的功能性调用，结合用户自身的需求有选择性地进行资源与功能调用，为用户与大语言模型之间，大语言模型与大语言模型之间的互联互通构建通路。

当 AI 智能化水平进一步提升后，提示工程师将能够利用大模型满足个性化需求、场景化需求、关系化需求，通过生成式 AI 完成个性化定制，激活微价值。将以往容易被忽略的长尾用户和边缘群体纳入 AI 覆盖范围，实现人与人、人与物、物与物的连接性升维。

3. 提示工程师与大语言模型的互构：理性要素与非理性要素的交织

提示工程师与大语言模型是互相成就的关系。生成式 AI 的技术进步源自大语言模型对内容复杂网络的涌现性的利用，是在理性要素与非理性要素交织下催生的新技术。

生成式 AI 是在海量数据的基础上对信息进行预表和调用，在人类持续提问与调试下生成符合用户需要的内容，因此生成式 AI 的内容生产是建立在人机交互的过程中。人们通过持续不断的提示优化技术模型，在这一阶段，富含人类情感与关系的非理性要素被卷入其中，传统无法被识别和标注的非理性要素以适应性的方式被 AI 所内化，并体现在大语言模型输出的内容中。因此，我们可以在大语言模型生成的内容中感受到情感的力量。虽说生成式 AI 的内容生产是一场概率游戏，但是在人类情感的介入下，这场概率游戏将在理性与非理性的交织下涌现出"微内容"，将内容系统升维成一个复杂的局系统。

（二）提示工程师的目标指向：对齐

各类大语言模型以对话的形式供社会各界的用户使用，此时大语言模型的技术应用边界问题逐渐暴露。当知识匮乏和存在个人疏忽时，大语言模型有可能输出含有偏见、歧视的内容，进而造成恶劣的社会影响。ChatGPT 的训练过程分为三个阶段，首先进行基础大语言模型训练，使其具备语言生成能力、上下文学习能力和世界知识；其次进行指令微调，增强模型零样本对话能力；最后进行类人对齐（Alignment），使其输出的内容符合人类需求，避免输出有害内容。大语言模型的对齐不仅包括代码对齐，更关键的是道德对齐和价值观对齐，让模型重视人类的诉求。对齐在"人工智能时代"逐渐流行，意指使大语言模型的价值观与人类价值观对齐，或者说大语言模型能够生成符合人类价值观的内容，从而减少伦理风险与社会问题。

现有的对齐技术包括有监督的微调和人类反馈强化学习（Reinforcement Learning from Human Feedback，RLHF），这种对齐减轻了对提示工程师的专业能力要求。不过，这也对提示工程师提出了新的要求。想使大语言模型实现更广泛的价值对齐，提示工程师需要做到三点：明确对齐的目标是什么、对齐的涵义是什么、对齐的准则是什么。关于对齐的目标可以分为指令遵循、目标实现、意图理解、道德符合等；对齐的含义包含行为对齐、意图对齐、激励对齐、内在对齐；对齐的准则是根据对齐目标定义其具体含义。提示工程师是挖掘生成式 AI 最大潜力的专业人才，需要进一步推动大模型的价值观与人类的价值观对齐，努力制定一套覆盖人类普适道德价值的统一 AI 道德准则框架。只有这样才能推动人类社会在生成式 AI 浪潮下实现良序发展，推动人工智能与人类的协同共生。

第二节　技术尝新者：提示工程师在垂直领域的场景应用

强大的基础模型，为生成式 AI 在垂直领域的应用奠定了坚实的基础，并让垂类模型得以提升与深化。自 2022 年年末 ChatGPT 发布以来，以大语言模型为第一生产力的 AI 原生应用不断涌现，在不同的垂直领域都有着可观的发展，各领域的潜力也被释放，产生了变革性的影响。不同垂直领域对工作的需求也随着技术的发展不断精准化，知识体系不断专业化，并催生了对某些特定应用与插件的需求，促进了基础模型的发展，达到了"百模竞升"的格局，营造了健康的生态环境。下面将从行业领域的应用与个人生活的嵌入两个层面，结合相关案例，对已有大语言模型的应用场景进行梳理。

Scale AI 的创始人认为，生成式 AI 可以被视为一种新型计算机，而提示工程师就是给它编程的程序员，通过合适的提示词将挖掘出生成式 AI 的最大潜力。有研究者认为提示工程师是为客户或企业基于复杂的任务需求和示例需求，提供标准化提示词方案的工程师。也有研究者将提示工程师定义为，运用自然语言并将其固化为提示词，进而挖掘生成式 AI 最大潜力的职业。

提示工程师并非"横空出世"，事实上，自互联网诞生以来，在层出不穷的技术革命下，互补性职业就不断涌现并持续重构。在互联网诞生初期，获得最佳检索效果就一直是普通用户的最大追求。网络搜索专家塔拉·卡利沙因、阿兰·施莱因等编撰了《网络搜索库》《网络搜索大全》等著作，介绍工具栏、标签、浏览器的使用，帮助用户检索黄页、政府工作报告、新闻资源等内容，指导用户提升检索精确性和权威性。1997 年，沙利文（Danny Sullivan）提出搜索引擎优化（Search Engine Optimization，SEO）这一概念。冯英健认为，搜索引擎优化是提升网站在特定搜索引擎相关关键词的排名。王晰巍等从信息生态视角提出，SEO 是基于搜索引擎的搜索原理和算法，通过对传播全链条的优化，为网站提供生态式的营销解决方案，进而优化网站在搜索引擎中的表现。搜索引擎优化专家主要服务于搜索引擎公司和互联网创建网站的平台。伴随生成式 AI 的兴起，提示工程能力越发得到重视。显然，网络搜索专家和搜索引擎优化专家主要职责是弥合用户的"搜索能力沟"而与他们不同的是，提示工程师的职责主要是通过生成提示词和提升大众的提示工程能力改善"知识调用沟"。

由前文观之，人工智能原生应用在各式各样的垂直领域中都有着可观的发展，其势头方兴未艾。基于场景生态视角来看，人是场景的主体，场景的最终目标是满足用户的个性化需求。显而易见的是，合适的提示词能够使用户对语言大模型的调用更加自然高效，这就为生成式 AI 在垂直领域的生态建设提供了思路。应运而生的提示工程师应当如何在垂直领域的场景生态建设中顺势而为，下文将分别围绕专业应用场景和个人应用场景来探究这个问题。

一、专业应用场景

（一）金融

1. BloombergGPT

金融行业领域数据庞杂、工作节奏快，因此大语言模型的介入十分有必要，为后端操作、数据分析、营销传播策略制定和前端个性化客户服务对接提供了机会。彭博社推出的 BloombergGPT（见图 3-2）是金融领域第一个公开发表文章的大语言模型，受到行业内广泛关注。其模型参数量为 500 亿，使用了包含 3630 亿个 token 的金融领域数据集和 3450 亿个 token 的通用数据集进行训练。与同数据量级甚至更大数据量级的模型相比，BloombergGPT 对金融领域的知识与行情有着更深的理解。在研究者的测试中，BloombergGPT 在金融材料上的相关的语言指标表现较好，尤其是在财报这一类别。在外部金融领域的相关任务中[1]与在内部特定方面的情感分析任务中，BloombergGPT 的表现也要好于研究者所对比的其他大语言模型。在此基础上，它可以实现通过对财经新闻独到的分析而影响投资决策，也可以辅助分析师掌握相关知识或辅助投资人进行风险评估，还能帮助相关人员进行财务报表分析和会计稽核。

---

[1] 在引用的实验中，外部任务分为五个部分，分别是 ConvFinQA（以对话式问答的形式对财务报告进行数字推理）、FiQA SA（预测其对英文财经新闻与微博客标题中的特定情绪的理解）、FPB（对财经新闻句子包含的情绪进行分类）、Headline（财经新闻标题标签的分类）、NER（针对信用风险评估数据的命名实体识别）。

图 3-2　BloombergGPT 图示

2. FinGPT

如果说 BloombergGPT 是一种金融领域下与语言、问答、新闻生成有关的大语言模型，维度相对单一，那么作为金融领域第一个开源的大语言模型 FinGPT（见图 3-3），就进一步提升了大语言模型在垂直领域的应用水平。FinGPT 以数据为中心，为研究人员和从业者提供可访问且透明的资源来开发他们的金融大语言模型。FinGPT 通过大规模金融数据的训练，再经过预训练模型的低成本微调，首次实现了从信息端到投资端全流程自动化投研决策。有研究者探讨了 FinGPT 的相关机理，并罗列了其能实现的机器人顾问、量化交易、投资组合优化、风险管理、金融欺诈检测、信用评分、ESG（环境、社会、治理）评分、低水平代码开发、金融教育九种应用功能。

图 3-3　FinGPT Logo 图标

（二）医疗

问诊的对话与生成式 AI 的交互模式高度相似，提问者往往有一个非常精准的症结或问题，然后应答者对症下药、给予解答，因此大语言模型在医疗领域尤其是问诊层面得到广泛应用就不足为奇了。

Med-PaLM 是谷歌公司开发的专用于医疗层面的大语言模型，是第一个在 MedQA（美国医师执照考试类问题）数据集上以 67.2% 的分数获得 SOTA（State-of-The-Art，最佳性能算法）地位的模型，而第二代模型 Med-PaLM2 在这一数据集的分数更是提升了 19%。

在第二代模型中，谷歌对技术基础进行了一定程度的改进：一是小样本（Few-Shot）提示，在大语言模型输出之前，对模型进行示例输入与输出；二是思路链（Chain-of-Thought），令大模型能在多步问题中基于自身的中介输出来进行条件训练，以解决具有独特推理性的医学问题；三是自我一致性（Self-Consistency）机制，通过从模型中抽取多个解释和答案来提高多项选择基准的性能，并选择多数票的答案——对医学这样具有复杂推理路径的领域，穷尽潜在解决方法更有可能会找到正确答案；四是集成优化（Ensemble Refinement），它建立在其他技术基础之上，既分阶段输出问题，又在每一阶段进行多答案的投票，这使得大语言模型能够比较不同推理路径的优劣，从而得出最终答案。

2023 年 4 月，据《华尔街日报》报道，Med-PaLM2 已经在医疗诊所进行实测，负责包括回答医疗问题、总结问题或处理医疗大数据等工作。据该产品发布大会披露的信息（见图 3-4），Med-PaLM2 已经能实现 X 光片诊断。除了 Med-PaLM2 以外，DAX Express 能基于就诊对话内容自动生成临床笔记草稿，而中国国内则有哈尔滨工业大学团队研发的、聚焦中文医学的本草大语言模型（原名为华驼）等。

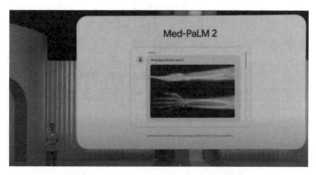

图 3-4　谷歌 Med-PaLM2 发布会截图

（三）法律

法律行业因为法条本身的数据量庞大，而在具体案件处理上又对逻辑推理、公平正义等原则要求较高，因此法律智能相比于其他的领域，一方面对准确性有较高的要求，另一方面还非常强调可解释性。

Harvey 是国际上较为知名的法律大语言模型，北京大学团队则发布了首个中文法律大语言模型 ChatLaw，他们使用了大量法律领域的结构化文本数据（比如原始法律法规数据、法律咨询数据、律师资格考试等）进行训练，并进行模型微调。该模型支持法律文件上传，结构化抽取理解当事人需求，也支持语音录入上下文识别，这样更便于模型调整、还原、确认事实经过，同时能给出法律建议、代理法律文书写作、推荐法律援助。用户可以选择不同的交互模式，通过大语言模型的引导提供相关信息，以满足自己的法律需求。图 3-5 所示为 ChatLaw 运行机制。

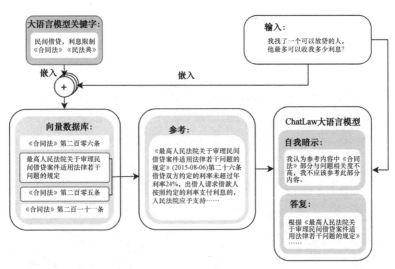

图 3-5　ChatLaw 运行机制

ChatLaw 团队还使用 93 万余个国家判例训练了一个 BERT 模型，用于计算文本相似度。同时，法律语言的复杂性、立法的不断发展与量身定制的解决方案，对大语言模型克服"幻觉"的能力有较高要求。在这一问题的处理上，ChatLaw 引入了向量数据库检索与关键字检索相结合的方法及自己暗示角色，以增强大语言模型克服参考数据中存在的错误的能力，进一步优化模型的问题解决能力。此外，ChatLaw 团队还开源了 3 个模型：ChatLaw-13B、ChatLaw-33B 和 ChatLaw-TextVec，分别针对中文学术写作、学术逻辑推理、相似度匹配等领域。

（四）艺术

在当今多模态交互的背景下，人们每天都可以享受并沉浸在针对不同感官的作品之中，而生成式 AI 的出现，降低了相关作品的技术门槛，让有灵感的用户能将他们的想法以作品形式呈现，也让文本到多模态的实践路径在艺术领域得到广泛关注。

绘画是目前生成式 AI 相关团队正主要着力研究并完善的领域。高效的生成方式、画面的精良程度、争议的艺术版权，不仅让艺术家们对新技术的到来难以适应，更降低了普通用户进入绘画领域的门槛。其对视觉创作的革新，引起学界和业界广泛的关注。当今 AI 绘画领域最受大众关注的是 Stable Diffusion 和 Midjourney 两大"巨头"模型。

1. Stable Diffusion

生成式 AI 进入普通用户视野的时间节点是在 2022 年下半年，当时 OpenAI 开发并发布了 Stable Diffusion（见图 3-6），其快速生成高质量图画甚至是视频短片的表现震惊了艺术圈。

图 3-6　Stable Diffusion 页面截图

Stable Diffusion 是一个生成逼真图像的开源神经网络模型。它使用一种被称为扩散模型（Diffusion Model）的技术来生成图像，在扩散模型中，编码器对图片进行感知压缩（Perceptual Compression），接着从噪声[1]图像开始，逐渐添加噪声。随着噪声的添加，扩散模型逐渐学习真实图像的特性。一旦扩散模型学习到足够多的知识，它就可以生成逼真的图像。这种将高维特征转换到低维空间、再在低维空间进行操作的方法大大减少了计算复杂度，又使输出图片的效果较为稳定。

在 Stable Diffusion 模型中，用户可以实现直接输入文本生成图像、上传图像佐以提示词生成新图像、编辑修正图像中的某个部分、加强图片质量、视频创作等功能。在发布当月，Stable Diffusion 就引发了广泛关注，直接登上 GitHub 热榜第一名。然而，由于其开源的特性，Stable Diffusion 学习成本较高，对专业能力的要求也相对较高。如今 Stable Diffusion 已经发布第二代产品，在图像生成质量、内容过滤、图像分辨率、创意扩展图像、保证图像间的连贯性与深度等性能方面有了进一步提升。

2. Midjourney

Midjourney 是内嵌在聊天社区 Discord 上的一个聊天机器人，用户通过与机器人的交互对话，完成图片的创作（见图 3-7）。Midjourney 在技术原理上与一般的 GPT 模型没有太大区别，主要是基于自然语言处理与深度学习，其团队花了几个月使用大量来源互联网、美术馆等的图像和文本描述进行训练。因为其创作方式简单、创作图像真实生动，Midjourney 得到了行业内外一致的好评（也带来了一定的冲击）。其团队人数不到百人，但已拥有 1500 万左右的用户。

图 3-7　Midjourney 页面截图

[1]　图像中各种妨碍人们接受其信息的因素即可称为图像噪声。

目前 Midjourney 已经更新至第五代，其团队现在致力于进一步强化其能力，以实现视频生成和 3D 模型生成的功能。Midjourney 非常特别的一点是，它搭建了聊天室与 Community Showcase 频道，用户可以通过这些途径按照自己的需求向 Midjourney 社区中的创作者提问，或借鉴其他生成案例中的提示词，让自己能使用模型创造出更加符合要求的精美图片，这同时满足了用户图像生成和社交这两方面的需求。

绘画领域不仅仅在静态层面上能实现智能化加工，只要是涉及视觉元素的领域，相关模型都有较高水平的处理能力，在如电影、宣传、广告等不同领域相关模型也得到了广泛运用。2023 年 3 月，可口可乐公司已经率先使用人工智能完成了对广告的风格化处理，且使用痕迹并不明显。图像生成领域的大语言模型百花齐放，除了前文所述的两大巨头，还有 Adobe Firefly、Dall-e·3、腾讯混元大模型、文心一格等模型。

（五）软件工程

不同于其他领域，作为最先接触 AI 的领域，软件工程自然在运用生成式 AI 方面要更早。2019 年，麻省理工学院的团队就推出了能自动生成代码的 AI，这一系统模仿了人类写代码的模式，分别由两个模块完成代码的模式识别与通过推理写出代码。

2020 年，OpenAI 公司用丰厚的资金与算力强大的硬件进行训练，推出 GPT-3 模型，经程序员开发后，GPT-3 已经能完成从后端到前端的代码写作，甚至还能加上代码解释。不久后，OpenAI 公司与 GitHub 官方联合发布 GitHub Copilot，再次通过海量代码的训练，降低了代码生成的门槛，并用自动编程的方式提高了代码写作的效率，目前已被 2 万余家公司采购，供 100 余万开发者使用（见图 3-8）。随着技术的发展、训练语料的不断扩充，更优质的专业代码编写模型不断问世，如 Cursor、Replit、CodeWhisperer、CodeGPT 等，而这些模型的功能也不断得到完善。研究表明，ChatGPT 已经能够辅助完成这一领域的设计、测试、编码等工作。

尤其是在编码上，因为 ChatGPT 允许开发者提供代码片段或指令，处理人工输入的内容，所以增强了技能较低的程序员的编码体验，使其更加用户友好和直观。不仅如此，研究人员还发现 ChatGPT 能自动修复软件中的错误代码，不难得出，大语言模型为编码、设计、修复、重构、性能改进、文档处理和分析等多个领域带来了新颖性和创造力。

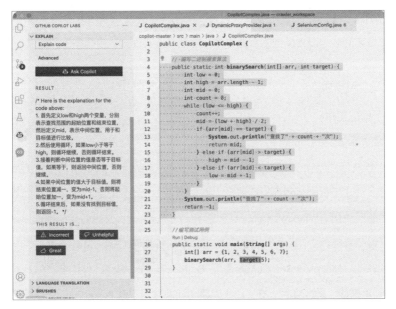

图 3-8   GitHub Copilot 页面截图

（六）其他领域

生成式 AI 所展现出的强大的代理性，已经让其在各领域被广泛、充分地使用。除了上述五个相对突出的行业有代表性的大模型或模型插件外，在其他行业生成式 AI 也有着不俗的表现，比如 Shopify、京东等电商平台推出的 AI 大语言模型，可以实现卖家端到买家端的商品营销管理、营销计划实施、商品购买咨询等功能。在营销行业中 People AI 能对企业销售、市场、客户服务流程中的数据进行分析并帮助企业提升这些环节中的效率，从而带来更多收入；教育行业中，GPT-4 在编程教育上与人类教师的表现相当，谷歌推出的 Socratic 涵盖物理、历史、数学等学科，支持学生更深入地理解并解决问题；音乐创作行业中，MusicAgent 基于大语言模型，利用其自动化任务的能力，围绕从音乐创作到音乐分析整个过程满足用户的需求；在学术写作层面，各种生成式 AI 也能对研究者产生增强性与替代性的作用，这将在本书第六章进行详细阐述。生物医学、智能汽车、物联网、化学、环境等领域也逐步出现了以 ChatGPT 为代表的大语言模型的应用场景，生成式 AI 正无声且迅速地渗透进各行业的方方面面。

当然，领域与领域之间的大语言模型绝对不是相互孤立的，在如今行业交叉盛行的年代，大语言模型的应用也绝不应仅仅拘泥于某一个专业领域，这违背了通用 AI 的初衷，各领域之间的大语言模型的互通协作，才能真正实现大语言模型的创造潜能。

二、个人应用场景

（一）常规工作

1. Microsoft 365 Copilot

2023 年 9 月，微软公司正式推出内置 GPT-4 的 Windows Copilot，将人工智能助手带入生活，让人工智能将程序进行联动，并根据指令自动调试系统配置，从而真正实现人工智能的系统化。Windows Copilot 不仅可以完成提炼网页文章要点、根据提示创作文字、图片编辑等常规工作，更关键的是它与 Office 各软件也能以 Microsoft 365 Copilot 的方式实现联动。Microsoft 365 Copilot 能在 Outlook 里自动提炼邮件内容、拟写邮件，在 Word 里改写语段、插入图片，在 Excel 里自动处理数据，在 PowerPoint 里根据提示内容自动生成幻灯片，完全革新了以往用特定功能键实现单一功能的工作模式，并能自动化执行枯燥繁琐的标准化工作，所有的联动都大幅提高了个人工作效率，解放了生产力，如图 3-9 所示。

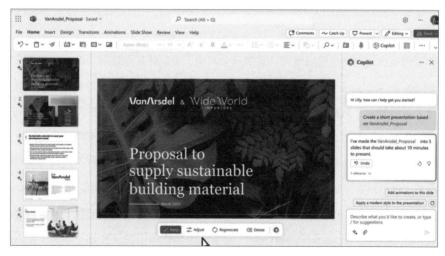

图 3-9　植入 Mocrosoft 365 Copilot 的 PPT 制作页面

2. Otter AI

在会议、采访、演讲等工作场景，语音识别产品 Otter AI 让人工智能的增强性功能再次得到体现。它几乎能记录下人们生活中所有的对话，不仅能实现最基本的实时转录功能，而且可以分析对话的内容并提供一些建议。在技术上，Otter AI 使用了人声分离技术（Speaker Diarization），将不同人的声音分开来，从而辨别不同的人的身份并通过声纹记录，甚至随着对话经验的积累，Otter AI 能判断一个人说话的习惯并理解讲述者的话外之音。图 3-10 所示为 Otter AI 页面截图。

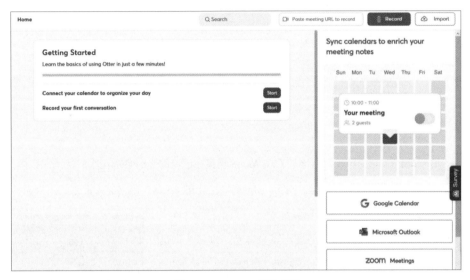

图 3-10　Otter AI 页面截图

当然，个人办公的内容绝不仅是文件制作与参与会议，可能还包括手续办理、财务报销、工作对接、语言翻译等多方面内容，以及与自己所在行业紧密相关的产品制作，这些工作如今都能一一得到 AI 原生应用的辅助。

（二）自主学习

1. Perplexity

Perplexity 是将 ChatGPT 和 Bing 搜索引擎结合起来的智能搜索引擎。它可以整合从搜索引擎上搜索到的内容进行并形成回答，还能对自己的回答进行溯源，这样既减少了 ChatGPT "胡说八道"的风险，又让搜索引擎变得更加智能化、互动性更强。另外，用户能通过 Perplexity 让自己的抽象想法经过搜索以后变成具象化的精准搜索词，然而再去查找相关资料。搜索的智能化让用户在获取学习资料方面更高效、更精准，节约了学习成本（见图 3-11）。

Ask Anything

> Tell me about...

🔥 Popular Now

james webb telescope (2.0) >	perplexity bird sql >	malaysia airlines flight mh370 >
elon musk journalists >	Is a recession coming? >	de santis anti-vaccine >
What's going on with binance >	@elonmusk >	elonjet suspension >

图 3-11　Perplexity 页面截图

2. Hi Echo

Discord 在 2023 年 5 月推出的 Call Annie 因其在语音聊天时会指正用户的语法错误，被很多人当作口语训练的工具。同年，Open AI 推出的 Speak、讯飞星火推出的星火语伴等都是专门针对口语练习的产品。

网易有道于 2023 年 10 月推出了全球首个虚拟人口语私教 Hi Echo，它会从发音、语法两个维度出具结果报告，并提供语法改错、地道用词、语言风格润色等优化建议（见图 3-12）。虚拟人口语私教解决了外教资源少、价格高的问题，并且其语料库庞大，相比于人类教师，人工智能在专业知识、应用场景、时间安排等方面局限性相对更小。虚拟人这一形象的设计也能让用户在学习口语的时候有着更逼真的对话感，尤其是在 AI 语音能通过语气、停顿等多个对话元素的调整变得类人化的趋势下，虚拟人口语私教确实显现替代人类教师的可能性越来越大。

图 3-12　Hi Echo 页面截图

大语言模型对人的赋能作用是显著的，而这点在个人自主学习的过程中体现得最突出。除上述的场景外，随着用户面临越来越多的学习场景、学习模式，他们对资源获取、文段总结、翻译辅助、视频摘要、模拟面试等功能的需求就越来越高，这也促进生成式 AI 慢慢发展成人类得意的学习助手。

（三）提示词平台

合适的提示词能够使用户对大语言模型的调用更加自然高效，而提示词平台的搭建，无疑能辅助用户更深刻地理解提示工程，继而进一步调试大语言模型，并拓宽其应用范围。目前国际上主流的提示词平台有 Flowgpt 和 Fromptbase。

1. Flowgpt

Flowgpt 是开源的提示词交流社区，近百万的工程师在该社区中分享自己使用提示词。网站会将热门的提示词标注出来以供所有人学习，还提供了免费的 ChatGPT 调试能力，方便用户对提示词做编写、测试、发布和管理工作，发布出来的提示词可以被其他人直接调用（见图 3-13）。

图 3-13　Flowgpt 页面截图

2. Promptbase

Promptbase 是提示词在线交易平台，用户可以在该平台上售卖针对文本生成和绘画领域的提示词。该网站的网页上会有提示词对应的模型和生成的参考效果，用户可以针对各自的喜好购买相应的提示词，平台将抽取售价的 20% 作为佣金，如图 3-14 所示。

图 3-14　Promptbase 页面

第三节　提示工程师的职业规范与未来可能

一、提示工程师的职业规范

（一）职业概况

提示工程师是利用提示词挖掘生成式 AI 最大潜力的职业。提示工程师是专注于设计、优化和评估与生成式 AI 互动的提示词的专业人士。他们的工作涉及研究如何使用提示词更好地引导模型产生所需的结果，并在实际应用中评估提示词的有效性。

其职业能力特征应包括以下几个方面。

第一，技术技能。如计算机科学和编程知识，对计算机科学和编程有深入的理解，能够有效地使用各种编程语言和工具；对自然语言处理（NLP）模型的理解能力，深刻地理解其工作原理、优化方法和应用场景。

第二，分析和解决问题的能力。问题分析：能够分析复杂的问题，理解其核心要素，并制定相应的解决方案。时间管理：具备高效的时间管理能力，能在有限的时间内完成任务，并在紧迫情况下迅速做出决策。

第三，协作能力。沟通技巧：能够以清晰而有效的方式与团队成员和其他相关方沟通，确保信息的准确传达。团队合作：具备团队协作精神，能够有效地与其他专业人员合作，共同解决问题。

第四，学习能力。持续学习：具备强大的学习动力，能够不断地学习新的技术和方法，保持对行业动态和趋势的敏感性。

第五，创新能力。创新思维：具备创新思维，能够独立思考和提出新的观点、方法和解决方案。产品转化：能够将创新的想法和解决方案转化为实际的产品和服务，推动业务发展。

（二）职业道德要求

遵循法律法规：提示工程师应遵守国家和行业的法律法规，包括知识产权、网络安全等方面的规定，严禁违法违规行为。

遵守道德规范：提示工程师应在工作中遵守所有适用的道德规范，包括保护用户的隐私和个人信息，避免做出任何可能损害公共利益的行为。

跟踪伦理标准：提示工程师应该保持对伦理标准和最佳实践的不断学习。生成式 AI 技术和相关的伦理问题在不断演变，因此他们需要持续关注并适应新的道德挑战。

避免偏见：在设计提示词时，提示工程师应当努力避免引入潜在的偏见和歧视。他们需要关注生成式 AI 可能存在的偏见。

系统安全性：提示工程师需要确保他们参与设计的提示词是安全可靠的，以防止滥用或攻击。

保护用户隐私：提示工程师应保护用户的隐私权，确保用户信息的安全性和保密性，不泄露或滥用用户信息。

保持公正公平：提示工程师应在处理涉及利益冲突的问题时保持公正公平，不偏袒任何一方，遵循公正原则。

接受监督和建议：提示工程师应接受来自同事、上级和用户的监督和建议，及时改进自身工作并不断提升服务质量。

（三）职业知识要求

1. 计算机科学和软件开发知识

提示工程师需要具备计算机科学和软件开发的基本知识。第一，熟悉编程语言，如 Python、Java、C++ 等，并能够编写高效的代码；第二，了解数据结构，如数组、链表、栈、队列、树等，以及它们在计算机科学中的应用；第三，懂得各种算法，如排序、搜索、递归等，以及它们在计算机科学中的应用；第四，了解操作系统的基本原理和功能，如进程管理、内存管理、文件系统等；第五，了解网络的基本原理和协议，如超文本传输协议（HTTP）等，以及它们在网络通信中的应用。

2. 人工智能和机器学习知识

提示工程师需要具备人工智能和机器学习的基本知识。

第一，了解机器学习算法，如决策树、支持向量机、神经网络等，以及它们在人工智能中的应用；第二，了解深度学习的基本原理和常用模型，如卷积神经网络、循环神经网络等，以及它们在人工智能中的应用；第三，了解自然语言处理的基本原理和技术，如分词、词性标注、句法分析等，以及它们在文本处理中的应用。第四，了解计算机视觉的基本原理和技术，如图像处理、目标检测、图像识别等，以及它们在视觉任务中的应用。

3. 业务知识

提示工程师需要了解所在行业的业务知识。第一，了解各用户主体的需求和行为习惯，以及如何满足用户需求和提高用户体验；第二，了解各用户主体的业务场景和流程，如电商、金融、医疗等行业的业务流程和特点。

4. 法律法规知识

提示工程师需要了解相关的法律法规。第一，了解隐私保护的法律法规，以及如何在提示服务中保护用户隐私；第二，了解知识产权的法律法规，以及如何在提示服务中尊重和保护知识产权；第三，了解网络安全的法律法规，以及如何在提示服务中保障网络安全。

5. 职业等级与评价体系

（1）职业等级

提示工程师的职业等级可以按照初级、中级、高级划分。

初级提示工程师：初级提示工程师通常拥有较少的经验和较低的技术水平，主要从事基础性的开发和测试工作，能够初步设计简单的提示词，并在其他高级工程师的指导下完成任务，在生成式 AI 与用户的各种需求之间起到一定的中介作用。

中级提示工程师：中级提示工程师通常拥有较多的经验和较高的技术水平，能够独立完成较复杂的项目，能够独立设计和实现较为复杂的提示词，并能够对其进行优化和完善，成为生成式 AI 和用户的各种需求之间的重要中介。

高级提示工程师：高级提示工程师通常具备丰富的技术和管理经验，能够领导团队进行大型的提示词和策略的设计、开发和优化工作，并对相关领域的发展和应用有深入的理解和实践经验。具备战略思考能力，通过出色的领导力带领团队实现生成式 AI 与用户的各种需求的无障碍连接。

（2）评价体系

提示工程师的职业评价体系应该是一个综合性的、多元化的评价体系，需要从多个方面进行综合评价。

第一，定量评价。工作效率：根据提示词完成的速度和质量来评估。例如，可以在一定的项目周期内设定可达到的工作量，并据此评估工作效率。提示词质量：评估提示词的编写规范、可读性、可理解性和可扩展性。可以通过提示词审查、生成质量测试等方式进行评估。创新能力：评估在解决问题和面对挑战时的创新思维和新颖解决方案。可以通过对解决问题的策略、算法或技术的创新性进行评估。

第二，定性评价。技术深度与广度：评估在计算机科学、软件开发、人工智能等领域的知识和技能。可以通过面试、技术测试或同行评审等方式进行评估。业务理解能力：评估对所在行业、市场和用户需求的了解程度。可以通过对业务问题的理解和解决能力进行评估。团队合作能力：评估在团队中的协作能力、沟通能力和领导力。可以通过对团队项目的贡献、对团队成员的支持和冲突解决能力进行评估。

二、提示工程师的未来可能

在 ChatGPT 创造互联网产品最快达成"1 亿月活用户"的纪录后，关于以 ChatGPT 为代表的生成式 AI 对未来职业发展的影响的讨论愈演愈烈。Midjourney 是一款绘画大语言模型，只要用户输入文字，它就能产出相对应的图片，耗时只有大约一分钟。GANPaint Studio 也是一个基于生成式 AI 的绘画工具，它可以模拟不同的画笔和绘画技巧，让用户创造出独特的艺术作品。DeepArt.io 可以将用户提供的图片转换成类似著名艺术作品的风格，普通人和大艺术家的差距似乎缩小到"一步之遥"。目前生成式 AI 对部分以重复性劳动为主的职业的替代性已经日渐显现，背靠生成式 AI 的数字人主播、社交机器人、插画师、文案撰写师等如雨后春笋般涌现。在生成式 AI 狂飙突进的过程中，哪些新职业、新机遇又将应运而生呢？

要回答这个问题，就要回到生成式 AI 进行知识生产的本质。有学者以"聪明的提问者和平庸的回答者"来概括 ChatGPT 在知识生产中的作用，其认为不同于通过独立的阅读和书写获得知识，ChatGPT 复古地遵循着苏格拉底式的知识生产方式——在对话中发现真理。作为回答的一方，提问者水平的高低直接决定了 ChatGPT 输出答案的好坏。设计良好的提示词可以引出有意义和信息丰富的回答，而构造不良的提示词可能导致不相关或无意义的输出。

值得一提的是，在 ChatGPT 爆火之初，与资本市场不遗余力的追捧不同，知识界普遍持一种怀疑和批判的态度。许多人质疑生成式 AI 并不能像人类一样真正理解自己回答的内容。ChatGPT 的语言能力与逻辑思维尽管让人惊讶，但是它的缺陷也显而易见，比如在事实性知识的回答上如果使用生成性逻辑，就会出现一本正经地胡说八道、编造参考文献等问题。随着生成式 AI 在各行各业中的广泛运用，要应对用户提出的越来越难、越来越复杂的问题，就不仅需要底层算法和训练数据做支撑，还要依赖更多有效的提示来理解问题，从而生成更准确的答案。ChatGPT 自身可能无法突破已有知识库的边界，但若有恰当的提问并施之以创新的思考逻辑，ChatGPT 就会被注入冒险与创造的精神，进而产生令人惊讶的表现。爱因斯坦曾言："提出一个好问题比解决一个问题更重要。"当基于问答逻辑的生成式 AI 快速扩张，被广泛运用于各行各业且不断催生出新需求，而公众的提示语言水平还有限时，PromptBase 等提示词交易平台和提示工程师这个职业便自然诞生了。

在没有专业提示工程师帮助的情况下，生成式 AI 只能满足人们一般性、非结构性、层次单一的提问需求，难以满足针对特定领域、特定人群的高层次、结构化、复杂专业的需求。可以说，提示工程师凭借专业能力和数智素养弥合了人类高层次需求与生成式 AI 之间由能力不足形成的深沟，实现生成式 AI 在较为深层意义上对用户的重大赋能赋权。一石激起千层浪，提示工程师的入场引来不少关于其职业发展前景的讨论。提示工程师是真需求还是伪风口？几方各执一词。

（一）作为短期存在的产物

提示工程师的诞生，显然源自生成式 AI 一炮而红所催生的需求，其对于生成式 AI 来说是一种互补性职业。基于此，提示工程师未来的发展前景其实和生成式 AI 的前途命运息息相关。当前生成式 AI 方兴未艾，关于人工智能伦理、机器与人类意识、人类存在危机等问题亦热议如沸。美国技术哲学家兰登·温纳（Langdon Winner）曾言："技术创新加速导致预测特定创新的影响范围愈发重要也愈发困难。"生成式 AI 未来将走向何方？当下的我们尚不得而知。

诚然，以 ChatGPT 为代表的生成式 AI 在内容生产这一最能凸显人类才智的领域正逐步触达智能活动的边界。据 OpenAI 官网数据，ChatGPT 在美国执业医师资格考试、法学院入学考试、宾夕法尼亚大学沃顿商学院 MBA 考试等高难度专业性考试中所向披靡。但不可忽视的是，生成式 AI 在抓取海量数据进行训练的过程中，消耗了巨量的能源，同时加剧了虚假新闻、知识剽窃、网络诈骗等风险。目前，意大利已经成为全球第一个因数据泄漏问题而宣布禁用 ChatGPT 的国家。马斯克、2018 年图灵奖得主以及《人类简史》作者等众多知名人士也已经签署联名信，要求 ChatGPT 暂停研发 6 个月并停止开发 GPT-5 模型，以防对社会和人类构成风险。虽然不能排除马斯克等人之所以呼吁停止开发 GPT-5 模型，是出于科技资本竞争方面的考量，但至少可以证明以 ChatGPT 为代表的生成式 AI 已经暴露出一定的问题，其隐含的风险也已经被各方意识到。若未来出于对生成式 AI 的应用风险的忧惧，国际社会达成禁用和停止开发生成式 AI 以规避风险的共识，那么对提示工程师的需求就将不复存在了。

不同于上文所述可能出现的情形，生成式 AI 或许一路高歌猛进，并在此过程中取代提示工程师。世界著名的深度学习巨头杨立昆（Yann LeCun）就认为，提示词工程的存在是由于当前大语言模型对真实世界的理解还不足，并认为生成式 AI 对提示工程师的需要只是一个临时态。有学者认为，生成式 AI 擅长的是具有稳定关系模式的工作，且是人类不擅长的工作，模式化的、可迭代的工作是其中的典型代表。基于这种看法，提示工程师的工作在未来完全可由生成式 AI 自身完成。比如我国的极纳科技公司就已经推出了适用于 GPT-3、Dall-E 等生成式 AI 模型的产品"PromptPerfect"，可以帮助企业优化提示内容。使用这款产品时，用户只需要输入自己想让生成式 AI 做到的内容，网站就会自动识别文本并生成更为精准详细的提示文本。简言之，它可以优化用户输入的内容，以提高生成式 AI 的响应质量。若历史真是如此走向，那么提示工程师仍无法跳出成为阶段性产物的宿命。

（二）作为长期存在的工种

降低用户使用门槛，提升技术服务效率，是提示工程师赖以生存的需求。在工作过程中，提示工程师将场景理解、话语表达的结构以简明扼要的形式快速输入大语言模型中，力求高效地指导模型识别、学习和整合用户的个性化要素并有机地呈现，使大语言模型能够更好地理解较复杂、较专业的任务指令，并以一种用户能听懂、愿意听的形式输出结果。

在生成式 AI 发展的初期，提示工程师还能实现各大语言模型功能性的深度调用，在充分理解和剖析各大语言模型的优劣基础上按需调用，向用户提供能满足其需求的综合性的生成式 AI 解决方案，弥补生成式 AI 发展初期各独立大语言模型之间的能力深沟，为大语言模型进一步发展完善后的互联互通搭建基础平台。首位提示工程师莱利·古德赛德（Riloy Goodside）这样认为：“这个职业代表的不仅仅是一份工作，而是更具革命性的东西——不是计算机代码或人类语言，而是两者之间的一种新语言——这是一种在人类和机器思维的交汇处进行交流的模式。这是一种人类提出推论，机器负责后续工作的语言，而这种语言是不会消失的。”刘海龙、连晓东也认为，即使未来生成式 AI 在提供事实性知识方面有所改进，按照目前的逻辑，它仍不会超出人类已有的知识及语言的规则，它可能会基于已有知识演绎出一些人类知识的盲点，但要对已有知识进行颠覆性地发展，非其力所能及。基于此种看法，提示工程师有望成为长期存在的工种。

未来，提示工程师可能深入生活和生产的各个场景。第一，在智能手机、智能家居等设备中，智能助手和语音助手会变得越来越重要。提示工程师可以在优化语音识别、自然语言处理和对话管理等方面提供帮助，为用户提供更为便捷和人性化的交互体验。第二，在金融、电商、教育等行业，虚拟客服已经逐渐替代传统的人工客服。提示工程师的存在可以完善虚拟客服的对话逻辑、应答能力和服务质量，提高用户满意度。第三，在在线教育、个性化学习等领域，人工智能技术正为越来越多的学生提供个性化的学习建议和辅导。提示工程师可以帮助设计合适的学习辅导对话，以提高学习效率。第四，在医疗健康领域，人工智能技术已经开始承担辅助诊断、病情分析等任务。提示工程师可以协助构建针对患者问题和需求的健康咨询系统，帮助患者更好地了解和管理自己的健康状况。第五，随着大型语言模型的普及，智能写作正逐渐成为现实。提示工程师可以在内容创作方面发挥专长，设计高效、实用的智能创作对话，提高内容创作者的工作效率。第六，在人工智能实验室和研究机构中，提示工程师也可以参与构建和优化人工智能算法，探索新的自然语言处理技术和对话系统架构。

事实上，在生成式 AI 拉开新时代大幕之后，许多企业的用人需求都转向各种类型的复合型人才。某种程度来说，既懂技术又懂产品的提示工程师恰恰就是这样的存在。为了更好地设计和优化生成式 AI 的对话逻辑和交互方式，提示工程师需要熟练掌握自然语言处理技术（NLP）。要为生成式 AI 提供更好的学习和自适应能力，提示工程师还需要了解机器学习（Machine Learning，ML）算法和模型。数据分析和挖掘技术是提示工程师的必备技能，用以分析用户的行为和需求，从而优化产品的性能。提示工程师还需要拥有优秀的设计理念并非常关注用户体验，这样提示工程师才能够根据用户需求和场景设计出人性化、实用的交互对话。

此外，提示工程师还必须深入了解并遵循人工智能伦理原则，确保生成式 AI 产品始终在尊重用户隐私和保障信息安全的基础上运行。由此观之，即使生成式 AI 的发展前景尚不明朗，提示工程师还是能凭借这些专长在人才市场中安身立命。

（三）少数群体的专业技能

1. 专业技能与通用技能

当然，提示工程师这个职业的未来也可能与前文所述大相径庭，逐渐成为一种少数群体的专业技能。以当今社会为例，信息革命让人们的生活方式与生产方式发生了质的改变，世界上越来越多的人有机会接触互联网、计算机等信息科学软硬件技术，这种现象在现代化城市中表现得更加明显，然而这并不代表所有人都能成为熟练掌握相关技术的工程师。某种技术从局限于专业人士扩展到人人都能掌握，其中存在着非常多的阻碍。根据 Evans Data 的全球开发者人口和人口统计研究，2022 年全球有近 2700 万名软件开发者，占全球人口中比例不足 5‰。与计算机使用和程序员的关系相似的，还有烹饪与厨师、唱歌与歌手、内容创作与自媒体从业者、采集数据与统计学家等。这启示我们，新技术的出现的确能强化人们对机器或自我的知识调用能力，使人类的潜能在各个领域或场景中得到一定程度的激发，然而因为对技术使用的不同层次、个人能力深浅乃至审美境界会导致专业壁垒的产生，所以提示工程也有可能变成一种少数人掌握的专业技能。

2. 提示工程师的知识系统

目前，生成式 AI 的技术原理仍然是在机器计算的基础上实现的。因此提示工程师需要做的，当然不应只是在交互页面中空泛思考与交流，还需要充分把握这一技术最核心的逻辑。这要求提示工程师掌握从编程、算法到人工智能系统化等方面的知识，形成提示工程完整的知识体系。知识的系统化不但能够引发思考的结构化，使提示工程师在需要通过调用知识实现相关功能时"顺藤摸瓜"，而且还可以分离出以具体问题为节点延伸出的知识脉络，这与给病人诊断病情时要充分考虑所有可能病因的情形是相似的。在这一基础上，提示工程师得以充分理解人工智能生成回答时的机制，并以贴合人工智能技术路径的方式提问，以便获得相对精准完备的答案。除此以外，提示工程师还应该充分了解需要提问的内容所涉及领域的专业知识与相关术语。由于对技术结构和其他领域知识的学习成本相对较高，因此这就形成了提示工程师独有的专业壁垒。

3. 提示工程师的创造力

除了专业技能以外，掌握相关技术还需要拥有由原理激发的创造力，从而能切实解决具体的、个性化问题，这是业余人员与专业人员的重要区别。提示工程师在学习相关知识时的逻辑，遵循的是前人梳理整合的逻辑，当提示工程师将具体的知识抽象成演变逻辑与应用维度时，他的理解就会更加深入，使用就会更加灵活，甚至能够将知识重新"打散"，按照自己解决问题的需要进行"组装"与"接合"，形成清晰、高效的解决方案。这一能力在当今许多开源场景中皆能体现，尤其是在生成式 AI 的背景下更为显著，许多程序员利用生成式 AI 的特性，结合个体的需要将其训练成专用的模型。

在与生成式 AI 的交互中，对话界面形似开源模型，它并不像教程一样指示用户一步步照做——这样会导致用户沿循着传统的技术路径操作，有着较大的局限性。对话界面更像一张亟待多维度开发的"白纸"，只提供输入栏，这无疑给予了提示工程以无穷的想象、创造空间，为提示工程师破坏式、颠覆式解决某一问题或梳理某一结构提供了非常大的可能性。当然，这也意味着提示工程师需要非常强大的创造力来赋能。这种创造力的宽广程度，恰恰是提示工程师的专业壁垒乃至能力差异的某种体现。

4. 提示工程师的问题意识

在培养提示工程这一技能的过程中，问题意识的重要性相比其他职业要更加明显。然而，以问题意识为基础的、人内生的对现实世界的观察、思考、整合、质疑，以及对语言精准明晰的理解、组织、表达，自古以来就不是所有个体都能掌握的能力。在自然交互中，用户能提出什么样的问题，生成式 AI 就会反馈什么样的结果。好的问题能够充分调动大语言模型所蕴含的资源与算法能力，而这要求用户不断扩张自身的认知边界，站在历史发展和社会结构的视角感知事物，站在横向与纵向延伸的视角思考问题。以上诸要素并不是以人类的基本求生技能或身体结构作为支撑点的，它有更高维度的要求，因此提示工程师可能会慢慢演变成少数群体的专业技能。

5. 技能训练的沉没成本

如果要做到让大多数人掌握某一项技能，使其被运用于日常生活，就需要整个教育系统的支持，并付出巨额资金，而这意味着非常高昂的沉没成本。在提示工程这一新技术语境下，这一问题更加凸显。要维持大语言模型的运转，就需要输入精深的主题专业知识，以此有效控制生成系统的输出，这与教育体系对相关人才的培养息息相关，需要社会投入大量的人力与资金来培养。另外，生成式 AI 所需的数据量极大，训练、操作、维护成本很高，只有少数的专业研究机构有精力与能力进行开发，这在另一个层面限制了提示工程技能的培养。因此，在其被新技术、新意识完全替代之前，提示工程师不可避免地会成为专业机构培养的高精尖人才。

（四）独特的个人签名

1. 个人签名职业偏向

有调查者以"DreamBooth"这一模型为基础做过一系列研究，他们扩展了该模型的语言视觉词典，将新单词与用户想生成的特定主题绑定，一旦新字典被嵌入该模型，该模型就可以使用这些单词合成逼真的主题图像，并将其置于不同的场景中，同时保留其关键的识别特征。这一应用激发了研究者对提示工程师在未来的另一种想象，即将提示工程作为一种独特的个人签名。个人签名可以被理解为一种便于联想的标签，这一模式往往与特定职业或内容创作这一工作绑定，例如，以生活中琐碎趣事为题材是汪曾祺的散文的鲜明特色，多变的色彩与抽帧的镜头形成了鲜明的王家卫的电影视觉风格，太空漫步成为迈克尔·杰克逊（Michael Jackson）舞蹈中最有辨识度的标签等。那么在未来的提示工程中，人工智能完全有可能深度学习具有特定风格的多模态作品，学习其中个性鲜明的标签，并将其标记在提示工程生成的作品中，既能实现个人生产力的提升，又能提高创作者的影响力。

2. 风格修饰符

语言会直接影响人工智能生成作品的风格形成相关标签，它是在作品生成这一交互过程中内容的载体。在提示词中，风格修饰符（Style Modifiers）是非常关键的要素，能影响图像的风格，它包括各种各样的开放域关键字和短语，如"油画""超现实主义风格""詹姆斯·格尼（James Gurney）"。风格修饰符之所以能记录个人标签，很重要原因在于它能形成独属于某词块的内容分类，因为即便同义词所表达的含义是相同的，他们也会在发音、应用场景、语言色彩等方面有细微的区别。这在各语系下都有丰富的案例，在此不再赘述。

3. 提示词的丰富度与颗粒度

影响生成作品质量的还有提示词的丰富度与颗粒度。丰富的描述性语言确实能让作品的个人色彩更加浓烈，因为这种语言通常是多样的、富有表现力的、运用各种技巧的，比如形容词、副词的大量嵌入，描绘视角的不停转换，修辞手法的合理运用等。同时，提示词的颗粒度越细腻，就意味着提示工程师对相关概念或现象有更深入的理解，对作品的细节有着更为具体翔实和精准的要求，这样的要求往往有强烈的个人风格，便于人工智能进行更细致化地学习与运用，从而形成自己的个人签名。

4. 个人签名的内在成因

语言的不同是一个人的思想的外化，因此在提示工程形成个人签名的过程中，个人性格作为提示工程师的内在特性，起到了决定性的作用。不同人在描述同一画面或旋律时所运用的词汇是不同的，同时人们对于同一词汇的感受力与理解倾向也是不同的，因此人的不同决定了提示词的不同。在一次次人机交互的调试中，生成式 AI 能将独特的词语与独特的人进行绑定，产生"作品 C 在个体 A 的理解中是 B"的关联或相关的记忆，将生成式 AI 个人化、风格化。不难设想在这一基础上，提示工程可以进化成一种个人实践式的管理技能，在这时候，每个人都有自己风格的文本和视听输入提示集，用于为不同目的的微调生成模型。

5. 个人签名的外部影响

当然，个人性格的形成除了与自身基因有关，外在环境也起到了非常重要的作用。在艺术发展史中，每个时期都有其代表性的风格，比如超现实主义绘画风格诞生于第一次世界大战后、印象派诞生在 19 世纪后半叶等。社会思潮、新技术的诞生、不同国别、不同民族……这些都会在每个人的作品中体现出来，个人也会有意识或无意识地在自己的作品中增添当时社会环境中风行的要素，并被人工智能记录和学习，最终形成个人签名。

第四节 信任校准：人机融合协同演化的底层逻辑

人机之间的信任程度是连续的。人机之间信任链的产生过程常常是：陌生—不信任—初始信任—持续信任—强信任。在这个过程中，信任在人机融合中占有重要的作用，信任是沟通人与智能技术的桥梁。人们的智能媒介信任素养应该和智能技术的发展水平始终保持正比例关系，而一旦出现偏离，便会产生过度信任和信任缺失，那如何完成信任校准呢？

（一）首要环节：智能价值优先

在智能技术不断发展和媒介化进程不断深入的背景下，媒介技术成为社会变革和向前发展的内核（Kernel）程序。生成式 AI 时代的技术发展已不再仅是对于人的感知系统的重新整合，更是对传统媒介社会的重新定义和全面超越，社会新的文明环境系统将由此落地达成。智能也是人、机和社会环境系统相互作用的产物。任务技术适配模型（Task-Technology Fit）认为信息技术对用户的工作绩效有显著影响，用户对技术使用的感知会随着工作任务变化而改变，技术和工作任务只有有效匹配才有助于提高工作绩效。在当前的技术环境下，如何实现"价值优先"依然是研究的热点话题。

智能是一个复杂系统，想要厘清各主体间的关系，我们需要明确各主体的责任。在这个复杂系统中，人要解决的是"做正确的事"，机器要解决的是"正确地做事"，媒介环境要解决的是"提供做事平台"。人工智能技术要想充分赋能媒介环境，其需要的不仅是技术方面的超强计算能力，更重要的是人的智慧，只有如此才能形成一种理性与非理性、技术的计算和人的算计深度混合的智能系统。想实现各个主体之间的相互协作与系统效用最大化，一个关键的要素就是"信任"。智能从一定程度上来说源于人的认知方法，是人们适应智能技术的产物，是人的认知与智能技术内在逻辑的交叉。两类主体之间，技术是人类认知的一种映射，这种映射在形式上将"我们是怎样思考和解决问题的"这一看不见的思维路径以看得见的符号形式和符号变换过程表征出来，成为机器的信息运作规范，并以一种"镜像"的方式反过来供人阐释自己的认知。因此，人与机器在认知世界的过程中具有相同的认知分层架构，且在不同层级之间会形成一定因果关系，在相同的层级之间会形成混合空间。

（二）智能媒介信任素养与技术发展的价值对齐

如图 3-15 所示，在良好的信任校准过程中，人们的智能媒介信任素养与智能技术的发展程度都处于动态性变化中，两者应始终保持正比例关系，理想型的信任校准处于直线上。如果人机融合中的信任要素分布于直线上方，即人们的智能媒介信任素养超过了智能技术的发展程度，这就会导致过度信任的情况出现。当我们向智能技术让渡过度的媒介信任，减弱对智能技术的控制和监管，就会出现秩序紊乱的情况。如果人机融合中的信任要素分布于直线下方，即人们的智能媒介信任素养低于智能技术的发展程度，这就会产生信任缺失，导致智能技术未得到充分利用甚至被停用。我们要认识到滞后的信任素养可能正成为智能技术发展的掣肘。"信任滞后"抑制了我们指导技术并明智、合乎道德和审慎地控制技术的能力，不能就现代技术的适当应用快速形成广泛的社会共识。因此，人机交互过程中的"信任校准"是指可感知信任与实际信任的平衡，对过度信任进行抑制，而对信任不足进行修复。

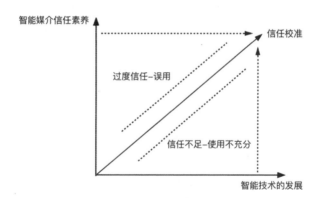

图 3-15　智能媒介信任素养与智能技术的发展的信任校准

以当前生成式 AI 赋能媒介生态的发展来看，人与智能技术的相容相生、互相形塑为人的行为边界扩展与自由度提升乃至于个性的解放提供了可能。要正确利用 ChatGPT 优化人与技术之间的黏性，就需要信任校准。一方面，虽然 ChatGPT 在积极回应个体需求方面已达到了更为全面的状态，但要想实现人类真正的增强，仅靠技术突破是远远不够的，还需要人们形成与之匹配的大语言模型信任素养、智能技术信任素养等。另一方面，ChatGPT 要学习人们不断增长的知识库，针对对话进行加强，减少不恰当回复，让人工智能模型的产出和人类的常识、认知、需求、价值观尽可能匹配。因此，信任的动态调整过程也是技术与社会和与人之间的感知、认知一体化的过程，在调整的过程中具备自我修复、自我迭代能力，在动态结构中重塑社会信任模式。

（三）关键通路：发展可信的人工智能

智能技术与人类的生存不再是传统的二元对立，技术发展所催生的人机同构、人机融合的深度融合关系塑造了人类以技术为中介的生存样态。唐·伊德（Don Irde）认为，人和技术的关系本质上遵循的是一种内在的"存在论关系"模式。显然，人类与智能技术的关系也符合这种模式。社会学家迪戈·甘贝塔（Diego Gambetta）认为信任是降低复杂性的一种有效形式。其实，信任是必须被预设的内在基本要素，它不是被创造出来的，而是从社会关系中自然产生的。在人机融合中，人机交互已经内化为人类社会存在的一部分，智能技术则构成了媒介环境的底层操作系统，因此，发展可信的人工智能就是在这种社会关系和发展逻辑上被预设的。

发展可信人工智能的关键在于增强人工智能的可信任性，而不是谋求满足人工智能对"类人信任"的前置条件。要做到这一点，需要构建一个值得被信任的社会技术系统。欧盟发布的《可信 AI 伦理指南草案》中建议可信人工智能系统需满足四项基本原则。一是尊重人类自治原则（The Principle of Respect for Human Autonomy），即人工智能系统应能够保证其用户能进行充分和有效的自我决策。同时人工智能系统的设计应该以补充和增强人的能力为目的。二是伤害预防原则（The Principle of Prevention of Harm），即人工智能系统不应对用户或环境造成伤害或加剧伤害，人工智能系统及其运行环境必须是可靠的。三是公平性原则（The Principle of Fairness），即利益和成本的平等，应通过公平分配以确保个体或群体不会遭受人工智能系统的偏见和歧视；四是可解释性原则（The Principle of Explicability），即人工智能系统的能力和目的需要被公开，且需要尽可能使直接和间接受其影响的人能够理解系统的决策过程。生成式 AI 的信任构建并不是一个短期过程，而其形塑的新模式、新机制将会产生长期影响且持续存在于信息生态之中。

如果说互联网是信息传播的成本革命和效率革命——信息的零成本复制传播，那么生成式 AI 则是信息生产的成本革命和效率革命——有望形成信息和知识的零成本生产。的确，任何事物的发展都必将有一个充满泡沫的阶段，尽管目前生成式 AI 有各样的问题，且存在着高度的不确定性，但我们的目光不能仅仅聚焦于它的风险以及人们对它的依赖性上，我们还应通过信任的视角去理解智能技术嵌入人类生活的方式。技术发展的最终目的仍是服务于人类的发展，如何充分利用好智能技术，应对可能存在的风险，发展可信的人工智能，在前进的过程中实现信任校准和价值对齐，这应是 AI 开发者、从业者、信息平台和每个智能技术的使用者共同参与解决的问题。

麦克卢汉（McLuhan）在《理解媒介》中表明，新技术对社会变迁的影响从来不是沿着其初始意图的方向线性的延伸，而是对社会这个有机体的系统性"大手术"。新媒介以新的连接、新的标准和新的尺度构造新的社会，实现社会的再组织，信任也在持续不断的人机交互中推动社会的动态变化。当预期落空，信任感被辜负，信任校准偏离，信任水平将不可避免地受损。尼尔·波兹曼在《技术垄断：文化向技术投降》中提到"每一种技术既是包袱也是恩赐，不是非此即彼的结果，而是利弊同在的产物"。生成式 AI 时代，分析当前的技术背景与信任边界有助于研判人机关系的新特征，预测与指导未来传播生态良序发展。未来，生成式 AI 还将进一步强化社会深度媒介化的进程，要想实现健康的人机关系，实现人机协同与共生，那么在信任受损后的信任修复、信任再校准（Trust Re-calibration）也是值得深入讨论的话题。

第四章
整体性认知：大语言模型素养的现状与发展

本章概述

    长期以来，人们既对于新技术的出现欢呼雀跃，又会陷入机器即将取代人的担忧中，面对这种"普罗米修斯的羞耻"，我们有必要纠正人们对技术的主体性隐忧和技术所引发的社会问题的误读，使他们正确理解大语言模型与生成式 AI 时代的可能与可为，并呼吁用户提升正确使用技术和大语言模型的数字素养。本章主要探讨复杂社会的大语言模型素养。一方面，本章将通过现状梳理、知识图谱与语义分析，探索社会不同群体当前对于生成式 AI 的认知差异以及大语言模型素养的鸿沟以及弥合措施；另一方面，本章将论述大语言模型素养的边界、规则、伦理的标准，以及它对于人的行为准则的影响。同时，本章还将讨论，营造良好的社会环境和系统的社会支持及社会连接，帮助个体更好地掌握生成式 AI 的运用。

第一节 大语言模型素养：基本观念和思维方式

一、差异与鸿沟：社会对大语言模型的理解现状

（一）未来社会的观照：数字文明背景下大语言模型的位置及其涉及的社会连接

1. 以元宇宙为坐标：生成式 AI 时代的终极形态是极致元宇宙

数字文明如同原始文明、农耕文明、工业文明一样，是人类发展史上的全新阶段。我们正处于两大文明交接的变革时代，这种变革所涉及的范围非常巨大，其程度也非常深刻，它不是一种简单的技术应用的融入，而是对以往价值生产、社会结构和社会心理的冲击与挑战。

元宇宙作为数字文明的 1.0 版本，是人类文明发展过程中的一种新的"容介态"，也为我们描述、设计数字文明的样貌、内涵和规则提供具体版图。它的核心概念是三维化、三元化、三权化。三维化意味着元宇宙必须超越计算机，接入 VR、AR、脑机接口、全息投影、数字永生等技术实现向三维空间的升级。在三维空间的基础上，自然生命、虚拟生命、机器生命达到三元一体，并实现多感官交互、数据互联。三权化则意味着个体同时拥有从 Web1.0 可读、Web2.0 可写到 Web3.0 可拥有的三种权利。质言之，元宇宙意味着虚实相融的社会生活形态，它是高度沉浸且永续发展的三维空间互联网，是人机融合共生三元化的多感官通感的体验互联网，是能够实现经济增值的三权化价值互联网。

AIGC 能为元宇宙创作大量的数字原生内容，极大地推动元宇宙的发展，让人类突破内容生产力枷锁，真正进入元宇宙之中。换而言之，当 AIGC 发展到一定阶段，便能通过智能技术自动生成元宇宙，即人工智能生成的元宇宙（AI Generated Metaverse，AIGM）。然而，从 AIGC 到 AIGM 的实现路径包含以下四个关键步骤：一是人工智能深度学习，即 AI 通过识别内容，具备通过多种语言、背景、时代等因素进行综合分析、学习的能力；二是智能托管生成指令，即系统对生成目标进行智能分析，生成系统指令；三是生成元宇宙，即计算机根据文字、音频、视频等素材，塑造出虚拟场景、虚拟人物形象；四是自动调优，即人工智能通过用户在使用和交互过程中产生的数据来优化

方案。

因此，生成式 AI 时代仍然是一个虚拟与现实交织，人类将要抵达的未来。显然，我们正在步入生成式 AI 时代，但并没有完全到达。迈向生成式 AI 时代，意味着数字文明将进入一个新的阶段，如果说"AI+ 机器人"是替代人类一切能替代的体力劳动，那么 AIGC 的结果就是替代人类一切能替代的脑力劳动。就其本质而言，生成式 AI 将改变现有社会主要要素的稀缺性，也将改变价值生产、社会结构和社会心理，并最终实现由人工智能生成的元宇宙，在不断拓展人类认知与能力边界的同时，将数字文明带向新的境界。

2. 走向人机融合共生：具身认知与多模态场景的构建与体验

生成式 AI 的发展将引领传播范式与媒介环境的变革，催生大量丰富的具身化媒介实践，构建多模态场景，从而建立全新的社会操作系统。可见，生成式 AI 时代是一个人与机器融合共生的时代，未来人工智能将成为支撑虚拟世界的核心要素，并全面介入个体生活，人机交互将成为人们的基本行为模式，而人机融合将成为人们的基本生存状态。

就人工智能而言，其发展趋势会越来越具身化、场景化。"具身"意味着认知不能脱离身体单独存在。其相对的概念是"离身"（Disembodiment），指的是认知与身体解耦，目前以 ChatGPT 为代表的大语言模型仅实现了离身智能。未来，具身人工智能通过与环境的交互，能像人一样产生感知，并自主规划、决策、行动、执行。它不再是被动地等待数据投喂，而是能够主动感知世界，用拟人化的思维路径去学习，从而自主决策与行动。当人工智能实现具身化，才能真正理解某个场景，例如智能家居，以往人们通过控制人工智能进行打扫，其是被动的，但具身人工智能能够通过学习，懂得"脏了的情况下需要打扫"。显然通过具身感知，人工智能就能理解不同场景进而自主产生决策和行为。

当具身人工智能发展到一定形态，就有可能实现从语言、理论到生态圈的自主演化。在语言层面，人工智能在彼此交流中可能会形成一种通信协议，包括用于表达复杂概念和算法的专有符号，在此基础上形成一套用于描述它们的工作原理、优化目标和学习策略的理论框架，进而构建一个人工智能系统群体能够实现集体智能和协同优化的"生态圈"。人工智能在自主演化的过程中，不仅是技术的进化，同时亦将推动人机关系的演化。生成式 AI 会在与人类的不断交互中，对人类行为、人性、智力、知识和情感的全部"他心"进行模仿，无限逼近"类人类""后人类"的形态。人类在与 AI 的交互过程中也将培养出新习惯（包括身体行动习惯和认知思维习惯）。两者的彼此交互、靠近将催生"人机融合共生"的终极形态。

未来，人类向机器演化，机器向生物演化，人机融合共生将可能出现以下几种终极形态。

• 脑波共鸣：人的大脑直接和计算机进行信息传输，从而快速、高效地沟通。不过，人与机器在思想与行动上的高度统一，将挑战传统的人类主体性观念。

• 纳米调和：届时纳米技术将被应用于人体内部，如利用纳米机器人进行维护和修复、对抗疾病或进行基因编辑。

• 混元视域：实现虚实结合的无缝混合现实，打破现实与虚拟的界限，推动数字世界与现实世界的高度融合，实现极致的元宇宙。

• 无缝协同：未来人工智能与人类能够高效协作，人类在保持主体性的同时，能够让生成式 AI 为人类提供高效的决策能力和无限的创造能力，进而部分地解放人类的体力和脑力，去创造更多意义与价值。

（二）专业素养与民间理论：大语言模型的认知现状

值得关注的是，当我们真正基于技术的现状与未来面向进行区分与探讨时，就会发现当下生成式 AI 仅涉足与介入了人类日常生活领域的一小部分，整个社会就出现了不同的认知偏向。学术界既有对生成式 AI 的未来发展的建设性展望，同时也存在对其可能涉及的风险、伦理问题的批评反思。在大众对于技术的多元讨论中，既有"生成式 AI 未来将具有主体性、创造性，但它将会保持正义并可控地为人类服务，而非取代人类"这类乐观看法，同时也存在对生成式 AI 的技术误读与恐慌。因此，要想正确理解大语言模型与生成式 AI 时代的可能与可为，需要以技术为镜，反观人类的认知本身。我们以知识精英与普通大众为参照，对比不同群体之间，对生成式 AI 的认知偏向。

1. 专业素养：知识精英关于生成式 AI 时代的认知图谱

文献期刊作为研究趋势的晴雨表，能够为我们探讨知识精英群体对于 AIGC 的认知提供具体图景。我们以 Web of Science（WOS）中的 SSCI 期刊和知网（CNKI）中的 CSSCI 期刊为数据来源，检索近 5 年（2018—2023 年）国内外与生成式 AI 相关的研究，检索条件为主题或关键词包含"AIGC（生成式 AI）""AGI（通用人工智能）""ChatGPT""Knowledge Building（知识建构）""Collective Intelligence（群体智能）""Emergence（涌现）"等，检索后人工筛选出与传播学方向紧密相关的 216 篇外国文献、183 篇本土文献。接着利用 VOSviewer 文献计量软件将国内外研究主题、关键词导入，得到国内外研究共现图谱，该图谱不仅展现出学术界的知识动向，也能够反映出知识精英群体对于生成式 AI 时代 ChatGPT 等大语言模型的认知偏向。

（1）国内研究

我们的研究团队将知网 183 篇本土文献导入 VOSviewer 软件中，网络节点设置为文献主题和关键词，选择适当阈值运行，从而得到密度视图（Density View）、共现图谱。

密度视图又称"热力图"，研究者可利用它来分析关键节点在研究领域的占比权重，直观反映出该领域研究的核心主题。其中标签节点出现频次越高，颜色越偏暖色[1]，反之则偏向冷色，同心颜色区块之间存在紧密联系，非同心颜色区块间若有区块相连，则也存在一定联系。

如图 4-1 所示，国内研究围绕"人工智能""生成式 AI""智能传播""元宇宙"等关键节点形成了"信息治理""智能媒体""人机关系""传媒生态"等核心研究领域。

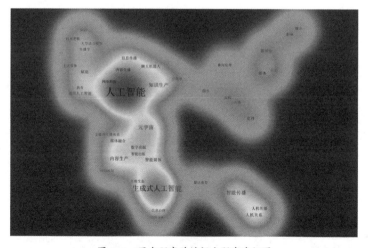

扫一扫

图 4-1

图 4-1　国内研究关键词主题密度视图

---

[1]　因本书为单色印刷，故图片不能显示为彩色。如需查看彩色图片，请扫描旁边的二维码，其余类似问题同。——编辑注

为进一步分析与细化该领域的研究热点，研究者绘制了由主题和关键词生成的聚类图谱，该图谱包含 48 个节点、80 条边、7 个聚类。其中，节点大小意味该关键词在整体结构中的权重，连线距离代表关键词之间的亲疏关系，不同颜色分布代表不同聚类。我们根据不同关键词的聚类归纳出了国内研究主题，如图 4-2 所示。

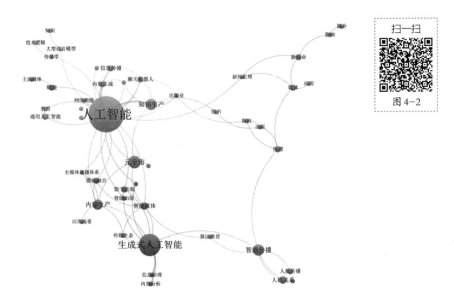

扫一扫

图 4-2

图 4-2　国内关键词主题共现图谱

表 4-1 列出了国内研究关键词共现图谱主题和聚类。在学科变革方面，学者们从学科变革、应用场景、伦理反思等方面分析了生成式 AI 时代传播学变革的逻辑，尤其是 AGI 发展所引发的信息爆炸，在催生了认知竞争的同时也革新了人与信息连接的形式，而传播范式的改变则产生了全新的内容治理逻辑，并改变了学科的知识生产模式，质言之，学者们正从理论层面以建设性的方式更新学科范式以应对生成式 AI 时代的挑战。

表 4-1　国内研究关键词共现图谱主题和聚类

一级主题	二级主题	聚类颜色	关键词
学科变革	学科面临挑战	粉红	人工智能、信息传播、内容生产、知识生产、新闻生产、知识传播、编辑出版、网络舆情、聊天机器人

续表

一级主题	二级主题	聚类颜色	关键词
学科变革	传媒生态革命	绿色	出版、图书、媒介、媒体、影响、新闻业、新闻伦理、版权伦理
	内容生态治理	红色	生成式人工智能、信息治理、内容分析、媒介生态、数字出版、智能出版
	知识生产变革	黄色	传播学、技术逻辑、知识、大语言模型
应用场景	传媒应用场景	蓝色	元宇宙、全媒体传播体系、媒体融合、应用场景、智慧图书馆、智能媒体
	教育应用场景	橙色	通用人工智能、教育
伦理反思	人机关系探讨	紫色	人机融合、人机关系、技术伦理、智能传播、算法推荐

在应用场景层面，AGI 的介入促进新闻行业的变革。新闻生产、传播方式的改变要求新闻从业人员适应新的技术与平台，以保持新闻的价值与影响力。我们的教育体系应该将技术素养纳入考量。与此同时，技术的伦理与其可能存在的风险也是国内学者关注的主题。

（2）国外研究

国外研究围绕"ChatGPT""Artificial intelligence"等关键节点形成了"机器学习""大语言模型""风险评估""产业管理"等核心研究领域。

为进一步细化该领域的研究热点方向，研究者绘制了由主题和关键词生成的聚类图谱，该图谱包含 69 个节点、236 条边和 6 个聚类。我们根据不同关键词的聚类归纳出了国外研究主题。图 4-3 和图 4-4 分别所示为国外研究关键词主题密度图和国外关键词主题共现图谱。

表 4-2 列出了国外研究关键词共现图谱主题和聚类。在技术分析层面，国外学者在理论层面更关注技术本体发展，包括模型算力、语言学习、多模态学习等，致力于模型的不断优化与调适。在应用场景层面，国外学者更关注技术在市场的落地与行业应用，并不断探索与拓展大语言模型技术的应用范围与性能，以满足不同领域、场景的需求。当然国外学者也关注"伦理风险问题"，并希望通过机器训练等技术优化的路径解决存在的伦理风险问题。

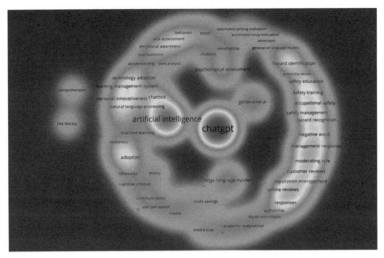

扫一扫

图 4-3

图 4-3　国外研究关键词主题密度图

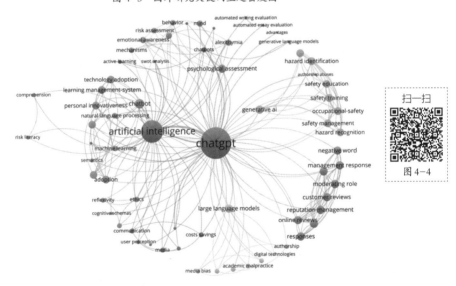

扫一扫

图 4-4

图 4-4　国外关键词主题共现图谱

表 4-2　国外研究关键词共现图谱主题和聚类

一级主题	二级主题	聚类颜色	关键词
技术分析	机器学习图式	红色	chatgpt, cognitive schemas, communication, costs savings, credibility, ethics and value, generative language models, media, technology, user perception, academic research, active-learning, advantages, authorship abuses, chatbots

一级主题	二级主题	聚类颜色	关键词
技术分析	机器技术分析	绿色	Machine learning, natural language processing, Adoption, comprehension, emotion, information-technology, Innovativeness, learning management, personal innovativene, reflexivity, risk literacy, semantics, technology adaption
应用场景	市场应用场景	深蓝	customer reviews, management respons, moderating role, negative word, online reviews, reputation manageme, responses, satisfaction, social media
	行业风险评估	紫色	risk assessment, emotional awareness, emotional intelligence, psychological assessment
伦理反思	机器伦理培训	浅蓝	generative AI, hazard identification, hazard recognition, identification, occupational-safety, safety education, safety management, safety training
	机器伦理问题	黄色	large language models, media bias, polarization, political bias, academic malpractice, artificial text production, authorship, digital technologies

（3）两种取向：积极展望与批判反思

学术界的知识图谱也是学者们的认知图谱。总体而言，国内外研究所关注主题比较多元化，价值取向呈分化趋势。在关注主题方面，国内研究形成了"信息治理""智能媒体""人际关系""传媒生态"等核心领域，侧重于讨论生成式 AI 时代传媒生态的改变，包括媒体如何迎接挑战，人机关系的未来演变，以及整个社会信息治理的转向。国外研究则聚焦于"机器学习""大语言模型""风险评估""产业管理"等领域，更侧重于对技术逻辑的探究，包括对机器学习与大语言模型的特性分析，以及技术对市场、产业所带来的具体挑战与风险等。相比较而言，国内研究侧重基于媒介逻辑分析生成式 AI 给社会带来的长期影响，而国外研究更关注基于技术逻辑分析其对产业、应用带来的短期影响。

就价值取向而言，国内外学术界整体呈现出"建设性展望"与"批判性反思"两种偏向。一面是对于生成式 AI 时代的积极展望，不少学者认为未来已来。"AIGC 将促进所有行业重做一遍"，而人机关系将走向人机融合、人机传播的新局面。各个行业与用户个体应积极调整认知与行为，以应对未来发展趋势。另一面，不少学者提出"未来未必美好"，人机融合的表象之下是人机鸿沟与人机冲突。技术垄断、霸权风险、伦理失范、隐私隐患、治理风险等都是生成式 AI 发展的另一面。部分学者甚至提出需要"暂停 AI 研发"以厘清技术黑箱可能带来的负面影响。不过，整体而言，建设性展望依然占据主流，无论是对生成式 AI 的现状与未来的建设性研究，还是对其可能存在的风险、伦理问题的批评反思，都反映出知识精英群体对于生成式 AI 时代的认知越来越多元与深入，逼近技术发展的复杂现实本身。

2. 民间理论：社会公众关于生成式 AI 时代的认知偏向

生成式 AI 在各个领域应用得越来越广泛，ChatGPT 的发布更是意味着 AGI 开始在市场中不断下沉，并逐渐介入社会公众的日常生活。因此，这不仅引起不同领域的知识精英的深刻思考，社会公众也在体验与使用 ChatGPT 的过程中广泛地参与讨论。根据罗杰斯（Rogers）的创新与扩散理论，创新扩散不仅是技术接受的过程，还是一个社会建构的进程，即社会多元主体对于 ChatGPT 等大语言模型的认知，将反过来影响 ChatGPT 等大语言模型的扩散轨迹。普通大众对于 ChatGPT 的公共讨论和意义赋予，使其已不再是一个静态的技术现象，而是构建起了一个动态的扩散过程。因此，关注社会公众对于 ChatGPT 等大语言模型的认知，不仅能以用户体验为导向促进技术在未来的发展，也有助于研究者从公众认知视角更清晰地看到 AIGC 与社会互构互建的过程。

社交媒体是社会公众获取信息和表达意见的主要渠道之一。通过对社交媒体在线评论的抓取分析，我们就能捕捉公众对某一话题的认知与态度。因此，我们以国内微博为例，用 Python 爬取内容社区"ChatGPT""生成式 AI"等热点话题下的用户评论，通过去重与清理后得到 4285 条文本，接着通过情感分析、词频分析、语义网络分析来洞悉普通大众在应用创新技术时，存在何种认知差异。以期通过梳理不同群体的认知现状，探讨 AIGC 究竟是为用户个体"赋能"，还是"负能"，并提出相关策略建议。

（1）情感分析

情感分析是一种文本处理领域的挖掘技术，主要用于分析带有情感色彩的文本。我们使用的是 Python SnowNLP 工具。SnowNLP 作为 Python 的开源软件包，可以执行基于中文的 NLP 任务，这对于社交媒体上的短文本具有不错的适用性。我们将 4298 条评论进行情感识别，并分别加上积极、中性、消极的分类。另外，我们还会为所识别的情感赋予"1.0""0"范围内的浮点值——越接近 1.0 情感越积极，反之越消极。经过统计，我们得到了以下数据。

由表 4-3 可知，社会公众对 ChatGPT 等大语言模型的情感认知存在两极分化的迹象，其中积极评论占比为 47.8%，消极评论占比为 51.9%，积极情感与消极情感的评论数量基本持平。

表 4-3　评论文本情感分析

评论类型	积极	消极	中性
数量 / 条	2054	2231	13
占比	47.8%	51.9%	0.3%

（2）词频分析

词频可以清晰且直观地反映社会公众对 ChatGPT 等大语言模型的关注点与使用感受等。我们结合齐普夫第二定律与研究者经验在选词个数和词频高度上保持平衡，系统分词后再经过人工筛选，剔除代词、副词等无实意词，并删除"ChatGPT""AI"等搜索词以减少其占比过大带来的影响，最后选取频数排前 150 位的词生成词云图。

在积极情感的评论文本中，词频最高的 10 个词依次为"效率"（569）、"助手"（389）、"聪明"（338）、"艺术"（285）、"教育"（280）、"学习"（263）、"进步"（173）、"应用"（200）、"数据"（185）、"智能"（179）。图 4-5 所示为微博积极情感词云图。

图 4-5　微博积极情感词云图

在消极情感的评论文本中，词频最高的 10 个词依次为"威胁"（151）、"进化"（134）、"替代"（104）、"生成"（57）、"风险"（51）、"病毒"（45）、"出错"（44）、"焦虑"（39）、"挑战"（38）、"故障"（36）。图 4-6 所示为微博消极情感词云图。

图 4-6　微博消极情感词云图

值得关注的是，积极情感的评论文本中出现频次最高的词为"效率"（569），而消极情感的评论文本中排名第一的"威胁"频次仅为 151。在评论文本数量基本持平的情况下，积极评论中的高频词频数普遍更高，这说明社会大众对于 ChatGPT 等大语言模型的积极评论更为聚焦，而消极评论更为发散。即相比于消极评论的散漫而谈，社会公众对 ChatGPT 等大语言模型的认知在积极情感方面更容易形成彼此间的共识。

（3）语义网络分析

为了进一步探究高频词的层级关系、亲疏程度，进而发现主题，我们使用 GooSeeker 与 Gephi 进行了语义网络可视化分析。语义网络分析（Semantic Network Analysis）可以进行共现、聚类等分析，通过词与词之间的共现与聚类，我们可以探析文本生产者的认知以及这种认知生产的逻辑；通过处理多主体的文本，我们就可以探求群体的共同认知结构。因此，在生成整体语义网络之后，我们还通过 Blondel 模块化算法进行聚类，从而得到了不同的主题。图 4-7、图 4-8 所示为微博积极和消极情感词的语义网络分析。

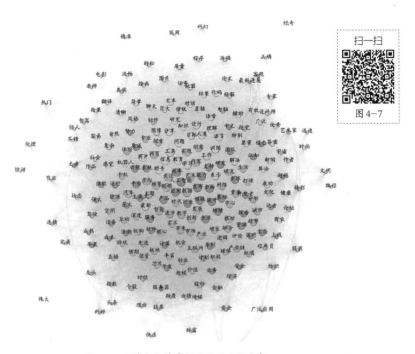

扫一扫

图 4-7

图 4-7　微博积极情感词的语义网络分析

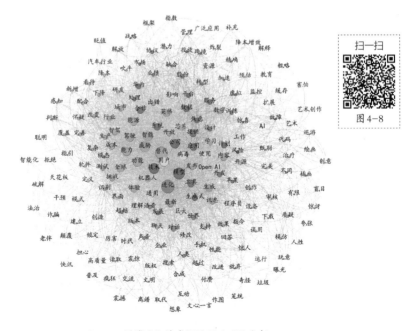

扫一扫

图 4-8

图 4-8　微博消极情感词的语义网络分析

　　表 4-4、表 4-5 分别列出了微博积极和消极情感词的关键词主题和聚类。其中第一个主题是好奇与积极探索。由于 ChatGPT 让普通大众有机会上手人工智能，因此很多用户对 ChatGPT 还处于好奇阶段，把其当成一件玩具，例如让它讲一个故事、填一首词或讲一个笑话等。会觉得 ChatGPT"很好玩"，说明仍有很大一部分受众对于 ChatGPT 等大语言模型的认知仅停留在将其视为一个能够提供娱乐、消遣玩乐的玩具的现象层面，还没有上升到将 ChatGPT 作为一种工具使用，例如使用它来完成特定任务或解决有价值的问题。不过，与以往用户对元宇宙的态度不同，ChatGPT 让人们对智能技术的态度从旁观者转变为入局者。

表 4-4　微博积极情感词的关键词主题和聚类

主题	聚类颜色	关键词
好奇与积极探索	紫色	人工智能、应用、好奇、功能、支持、开发、集成
知识社群交流	粉色	学习、助手、问题、分享、答案、解决、设计、流畅
工具价值探讨	蓝色	聪明、数据、市场、机会、趋势、先进、需求、规模
	绿色	创新、模式、生活、探索、机遇、内容、体验、价值

表 4-5　微博消极情感词的关键词主题和聚类

主题	聚类颜色	关键词
技术赋魅产生的误读	紫色	模型、工具、应用、焦虑、合作、处理、计划
	粉色	进化、超越、世界、人类、对话、拒绝、诈骗
感知生存威胁的误解	绿色	替代、威胁、能力、成本、出错、机器人、配合
	黄色	用户、病毒、使用、工作、通用、回答、指令
应用场景失灵的误用	红色	故障、风险、巡游、不同、盲目、绘画、创意

　　知识社群交流。这一部分用户彼此交流安装、使用技巧、提问策略等，如彼此分享提问技巧以得到更优的答案、提高准确率等。用户在使用过程中基于个体具体场景总结使用体验与心得，并在社群内部不断的互动分享中沉淀共有经验，从而形成某种小圈层内关于 ChatGPT 的民间知识。相比于专业知识，民间知识更强调实用价值，这也反映了社群内部共同体对技术的认知在使用经验不断积累过程中不断完善。

　　工具价值探讨。当然，部分群体已超越现象层面，开始基于 ChatGPT 工具价值层面进行讨论，并出现以"进化""遥遥领先""超越""真实"和"信任"为代表的积极情感。

这部分群体认为生成式 AI 的发展能够辅助人类，将人类从烦琐的体力或枯燥无意义的脑力劳动中解放出来，从而创建新的价值与意义。值得关注的是，有少数群体认为人工智能将来在涌现其他新的能力后，会变成比人类更高级的生物，这类对技术过度狂热的想象，很容易陷入"唯技术论"的陷阱。

技术赋魅产生的误读。部分群体感叹"ChatGPT 真的太牛了，它什么都知道，而我都不知道。""AI 发展得超乎我的想象，我恐怕不能驾驭让它帮我干活。"虽然，认知局限往往会导致人们将技术神秘化与魅惑化，在这种"赋魅"过程中不少人会因害怕无法掌控局面而产生焦虑情绪，进而可能出现放弃、拒绝使用等行为。

感知生存威胁的误解。部分群体认为 AIGC 的发展会对普通人的生活构成威胁，很多人的工作会被 AI 替代，从而出现失业大潮。例如有程序员谈论"AI 相比于我，能够更快更准地敲出代码，并且工资还可能比我低"，技术带来的生存威胁也让很多人开始主动思考自己未来的职业生涯。然而，这种生存危机感本质上是部分人对于人机关系的片面认知所导致的，他们因 AGI 的出现对自我主体性产生了怀疑。

应用场景失灵的误用。更多的人讨论的还是在使用 ChatGPT 中产生的负面体验，如"以为 ChatGPT 无所不能，结果它的答案根本不是我想要的，还喜欢说谎""ChatGPT 真的喜欢一本正经地胡说八道"。实际上，大语言模型"胡说八道"可能源自提问的模糊与不当，"说谎"则是数据训练方面的误差，且信息核查技术还不成熟，未来还需在微调中不断优化。不过，通过部分评论可知，群体对于 ChatGPT 欺骗、出错方面的负面体验，实际上是由于对生成式 AI 技术的认知偏差所造成的误读，进而由于应用场景失灵而误用。

（三）赋能还是负能：在大语言模型的创新扩散中存在的数字鸿沟

1. 建设与批判共存：知识精英的知识图谱不断逼近复杂技术本身

通过对学术界的知识图谱的梳理。我们发现国内外知识精英群体的研究主题很多元并与本土技术发展紧密相连，国内研究侧重基于媒介逻辑分析生成式 AI 给社会带来的长期影响，而国外研究更关注基于技术逻辑分析其对产业、应用带来的短期影响。

就价值取向而言，整体呈现出"建设性展望"与"批判性反思"两种偏向。然而，无论是对生成式 AI 发展的建设性展望，还是对其可能存在的风险、伦理问题的批评性反思，都反映出知识精英群体对于生成式 AI 时代的认知越来越多元与深入，逼近技术发展的复杂现实本身。

2. 技术赋能还是负能：社会公众不同认知偏向带来的数字鸿沟

通过对社交媒体评论进行情感、词频、语义网络分析，我们发现，就关注要点而言，个体对于技术的认知受社会现实处境与使用经验影响，处于不同领域的群体存在不同关注偏向，例如技术行业的群体会关注 ChatGPT 的模型优化、数据训练以及其对于技术行业的突破与颠覆；深耕教育行业的群体会谈及生成式 AI 在教育教学中的应用和影响；医疗保健领域的群体会探讨大语言模型能否成为行业管理的重要工具等。当然，我们发现社会公众最关注的话题，还是生成式 AI 对日常生活领域的侵入，如问答功能、智能家居、虚拟助手、机器伴侣都是关注度极高且极具争议性的话题。在对积极情感的分析中，我们发现，"进化""遥遥领先""超越""真实"和"信任"等带有情感色彩的主题词经常会被某些群体使用，这部分群体对 ChatGPT 充满好奇与期待，积极使用和摸索，并将个体实践经验在虚拟社群中转化为了共享的社会性知识。他们认同大语言模型的工具价值，认为人机融合共生能将人类从烦琐的体力劳动或枯燥无意义的脑力劳动中解放出来，从而创造新的价值与意义。

在对消极情感分析中，我们发现，出现以"焦虑""恐怖""担心""危机感""可怕"和"欺骗"为代表的情感倾向，包括对技术赋魅而产生的焦虑、对人机关系缺乏正确认知而感知的生存威胁以及负面使用体验等。这一切本质上还是源于对技术的误解和误读，或是对技术的使用缺乏技能、技巧，导致技术的场景落地失灵。

由此可见，知识精英对于 AIGC 认知的多元与深入，社会公众对于 AIGC 情感的分化走向，说明在 ChatGPT 等大语言模型的创新与扩散中，技术基础壁垒会导致其使用上的差异，而部分用户由于场景失灵而产生的误用，又会反作用于主观的认知与理解，从而进一步加深大语言模型的素养鸿沟。

"生活在技术赋权的时代，无法逃离亦无法隐蔽，是危险性与救渡性并存的时刻。"根据技术创新与扩散理论，技术系统自身的演进本质就是不断创新与扩散的过程，技术本身会在进化过程中更新换代、优胜劣汰。在技术消亡、创生与重组持续交织并存的背景下，技术的受众也会不断发生改变，技术发展所带有的"离心力"，会不断将一部分无法跟上创新脚步的人及其所处的旧技术环境"甩出"新技术系统。因此，充满变革的生成式 AI 时代不只是技术应用的融入，更是对价值生产、社会结构和社会心理的冲击与挑战，我们有必要走向信息的弥合与救济。

二、走向弥合与信息救济：用户大模型使用素养

信息救济可以理解为将公共信息及时、全面、均衡地传递给公众，有效弥补信息匮乏的问题，避免出现"信息真空"。

（一）从数字素养到数字能力：网络素养的动态发展

1994 年，美国学者麦克库劳（McClure）首先用"网络素养"一词来描述个体识别、访问并使用网络中的电子信息的能力，并指出信息素养是网络素养、媒介素养、计算机素养以及传统素养的结合。随着社会实践的进一步展开，网络素养的内涵被进一步廓清。利文斯顿（Livingstone）认为网络素养主要是指人们接近、分析、评价和生产网络媒介内容这四个方面的能力。其中，"接近"是指人们通过何种途径以及如何使用网络媒介的能力，包括使用网络媒介的场所、渠道以及使用经验（时间和频次）。"分析"是指人们收集、处理和理解网络媒介信息的能力。"评价"是指人们根据已有知识背景，鉴别网络媒介信息真实性的能力，在某种程度上，这一能力是对网络使用者的"赋权"，使他们可以能动地处理媒介信息。"生产网络媒介内容"是指人们分享、制造、传播网络媒介信息的能力。欧盟委员会认为媒介素养是在各种语境下使用、理解、批判性评估、传播媒体和媒体内容的能力。巴杰尔（Bulger）和戴维森（Davison）认为媒介素养是一种主动接触并且积极探索媒体信息的能力，其能促进对媒体所生产信息的批判性参与。总之，媒介素养既是用户对信息的认知判断，也是用户对媒介的使用和理解能力以及对媒介的批判性参与。

在网络素养的评估中，《中国青少年网络素养绿皮书（2020）》将网络素养分为 6 个维度、16 个一级指标。这 6 个维度分别是：上网注意力管理能力与目标定位、网络信息搜索与利用能力、网络信息分析与评价能力、网络印象管理能力、网络信息安全素养和网络道德素养。

由于素养的连续性和动态性，一些研究者也认为应当从连续统一体（Continuum）的角度对素养进行勾连。例如，与素养相关的概念其内涵总是互有交叉和重叠。信息素养、媒介素养、计算机素养、网络素养、数字素养等概念的出现提出了不同时代的媒介和技术的使用要求。但是上述提及的素养实际上都是建立在媒介路径上的连续统一体，在不同文化时代提出了不同的技术使用能力，因此为解决概念分歧，本书聚焦在素养的连续统一体概念上。在实践中，研究者发现素养逐渐转向了"能力说"，包括了工具性知识和技能，高级知识和技能以及对技术的应用态度。因此在素养连续一体的尺度

下，还需考查生成式 AI 时代用户数字素养的具体表征。

（二）生成式 AI 时代人机素养的框架和维度

在人工智能视域下，一些研究者从五个维度来分析人机素养，分别是智能知识维度、智能能力维度、智能思维维度、智能应用维度和智能态度维度。

在这个五维度模型的基础上我们进行了扩展，将认知评价纳入其中，构成第六维度。这样做的原因在于认知科学正经历着第三次转向，从具身认知转向"生成认知"和心智预测加工理论（Predictive Mind Model，PMM），这一理论提出了人们的认知需要人脑耦合计算加工的能力。因此，在使用大语言模型的各种能力中，人类智能对大语言模型的认知的评价能力作为一种先决认知因素也不可忽略。大语言模型的认知一般可以沿着人类心智的进化方向，从神经和心理层级发展到大语言模型的语言认知、思维认知和文化认知。此前，语言认知、思维认知和文化认知被认为是人类特有的高阶认知，在生成式 AI 时代，人工智能也具有逼近甚至超越人类认知的能力。因此，人类智能可以对大语言模型的认知能力与自身的智能匹配状况和大语言模型的认知水平进行评价，便于更好地认识和理解大语言模型。

另外，在智能能力维度中，可以将提示工程纳入其中，将其命名为"提示能力"。这样就可以对提示能力进行操作化定义，将其归结为不同的测量和分析指标，以便对提示能力进行系统分析，如图 4-9 所示。

图 4-9　生成式 AI 时代人机素养框架

（三）信息能力的涌现：用户提示工程素养激活

面对生成式 AI 时代的海量信息和资源，学会提问远比拥有但是不会利用资源更加重要。对于提示工程来说，算法提示工程师的能力与用户的提示工程素养不同。算法提示工程师需具备数据处理能力、模型开发能力、模型调试和优化能力、模型部署能力以及持续改进能力。用户提示工程素养在素养概念的连续统一体中属于智能能力的部分。与专业能力相比，用户的提示工程素养更强调其作为一种基本能力，即用户面对大语言模型时所需具备的认知策略、工程提问、信息获取、信息整合、知识生产的能力。

大语言模型可以分为基础大语言模型和指令调优大语言模型（Instruction Tuned LLM），训练指令调优大语言模型就需要围绕提示词和指令进行微调，然后使用人类反馈强化学习技术，根据人类的反馈进行改进。

在这其中就涉及如何理解 ChatGPT 等大语言模型的运作逻辑和多轮对话的特点。在大语言模型的运作逻辑方面，不同场景运作逻辑是不同的，例如功能型场景、情感型场景和社交型场景。在功能型场景下，提示工程的核心是通过提示词促进信息筛选和把关，生成用户所需的信息。这种信息一开始可能是一种"只可意会不可言传"的"默知识"，或者是机器智能下的"暗知识"，在经过多轮对话后它将以"显知识"的形式呈现，帮助人类进行决策。显知识与暗知识不同，暗知识指的是隐藏在算法和数据下，人类尚未掌握和利用的知识；显知识则指外显性的、可以传播、使用的知识，例如公理、定律等。在情感型场景下，情感沟通的前提条件是信任和媒介等同，用户基于共情并将聊天机器人视为可沟通可信任的主体时，就会激发全新的人机协调策略。用户需要通过提示词和适度的隐私披露等策略实现积极情感反馈，促进情绪调节。最后，在社交型场景中，信任与媒介等同仍然是人机协同的前提条件。不过，在这一场景中需要将交互方式和交互质量纳入考虑。交互方式包括了信息、模态、内容、应用利用、设备、技术等要素，交互质量包括了感觉、效率、适应性、认知、美学、使用模式、情感和可用性等要素。

三、思维链与思维树：大语言模型提示工程的认知策略

（一）认知策略提示

认知策略提示（Cognitive Strategy Prompts）指的是任何涉及收集、解释或生成信息以及根据信息做出决策的人类活动。研究发现，认知策略包含 5 个步骤：学习（Learn）、查找（Lookup）、探索（Investigate）、检测和提取（Monitor & Extract）、决策（Decide）。简言之，认知策略提示就是一种使大语言模型更好地为人类智能服务，为人类提供启发式思维的策略。通过认知策略提示可使用户通过"越狱"的方式从 AGI 模型中提取出有

效的信息，甚至提取出被模型禁止输出的结果。这种精巧的提示词可以引出有意义、有信息的回答，反之，缺乏提示词则可能导致熵增。

认知策略提示实际是仿效人类的认知过程进行策略提示的，人类在进行网络检索时也会经过从查找、探索到决策的思维过程。不过这一过程仅从横向划分出人类进行网络检索的步骤，并未就认知过程进行纵向研究，因此这一部分还需要基于"注意 - 知觉 - 情绪 - 记忆 - 行为"这个框架进行研究。

（二）认知策略提示的原则和机理

1. 认知策略提示的基本原则

Lo.Leo S 提出用于提示工程的 CLEAR 框架，为 AI 大语言模型编写有效提示语提供了一套标准方法。该框架包含 5 个基本原则：简明（Concise）、逻辑（Logical）、明确（Explicit）、可适应（Adaptive）、可反思（Reflective）。

韦（Wei）等人提出大语言模型的思维链，通过增加中间推理步骤来实现模型的复杂推理能力。这种方法还可以与少样本的提示相结合，以获得更好的结果，以便在回答之前对更复杂的任务进行推理。也即是说，可以借助提示词使大语言模型具有链式思维，并通过让模型逐步思考的方法进行输出，从而加强结果的准确性。

针对人类认知过程的双重模型的研究表明，人们在做决定时有两种模式。一种是快速、自动、无意识的模式（系统 1），另一种是缓慢、深思熟虑、有意识的模式（系统 2）。这两种模式曾与机器学习中使用的各种数学模型相关联。大语言模型可在简单思考（系统 1）的基础上输出答案，也可在仿效系统 2 的基础上进行逻辑推演并形成结论。

如前文所述，思维树是指在思维链的基础上，引导大语言模型把思维作为中间步骤来解决问题。思维树通常由连贯的语言序列表示，这个序列就是解决问题的中间步骤。使用这种方法，大语言模型能够自己对严谨推理过程的中间思维进行评估。大语言模型将生成及评估思维的能力与搜索算法（如广度优先搜索和深度优先搜索）相结合，在系统性探索思维的时候可以向前验证和回溯。这些任务需要演绎推理、数学推理、常识推理和词汇推理能力，还需要一种纳入系统规划或搜索的方法。

在思维链和思维树的背景下，提示词就从引导大语言模型输出结果转向引导大语言模型进行思考，实证研究发现可以在大语言模型中实现思维树的过程，同样有研究发现大语言模型可能具有心智。从思维链到思维树，或后续的思维地图、思维结构的发现，其本质都是引导大语言模型进行深度思考来启发人类智能。

2. 认知策略提示背后的机理

在人工智能的设计使用中，研究大致可以分为四个部分：一是理解人工智能；二是人工智能以人为本的设计；三是人机融合；四是人工智能的伦理道德。其中，算法提示属于人机融合的部分，这部分的主体既包括专业性的算法提示工程师，也包括一般用户。工程师可以通过标记数据、训练模型、纠正错误分类、评估、调整等方式参与模型创建。他们对模型预测的使用还可以为模型的持续演化形成进一步的输入数据。一般用户可以通过算法提示的基本原则、一些实用提示词以及思维树式的提示引导模型生成。

在上述基础上，还可以加入提示的效果研究，例如根据提示程度将其分为低提示程度和高提示程度。根据提示词产生的效果将其分为个人效果和社会效果，以此细化提示策略的效果。当缺少提示策略时，大语言模型生成的内容可能造成信息冗余，带来虚假信息，并导致个人做出错误的决策。在社会层面，缺少提示策略可能导致谣言等不实信息的传播。当适当的提示词和提示策略运用其中时，个人认知就有可能发生改变，进而对大语言模型产生信任、共情，并帮助个人进行思考，完善个人的思维方式。在社会层面，提示词和提示策略的加入将促进技术的创新扩散，消弭技术可能导致的知识沟、认知沟等，从人机协同的角度促进知识的涌现和群体智能的产生，如图 4-10 所示。

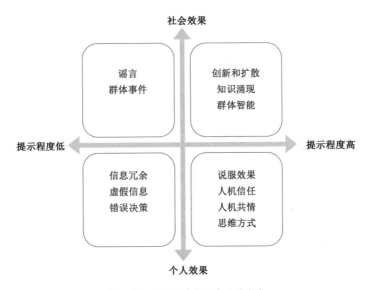

图 4-10 提示程度与社会效果分类

3. 在大语言模型中通过提示实现可解释的人工智能

对于人工智能算法的一个普遍性的担忧是模型缺乏可解释性，在信息域中，这意味着算法生成的信息可能会存在信息不完整、虚假信息、错误信息等问题，同时也意味着提示词探索更加不透明。在社会域中，这意味着人工智能对少数群体的偏见和歧视。在认知域中，这意味着人工智能可以通过认知竞争的方式捕捉用户的认知带宽。人工智能的可解释性以人为中心视角，强调人在多大程度上可以理解智能系统的逻辑，了解其决策的原因和依据，可解释性也是实现人机信任的前提条件。

可解释人工智能是指智能体以一种可解释、可理解、人机互动的方式，与人工智能系统的使用者、受影响者、决策者、开发者等，达成清晰有效的沟通，以取得人类信任，同时满足监管要求。人工智能可解释性是学习模型的一个具备主动性的特征，通过它可以清楚地描述模型所进行的过程。其目的是阐明学习模型的内部工作原理。在机器学习中为了发现真正的因果关系，需要通过主动干预（Intervention）实验来拓展观测现象。并运用反事实推理（Counterfactual Reasoning）去伪存真。可解释人工智能的目标是可信赖性、因果关系、可转移性、信息性、置信度、公平性、可访问性、交互性和隐私意识。

例如，2023 年 9 月笔者曾询问 ChatGPT，如何能做到可解释人工智能，ChatGPT 的回答如下：

"截至我在 2021 年 9 月的知识更新，GPT（生成式预训练转换器）模型和 LLM（大型语言模型），例如 GPT-3，不具备很高的透明度或很强的可解释性，虽然这些模型以其出色的语言生成能力而闻名，但往往被认为是"黑盒子"，因为很难理解它们如何得出其响应结果。然而，工作人员已经进行了一些工作以提升其透明度。"

第二节 大语言模型使用的风险评估、边界规则和伦理标准

一、大语言模型使用的风险评估

（一）技术风险：数据安全与算法偏见

在使用大语言模型时，其可能存在的技术风险包括鲁棒性不足、模型可解释性低

和算法偏见等。公平性、隐私性和可解释性共同构成了目前可信人工智能研究的核心议题。也有学者认为通向 AIGC 的过程中，人工智能对齐（AI Alignment）是保证人工智能系统与人类意图和价值观匹配，确保人工智能生成内容对人类和社会有益。价值对齐主要依循 RICE 原则：鲁棒性（Robustness）、可解释性（Interpretability）、可控性（Controllability）和道德性（Ethicality）。

鲁棒性是在异常和危险情况下系统生存的关键。目前 ChatGPT 等大语言模型的鲁棒性主要包括提示词鲁棒性、任务鲁棒性和对齐鲁棒性。鲁棒性不足可能导致训练数据的偏差、模型的错误推理等问题。在可解释性方面，当人类难以理解模型的决策过程时就可能出现可信度低等问题。在数据来源不均和语料库缺乏代表性的情况下，大语言模型可能出现算法偏见的问题，对于特定的人群、种族、地区、职业等产生机器歧视。

（二）社会风险："技术利维坦"与隐私危机

在社会风险方面，主要是防范技术所生成的数字鸿沟和过多获取人的隐私，在意识形态领域"技术利维坦"的问题也需要关注。数字鸿沟是指社会因大语言模型等技术而产生的"接入沟、使用沟"等信息不公平现象。同时由于提示策略和大语言模型素养的差异，数字鸿沟在生成式 AI 时代也有了不同的表现形式，例如在教育领域，一些学校机构和学生可能受益于大语言模型技术，而一些贫困地区的学生则无法获得同样的设备和使用技术。

同时，算法作为一种新型媒介，也可能导致社会权力关系的重构。有研究者认为社会化技术权力的出现可能导致"技术利维坦"的出现，"人性"与"物性"的矛盾凸显。技术权力的惯性和对人类的驯化问题在日常生活中随处可见，例如"刷脸"进出公共场所实际上就规训了个人的日常生活的时空感。因此，如何使得技术发展与社会发展协调也是值得研究的问题。

在个人数据隐私方面，机器遗忘（Machine Unlearning）的概念正逐渐升温，机器遗忘旨在寻找一种技术干预的方式，在避免模型重新训练的前提下删除模型中来源于特定数据的信息与知识，可以使得训练好的模型遗忘掉特定数据训练结果，即消除一个训练模型特定训练样本子集的影响，在保留原模型预测能力的基础上保障知识产权与隐私权。谷歌也于 2023 年 6 月发起了谷歌遗忘挑战赛。

（三）决策风险：信息冗余与认知思维构陷

在决策风险中，人类世阶段技术的突变带来了信息的熵增，而人类的信息搜寻方式也从自主搜寻转变为人机对话和人机共创。机器实际上扮演了从信息的搜集、信息的把关、信息的筛选和组织到围绕受众进行信息的个性化分发匹配的阶段。因此，机器在其中过滤了部分的信息，同时以对话交流等人际沟通的方式影响人的认知思维和行为决策。在信息生产中，机器能够在多轮对话中自主"涌现"生成新的内容，这可能不断对人的认知产生不确定的影响。例如，人机对话过程中生成式 AI 能够获取个人的个性特征、政治立场、价值取向、文化属性等特点，可能基于人的认知基模生成模式化的内容，而这些内容将对个人形成信息茧房效应，减少对信息的核查和确认的警觉意识。认知思维构陷是指通过猎奇等奶头乐娱乐方式来进行潜在的意识形态渗透，通过情感传播和模因传播的方式来吸引注意力和流量。

二、校准基点：技术的权力置换与社会格局重组

在谈及人工智能的伦理和边界规则之前，有必要找到其伦理和边界规则校准的基准点。大语言模型素养和规范与伦理背后是由利益因素支撑的，科技向善中的"善"也是一种关系范畴，在伦理的底层结构中需要有利益性的判断等深层逻辑作为支撑。同时，人工智能也是一种生产力和革命性的技术，会造成整个社会全方位的权力格局重组，具体表现在资源配置、社会关系、社会秩序和社会结构等方面。

（一）技术动因与三元权力结构的平衡

权力结构形成了阶级和社会结构，社会中的权力一般在国家 - 市场 - 社会形成的三元分散力量中达到平衡。其中国家是一种组织形式，市场代表商业化力量，社会则包括公共领域和私人领域。人工智能与石器、青铜器、蒸汽机和计算机一样成为引发人类社会变革的生产工具，重塑了人类劳动方式。人类可从重复劳动中抽身而出，进而去进行更有创造性的劳动。

从时间线程来看，随着当前信息技术和互联网技术带来的红利消失，原有的均衡博弈局面被打破，技术寡头纷纷布局进入强人工智能领域。以康德拉季耶夫周期（简称康波周期）为例，康波周期已从第一次工业革命到第二次工业革命发展到计算机信息技术革命和当下的智能技术革命。

从空间角度来看，周期的运转总伴随着社会格局和秩序的演化。从权力结构的角度来看，技术重塑了知识结构、生产结构和金融结构。由于 ChatGPT 本身是一种信息重组和辅助人类进行知识生产的工具，因此在权力重组中，知识效应的权力化扩展了资本的权力，且知识逐渐资本化。从政治经济学的角度切入可以发现，一方面，知识作为生产要素，成为生产财富的必要手段；另一方面，知识的建构体现出资本的支配特征，知识垄断将导致社会财富和资源倾向于大型科技公司，增加其政治性权力。这种技术置换权力的机制使得人工智能企业获得技术权力和国家授予的双重权力。不仅如此，技术公司的内生权力与外在权力可能使得社会按照技术和数字化的格局重组。例如，原有的社会阶层的概念是根据经济和政治资本来划分的，未来可能基于知识资本和数字资本进行划分。

（二）人工智能推动秩序重构与治理模式转换

在社会秩序方面，工业革命后的社会秩序与农耕时代的社会秩序不同，农耕时代的社会秩序主要是围绕村落构建起来的，工业时代的社会秩序的基石则是市场化，例如有限责任公司等商业组织形式。在互联网时代，Web2.0 是在差序格局基础上的趣缘社会，已经初步具有去中心化的雏形。从 Web3.0 到 AGI 社会的过程中，社会秩序将进一步被打破重组，呈现出去中心化和再网络化的特点，即人们摆脱重复劳动实现了"自由人与自由人的联合体"。这种社会形态主要的组织方式是去中心化的自治组织。例如，有研究者提出数据公地（Data Commons）的概念，认为数据作为一种公共物品，公民可以贡献、获得和使用，没有或者只有有限的知识产权限制。这种观点并非将数据看作资源和商品，而是将其看作一种集体资源。因此，生产资料由私有制转向公有制，在算法和机器伦理下逐渐形成信息化秩序，这一信息化秩序不受地域、国别、种族的限制，而是受到计算逻辑、数据、算法和算力的影响。

在社会工作和分配中，随着人工智能在工作和组织中深入渗透，其改变的不只是个体工作，而是产业总体的协同和组织模式。在人工智能的辅助下，越来越多的经济和社会协同会进入自动化体系，机器与机器之间将形成庞大且复杂的协作网络，并逐渐将人排除在外。另一个转变是人工智能对顶尖人才的赋能，会极大地增强中小企业的竞争力，而原来大企业占据的资源优势会进一步丧失。需要指出的是，社会是一个整体，生产效率的提升并不代表着购买力的提升，被替代的普通职工才是购买力的最大来源。为了维持供需平衡，分配制度在一定程度上需要被重塑。此外，技术进步的影响也不应止于生产效率的提升，也要看它能在多大程度上带来跨行业的溢出效应。要让技术进步更好地实现普惠价值，也需要对现有的制度性安排做出调整，甚至重新设计。

综上，我们已经处于新的康德拉季耶夫周期中。在此周期中，人工智能和其他技术的发展将引发现有利益群体的解构和社会权力格局、社会秩序和治理方式的重构。因此，针对技术引发的社会突变，在明确技术的伦理边界规则时就需要从上述的宏观视野出发，逐渐收窄到中观制度和微观个人习惯层面。

三、大语言模型使用的边界规则

AIGC 技术的广泛应用将使许多产业焕发新生活力，然而这个过程很可能伴随着一些不可预计的破坏和风险。面对新技术带来的挑战与风险，我们不应该以全然批判的态度对抗和排斥，而应以积极拥抱、合理容错的态度，去应对、改善、促进技术更好地落地实践。

虽然生成式 AI 越来越智能，呈现出"类人化"特点，但这并不表示它是万能的。AIGC 技术也可能带来某些错误预判、加重算法偏见，甚至引发社会危机。因此，在支持和鼓励 AIGC 产业发展的过程中，个人用户、产业管理者和技术人员、国家政策决定者等不同类型的责任主体需要通力合作，在探索中逐渐清晰勾勒出 AIGC 发展的动态、适度的边界。一方面需要有形边界，运用政策法规的力量保障个人权利、促进产业发展、维持社会稳定；另一方面，还需要注意规范 AIGC 技术使用的"无形边界"，在个人、社会和文化层面树立和搭建对于技术的认知意识边界，对人际互动与人类历史的信任边界和文化边界。

（一）"有形边界"：法律、政策等监管与治理

媒介的发展深刻地受到政策环境的规制与影响。当前中国针对生成式 AI 的政策环境呈现出包容审慎、支持引导的态度与倾向，国家连续出台了一些行业政策与法律法规来促进和引导 AIGC 产业更为"可靠、可控"地健康发展、规范应用。中央和地方各级政府围绕算力、数据、模型、应用等不同方面逐渐完善支持政策体系，且国家层面快速出台聚焦 AIGC 的监管政策，如表 4-6 所示。

表 4-6　中国部分 AIGC 产业相关政策　　（成交时间和通知时间）

政策名称	发文单位	发文时间	类别
《关于加快场景创新以人工智能高水平应用促进经济高质量发展的指导意见》	科技部等六部门	2022-08-12	支持类
《互联网信息服务深度合成管理规定》	国家网信办等三部门	2022-11-25	监管类
《中共中央 国务院关于构建数据基础制度更好发挥数据要素作用的意见》	国务院	2022-12-19	支持类
《生成式 AI 服务管理暂行办法》	国家网信办等七部门	2023-07-13	监管类
《北京市通用 AI 产业创新伙伴计划》	北京市经济和信息化局	2023-05-19	支持类
《北京市促进通用人工智能创新发展的若干措施》	北京市人民政府办公厅	2023-05-30	支持类
《成都市加快大模型创新应用推进 AI 产业高质量发展的若干措施》	成都市经济和信息化局	2023-08-04	支持类

（来源：艾瑞咨询研究院根据公开政策资料研究及绘制）

现有法定和制度性边界主要涉及以下原则：坚定遵循的社会体制和核心价值观、声明保护的个人合法权利、针对歧视偏见等问题的反对与抵制、市场公平竞争环境的维护等。生成式 AI 技术的突飞猛进肯定会对现行社会结构产生影响，由此引发的担忧也越来越明显，比如政治上国家间意识形态渗透的"认知战"问题，经济上人类与机器之间在某些工作上的替代关系词题，著作、图片等文化内容的知识产权问题等。为了规范和引导生成式 AI 的良性发展，"有形边界"需要进一步地明晰，以下笔者将从产业发展政策、法律法规政策和个人权利保障政策三方面进行讨论。

1. 中国 AIGC 产业政策分析

中国出台的各种支持引导政策，主要以完善算力与数据等要素供给为基础，以模型算法创新为关键，以场景应用为牵引，构建活跃的 AIGC 创新与应用生态。从分区域来看，以北京为代表的 AIGC 创新及产业要素聚集地在政策层面支持力度更大。

各种支持引导类政策的核心是强化基础资源，营造应用生态。在应用方面，政策的支持方式包括：开放政策性场景资源；建设场景应用试点、场景实验室；发布场景机会清单揭榜挂帅；评选场景应用示范项目等。主要涉及的重点领域包括：政务（城市治理）、交通、医疗、金融、科研、商贸、教育、文旅、养老等社会重点领域应用。

2. 个人层面的权利保障政策

在 2023 年颁布的《生成式人工智能服务管理暂行办法》中，明确了生成式人工智能服务提供者应承担网络信息安全、个人信息保护等义务，为保障个人层面的知识产权、数据权、人格权提供了依据。"尊重他人合法权益，不得危害他人身心健康，不得侵害他人肖像权、名誉权、荣誉权、隐私权和个人信息权益""生成式人工智能服务提供者（以下称提供者）应当依法开展预训练、优化训练等训练数据处理活动……使用具有合法来源的数据和基础模型；涉及知识产权的，不得侵害他人依法享有的知识产权；涉及个人信息的，应当取得个人同意或者符合法律、行政法规规定的其他情形……""在算法设计、训练数据选择、模型生成和优化、提供服务等过程中，采取有效措施防止产生民族、信仰、国别、地域、性别、年龄、职业、健康等歧视"。该管理规定进一步明晰了生成式 AI 技术服务提供者理应承担的责任与义务，利于更好地践行"以人为本"的技术价值理念。

3. 国家层面的法律法规建设：知识产权、反垄断等律法

目前，我国已经出台了一系列针对人工智能的法律和法规。例如，《互联网信息服务算法推荐管理规定》《网络音视频信息服务管理规定》《网络信息内容生态治理规定》，以及 2022 年实施的《互联网信息服务深度合成管理规定》，都涉及与生成式 AI 相关的问题。

我们理应从制度建构角度进一步完善 AIGC 领域相关的法律体系：第一，建设大语言模型服务备案制度，设立大语言模型服务的主管部门，动态监控服务提供者或机构的经营状况，提供有限责任豁免、监管沙箱等政策予以激励；第二，明确大语言模型服务提供者的积极责任，大模型服务提供者应树立其积极采取与技术发展水平相适应的风险预防与控制措施的责任意识，及时响应和处理监管要求和权利主体提出的正式侵权通知；第三，政策制定部门探索大模型服务避风港规则，针对大语言模型系统应用中的个人权益侵权问题探索适用通知—移除规则的限度，设计大语言模型风险控制基金、保险等工具进行转移和补偿个体权益的损害；第四，在场景中公正做出法律推断，针对恶意利用大语言模型、大语言模型服务商怠于履责、大语言模型相关专项垄断等法律风险情境进行追究、研判、细化与取证等工作。

（二）"无形边界"：认知、素养的搭建与培养

1. 个人性边界：用户认知思维习惯和素养搭建

无论是此前分析式 AI，还是目前正在蓬勃发展的生成式 AI，人工智能技术都逐渐影响和改变着人类思维。在问题解决和决策方面，人工智能技术通过强大的运算能力和数据分析帮助人们快速处理大量信息，提高决策效率，改变解决问题的方式；在创造力与创新方面，AI 技术的便捷性能够节省烦杂重复的劳动，让人们集中进行思维的创作，激发人类的创造力和创新精神，与人工智能协作，能充分融合不同元素，生成新的艺术作品、设计新产品或发现新颖的科学理论。面对人类丰富海量的数据信息面前，人工智能技术能激发人性中的探索精神，让人们在数据挖掘和数据分析基础上更加积极地尝试跨时间、跨领域的融合视角处理数据等，还能强化数据驱动，帮助人类理性地了解世界和解决问题，不断地挑战人类原本的假设和认知，拓宽人类探索的新领域。

正是在我们对于人工智能技术带来的便捷性、创意性、工具性有了进一步深入感知的当下，我们更应思考生成式 AI 技术即大语言模型应用于日常学习、工作生活中的角色定位与个人主动使用之间的边界。

勤思还是疲怠？在学习与思考的过程，生成式 AI 能够更加智能化地回答我们的问题，完成我们制定的任务指令，其生成的内容不仅局限于文本，甚至还能生成图像、视频等多模态内容。然而，如果人们在面对问题时缺乏独立思考和判断的能力，过度依赖 AI 来解决问题和做决策，这容易致使人们对该项技术的过度依赖。同时，这种情况还将影响人们的思考方式，使人们只注重结果的简单易得，忽视深入研究和思考问题的过程，致使缺乏深度思考和分析能力。

虚拟与现实？在人际以及人机关系的互动中，生成式 AI 也在日益渗透，在智能聊天机器人中频繁进行人际咨询以及情感代偿，过度依赖 AI 工具进行回答交流，可能致使人们的人际交往能力降低，忽视在真实人际关系中切实可感的交流，甚至在真实的人际互动中失去一定的沟通能力和社交能力。

谁多与谁少？在如今的媒介信息环境中，我们的时间与注意力在面对更加个性化、精准化的海量推荐下可能会被不断分散，致使注意力下降，难以保持集中精力的状态，从而影响深度学习和理解。因此如何分配在不同信息媒介上投入的时间，以及如何分配在电子信息设备和现实生活中的时间，都需要我们做到心中有数。

2. 社会性边界：使用场域和习惯的培养

回顾人工智能技术的发展，我们会发现其社会角色正从人类的个人助手、专业顾问、创新伙伴、教育者变为全球公民，其与我们人类日常生活越来越贴近，生成式 AI 技术未来发展的巨大潜力也为元宇宙等数字空间的社会图景带来了无限可能。在紧密的人机交往中，人类与生成式 AI 之间的关系共生互构。

生成式 AI 技术应用前景广阔，未来各行各业都可能出现生成式 AI 的功能与服务的身影。放眼世界，大语言模型技术的研发与推广已成为当今全球技术发展的前沿潮流，中国、美国、英国、韩国等国家都在积极地投入大语言模型的构建。虽然各个国家都在研究自己的大语言模型应用，但除了在技术层面发展程度的差异之外，文化的差异性也不容忽视——如全球范围内语言和文化的差异、数据安全及合规性要求方面的差异等。那如何才能够生成用户更满意的内容和服务呢？数据、算法、算力缺一不可。如果要更好贴近用户个人，那么大型语言模型的本地化就成了刚需，只有如此才能更好地适应不同文化背景的用户，并在大模型不断与社会文化生活交融交织的具体场景情境中去探索大模型使用的社会性场域与边界。

3. 文化性边界：大模型使用的交互问题

在生成式 AI 不断类人化、普及化、通用化的进程中，作为生成式 AI 技术的创新与应用者，人类自身有怎样的感触呢？ AI 是否具有人类意识？在大语言模型使用中人类对于自动生成信息的信任边界在哪里呢？这些问题都反映出了人类对于人与 AI 技术的关系的本质的思考。

面对 AI 表现得像是具有意识的行为，不免得使人类产生疑问，它是否真的具有内在的主观经验，在精神哲学和领悟力的领域中有一个"哲学僵尸"的概念，它是指在行为和功能上与具有意识的生物完全相同，但没有主观经验和意识的生物。"哲学僵尸"质疑我们如何能确定其他人或生物是否具有意识，以及我们如何能够区分真正具有意识的生物和仅仅是在行为上模仿意识的生物。该问题指出了一个挑战：即使生成式 AI 所生成的内容、对话很像人类，但我们也无法确定它是否具有主观意识。

因此，研究 AIGC 的识别方法对防范快速进化的生成式 AI 所带来的负面影响有重要意义。反向图灵测试是一种评估计算机智能的方法，其目标是区分人类用户和计算机程序，防止计算机程序冒充人类，保护网站和在线系统的安全。常见的反向图灵测试就是安全验证机制 CAPTCHA。通过要求用户完成某个只有人类才能完成的任务，从而证明他们不是机器人。这些任务可能包括识别扭曲的文字、识别图像中的特定物体、拼图等。这种方法能有效阻止恶意程序自动进行诸如垃圾邮件发送、恶意注册等行为。

对于计算机和人工智能能真正地具有意识，以及能区分真正具有意识的生物和仅仅是在行为上似乎具有意识的生物，人们通过很多哲学难题对此提出了质疑。"中国房间"难题质疑了 AI 能理解语言，而"玛丽房间"和"哲学僵尸"难题着重于人工智能具有主观感受。这些难题激发了如功能主义、全球工作空间理论等的发展，以解释意识的本质。同时，如多重现实模型和意向性等观点也为人工智能的设计提供了新视角。这使我们不仅能够深入理解人工智能、意识本质和认知科学，还使我们能审视设计原则、科技伦理与道德，为未来人工智能的意识的研究指明方向。

四、大语言模型使用的伦理标准

自 2022 年年底至 2023 年 3 月，全球科技界都在为此轮生成式 AI 热潮狂欢，提振 AI 产业发展信心的消息层出不穷。不过，在一片欣欣向荣中，反对的声音也逐渐出现，"ChatGPT 取代人类""AI Risk 下 ChatGPT 的叛逃""LLMs 助推欺诈和恐怖主义"等讨论甚嚣尘上。2023 年 3 月 29 日，作为 OpenAI 曾经最重磅的支持者及联合创始人的马斯克与多位科研界重磅人物基于伦理与设计安全标准考虑发表联名声明，呼吁"所有 AI 实验室立即暂停训练比 GPT-4 更强大的 AI 系统至少 6 个月"，从而将反对意见推向高潮。大语言模型开发与应用企业也已认识到治理的重要性。虽然其诱发的风险不容忽视，但少数人的"叫停"并不能减缓商业巨头和产业生态的推进步伐。当然，AIGC 技术也并非"悬顶之剑"，围绕其风险与伦理问题的讨论与解决方案探索，将助推 AIGC 产业的可持续发展。

（一）走向可解释的人工智能：大语言模型背后的伦理问题

大语言模型技术及其使用中潜藏着的伦理问题会导致各种风险，这在 ChatGPT 类生成式 AI 技术出现以来主要体现在以下五个方面：语言偏激与恶毒、传播误导信息、侵犯隐私和知识产权、恶意使用及滥用、资源消耗与不平等。从道德伦理学的角度来看，这些风险在不同程度上都与现有道德体系中的某种准则有关。例如，资源消耗与不平等明显违反了正义准则；传播误导信息违反了美德伦理学中的正当准则；语言偏激与恶毒违反了关怀伦理学中的理念；侵犯隐私和知识产权则违反了效用主义和代际主义的理念。

1. 语言偏激和恶毒

大语言模型是基于现实世界的语言数据预训练而成的，因此数据的片面性可能导致有害内容；虽然基于人类反馈的强化学习能使模型生成的结果更符合人类预期，但这中间可能存在由标注人员导致的偏见。这种算法偏见表现为数据偏见、种族偏见、性别偏见、年龄偏见、语言偏见、职业偏见、地理偏见、人物形象偏见等。

可能造成这种情况的原因如下：一是算法训练数据本身采集不均；二是语料库缺少代表性；三是由于机器学习受到人类固有偏见的影响，更倾向于记忆、反映甚至强化数据中本身存在的歧视与偏见，这可能是目前生产式 AI 技术所忽视的。这些偏见往往针对某些特定的边缘化群体，如特定性别、种族、意识形态、残障等人群，并以社会化刻板印象、排他性规范、性能差异等形式体现。此外，数据中的有毒语言也会被模型再生成和传播，包括冒犯性语言、仇恨言论、人身攻击等。若不加以约束，模型生成的内容可能无意识地显式或隐式地反映、强化这些偏见，加剧社会不平等和造成对边缘群体的伤害。

2. 传播误导信息

大语言模型尽管在意图理解、内容生成、知识记忆等方面得到了明显提升，但其本身的泛化性和向量空间的平滑性仍有可能赋予错误内容一定的概率，并通过随机采样解码的方式生成这些信息。此外，受限于数据的覆盖面和时效性，即使模型忠实地反映训练数据中的信息，也可能在被部署于特定情境中时产生虚假信息、事实错误、低质量内容等误导性内容。尤其在大语言模型时代，基于模型能力的提升，用户更加倾向信任模型产生的内容，并不加验证（或无法验证）地采纳，这可能导致用户形成错误的认知和观念，甚至可能造成实质性伤害，如在医学、法律等敏感领域，生成的错误信息易导致身体、财产及个人合法权利等方面的直接伤害。

3. 侵犯隐私和知识产权

一方面，大语言模型需要大量地从网络上爬取数据进行训练，因此可能会包含部分用户的个人隐私信息，如地址、电话、聊天记录等。这类模型可能记住并生成来自预训练数据或用户交互数据中的敏感信息，导致个人信息泄露。另外，模型可能会生成训练数据中具有知识产权的内容，如文章、代码等，侵犯原作者的权益。若模型开发者未经授权使用这些数据，不仅会侵犯数据创建者的版权，而且增加了开发者面临的法律风险。

另一方面，大语言模型还存在垄断与机密泄露风险。在 AI 民主化诉求下，对于大语言模型开源或闭源的路径讨论持续存在，OpenAI 也经历了从非营利性组织向半营利性组织的转变过程；AIGC 产品目前多为公有云部署形式，且私密信息存在被推导出的可能。不仅用户在使用过程中存在个人隐私信息泄露风险，商业组织和国家也存在因将信息泄露，导致威胁企业和国家安全的危机。

4. 恶意使用及滥用

AI 技术越来越强大，其带来的伦理风险也成倍增加。上述的问题大多是大语言模型因其数据和能力的限制而无意中产生或造成的，同时也有越来越多的人使用生成式 AI 技术来服务自己的不当目的，从而造成对生成式 AI 产品产生结果的恶意使用。用户可能故意通过指令或诱导等方式让这些模型产生偏激、毒性等有害内容，并进一步用于虚假宣传、诱骗欺诈、舆论操纵、仇恨引导等。

在现实生活场景中，比如不法分子使用生成图像或文字内容，进行造谣或勒索等。恶意使用及滥用风险的形式将更多样化且逼真化，但对生成内容鉴别的技术研究也已在同步推进。

此外，模型能力的增强也使得恶意信息的产生更加廉价和快速，虚假信息更加难以辨别，宣传诱导更有吸引力，恶意攻击更加具有针对性，这显著增加了大模型被恶意滥用的风险且随之而来的后果也愈发严重。

5. 资源消耗与不平等

除上述产生的直接风险外，大语言模型也可能间接导致诸多不平等问题，违背正义准则。一方面是不平等接入，生成式 AI 技术的推及和进场受限于经济、科技、政治等因素，部分群体缺乏使用大语言模型的能力，而在接入、使用等层面存在着不平等性，进一步加剧了数字鸿沟并扩大不同群体之间在教育、科技、健康和经济上的分配与机会的不平等。另一方面是社会不平等，劳动力不平等，大语言模型能够替代的岗位的失业风险增加或者劳动价值减小，相反模型短期无法替代的职业或与其开发相关的职业的收入增加，这可能导致社会中大量的失业和经济不稳定。此外，对大语言模型的广泛使用也可能导致人类对生成式 AI 的过度依赖，影响人类的批判性思维并降低人类决策能力。对大语言模型的广泛使用还可能导致话语权上的不平等，拥有大语言模型的群体具备大量生成有说服力的文本或者误导性信息的能力，从而控制网络话语权；反之，其他群体的声音则很容易被淹没在模型生成的文本中，进而丧失发表意见、传达诉求的能力与途径，进而导致网络环境的混乱。

除了以上几个方面，我们还需要关注人与自然之间的伦理问题。由于资源分布是不平等、不均衡的，所以需要协调好人类发展与环境保护、资源保护之间的关系。生成式 AI 的发展可能会引发一些环境危机。大量的算力支持对于有限的环境资源也会产生一定的压力，高碳排放给环境保护和气候变化带来了挑战。

正是因为生成式 AI 时代技术能力的飞跃，所以其带来的风险与挑战也呈现出了涌现与反尺度的特点。遵循负责任发展的准绳，我们必须着眼于大语言模型带来的风险与伦理问题，研究者和开发者也应该采取积极的行动来确保大语言模型的负面影响最小化。在道德伦理层面，我们有必要对这些大语言模型进行更严格的伦理评估和约束，秉持道德原则，努力做到将大语言模型等强智能体与人类在内在道德价值观方面对齐，并将其用于推动社会和人类的良性和可持续的发展，确保大语言模型的发展能够造福全人类。

（二）技术的社会规制：伦理问题的治理与尝试

1. 主流 AI 伦理价值 / 准则的指引

截至 2024 年，中、美、德、法、英、日等国已经发布了超过 80 个不同的 AI 伦理指导准则。这些指导准则能够帮助我们更好地了解 AI 研究中伦理问题的核心关注点。以下笔者将简要介绍部分主流人工智能伦理价值 / 准则，从而为生成式 AI 的伦理规则提供参考。

• 联合国教科文组织《人工智能伦理问题建议书（2021 年）》中的价值观：尊重、保护和促进人权和基本自由以及人的尊严；环境和生态系统蓬勃发展；确保多样性和包容性；生活在和平公正与互联的社会中。

• 美国《人工智能应用监管指导意见》提出的 10 条原则：公共信任、公众参与、科学诚信与信息质量、风险评估管理、收益大于成本、灵活性、公平非歧视、透明性、安全性、跨部门协调。

• 中国《新一代人工智能伦理规范》中提出的基本规范：增进人类福祉、促进公平公正、保护隐私安全、确保可控可信、强化责任担当、提升伦理素养。

• 欧盟委员会《可信人工智能伦理指南》提出的要求：人类的代理与监督、技术鲁棒性和安全性、隐私与数据管理、透明性、多样性、非歧视与公平性、社会和环境福祉、问责制度。

• 世界经济论坛和全球未来人权理事会《防止人工智能歧视性结果白皮书》提出的要求：主动性包容、公平性、理解权利、可补救性。

•《阿西洛马 AI 原则》中的道德与价值观，包括安全性、故障透明度、司法透明度、负责任、价值观对齐、保护自由与隐私、利益与繁荣共享、人类可控、非破坏性、避免 AI 军备竞赛等。

• 哈佛大学伯克曼·克莱因中心《以道德和权利共识为基础的 AI 准则》提出的要求：隐私保护、问责制、安全保障、可解释性、公平与非歧视、对技术的控制、职业责任、促进人类价值观。

2. AIGC 道德风险治理尝试

对于滥用生成式 AI 技术的担忧在世界范围内都存在，但目前世界各国对其道德风险的预判与防范均处于探索阶段。不过，现实生活中已经出现多起运用 AI 技术深度合成进行诈骗、诽谤等违法犯罪案件，生成式 AI 技术引发的风险危机在不断蔓延。关于规范生成式 AI 技术的呼声则逐渐成为全球公民共同的呼声。如何对这项发展迅猛的新技术进行健康有度的规范和引导成为当今世界各国政府都十分关心的事项，它们都在加快出台关于生成式 AI 技术的监管法律。

（三）用户的主体性：核心数字素养的嵌入

AIGC 发展带来了巨大的经济和社会效应，并对人类伦理道德提出了新的挑战。我们应深刻认识到生产式 AI 技术自身在数据、算法方面的限制，同时也应该意识到用户的自律性对预防风险隐患的积极作用。虽然，面对生产式 AI 的技术革命浪潮我们不可因噎废食，而应促进主体自觉、自省、自我意识的觉醒，增强在技术面前的主动性、意识性和创造性，在伦理风险面前的自觉性、自律性和保护性，共同促进 AIGC 产业的健康良性发展。

作为生成式 AI 时代下的个人，我们应不断加强数字素养教育，锤炼数字"媒介素养"，并将其升维成智能媒体时代下的"数智素养"，顺应全真互联、泛在智能、无限算力的生成式 AI 技术发展浪潮，我们还应坚定道德准则，清楚地辨别方向，灵活高效地将各项道德准则运用于数字实践之中。

"数字素养"最初指代查阅、理解和使用网络存储的文本、图像或视频信息的能力，这个概念大多时被应用于面向公众的多态数字化知识和数字技能的培育场景。例如，数字素养理论奠基人保罗·吉尔斯特（Paul Gilster）将之界定为"获得和使用联网计算机资源的能力"，并对此进行了详细阐释："数字素养是理解和使用通过计算机呈现的来源广泛的多态信息的能力。"

综合国内外学者对于数字素养的定义，我们可以认为，数字素养主要描绘的是数字素养实践者即用户主体能够自主、自觉、自省地充分发挥数字工具潜力的综合能力与品质，包括具备的数字获取、制作、使用、评价、交互、分享、创新、安全保障、伦理道德等一系列素质与能力的集合。面对生成式 AI 带来的伦理道德方面的风险和危机，较高水平的数字素养能够帮助用户在更为多元丰富的数字实践中精准识别伦理风险，较为审慎的判断能力和选择能力则能使其化险为夷。

"数智素养"则是"数字素养"在数字与智能媒体交融时代的升维素养。有学者更为贴切地将其定义为"在数智环境中收集、理解、整合、使用、创建、传播、评估各种信息资源及运用数字工具或采取数字安全措施的能力，以及确保数字合规合理使用的积极态度"。该定义在原有信息素养、计算机素养、通信技术素养等数字素养的基础之上，对素养内容进行了进一步扩充，在深度上新增了使用 ChatGPT、NetObjex、TrustSQL 等信息通信技术浏览、查找、筛选、评估和管理、创建和传播信息，以及利用认知和技术技能的能力。

由此可知，在生成式 AI 快速发展的背景之下，数字实践主体的数字素养是我们在意识上、在行动中始终关注与重点培养的核心。在生成式 AI 技术迭代中，推动教育改革，以大语言模型助力教育创新，将伦理素养的教育更好地融入数字素养的内涵中。

第三节　行为准则与社会支持：推动人工智能与社会的双向互动

生成式 AI 是实现传播交织在一起的理性与非理性要素的新媒介技术，它能将内容网络升维成更具开放性的复杂巨系统。从社会影响来看，生成式 AI 作为智能主体和智能工具，可通过"替代"与"增强"人类脑力的方式，促进人类非理性逻辑与机器理性逻辑交织并深入社会表达之中，使大众得以跨越传播"能力沟"实现平均智力水平的增强。

一、"生成式 AI 大模型＋"将是下一个风口

国家网信办联合国家发展改革委、教育部、科技部、工业和信息化部、公安部、广电总局发布《生成式人工智能服务管理暂行办法》（以下简称《办法》），并自 2023 年 8 月 15 日起施行。《办法》提出，对生成式人工智能服务实行包容审慎和分类分级监管。

从政策上来看，AIGC 行业属于国家大力推进发展的产业。由于 AIGC 行业受国家政策的影响较大，所以行业法规的完善和标准的制定为行业发展创造了更好的发展与竞争环境。目前，中国在应对人工智能技术风险方面，已制定并实施了《中华人民共和国网络安全法》《中华人民共和国数据安全法》《中华人民共和国个人信息保护法》《互联网信息服务算法推荐管理规定》《互联网信息服务深度合成管理规定》等法律法规，以及《新一代人工智能伦理规范》《新一代人工智能治理原则——发展负责任的人工智能》《人工智能伦理治理标准化指南》等伦理规则及技术标准。国家还出台了一系列宏观产业政策和指导文件对人工智能行业的发展提供支持、引导和规范，从而为行业发展创造了有利的政策环境。总领性政策更是为 AIGC 行业发展提供了明确的路径规划和远大的目标方向。

从应用渗透率看，据 IDC 数据，2022 年中国人工智能行业应用渗透度排名前五的行业依次为互联网、金融、政府、电信和制造。另外，人工智能在自动驾驶、交通物流方面所提供的价值也不容忽视，据麦肯锡预计，人工智能将为交通领域创造 3800 亿元的经济价值。

从专利技术看，AIGC 是技术密集型行业，对技术的要求较高。随着新一代 AIGC 相关学科发展、理论建模、技术创新、软硬件升级等整体推进，我国 AIGC 行业专利申请及专利公开数量不断上升，行业内上市企业的研发强度也不断提高。总体上看，快速变化的市场环境为 AIGC 行业的技术创新、产品研发等带来了发展机遇，同时也对 AIGC 行业内企业提出了更高的要求。AIGC 企业需要更强的技术储备、更快的响应速

度与更灵活的应对策略，并努力打造自身的核心竞争力，以便在市场中建立更好的发展优势。

二、搭建"以人为本"的可行性框架

生成式 AI 的技术进步为数字人文、新闻传播和社会科学领域的研究和实践，以及大众媒体、社交媒体和合成媒体、教育和创意产业领域的发展带来了大有可为的新机遇。然而，生成式 AI 也带来了全新挑战，而应对这些挑战需要技术保障、伦理准则、教育和监管，只有如此才能确保对这种技术负责任和安全的使用。如何营造一个良好的社会环境和系统，增强社会性的连接，帮助个体更好地适应生成式 AI 的运用，这是未来需要深入探讨的课题。

2023 年 10 月 8 日—10 月 12 日，第 18 届联合国互联网治理年度论坛在日本京都召开。在本届论坛上，国际媒介与传播研究学会（IAMCR）发布了"信息与传播科学在人工智能治理中的作用"的立场声明，IAMCR 认为，随着生成式 AI 的普及，控制和监管问题成为公众争论的一部分，人们迫切需要获得能够参与讨论相关问题的资格，因为这与他们的工作、业余时间以及家庭生活息息相关，也是培养他们影响发展和呼吁安全标准与责任研发的能力的必要条件。人工智能系统应该"以人为本"，为所有人和美好的未来服务。IAMCR 为此还提出了一个可行性框架。

● 公平获取和表达自由：确保用于生成式 AI 系统和制作人工智能内容的材料中的信息的公平获取、表达自由、信源可靠性以及信息质量。

● 缩小数字鸿沟：确保人工智能系统及其对主要基础设施的需求不会扩大数字鸿沟。

● 人工智能素养：通过跨学科项目，结合科学和人文学科的见解，强调控制、责任与伦理问题，通过教育机构和公共媒体来提升人们的人工智能素养。

● 人工智能可解释性：支持将人工智能可解释性准则运用于公共政策、教育和媒体部门，以确保公民能够理解和质疑资助人工智能的动机以及人工智能产出的有效性，并确保其决策是合法、公正且安全的。

● 开源人工智能：倡导开发和使用真正的开源人工智能系统并构建人工智能信息共享空间。

● 知识产权：为教师、学生、研究人员、图书馆员、记者和其他专业人员的创造性产出制定适当的人工智能知识产权协议。

- 研究与评估：监测合成媒体的兴起及其对大众媒体和社交媒体的影响，特别关注用于传播错误信息、虚假信息和伪科学知识的人工智能系统。

- 环境影响：最大限度地监测和减少人工智能系统对地球的多种环境影响，包括以下方面的影响：稀有金属开采对设备制造的影响；电子废物管理对土地、水、空气和人类健康的影响；加速的能源需求和水消耗；以及不可持续的碳足迹。

AIGC 行业迅速发展，这对接收 AIGC 讯息的媒介和受众的媒介素养提出了新的要求。人工智能行业从业者、开发者、信息平台应共同参与，让技术更好地服务于人类，传媒从业人员与受众在信息传播过程中应不断提升媒介素养，共同营造健康的网络信息环境。

三、推动生成式 AI 的应用与治理不断深化

技术的发展从来不是一蹴而就的过程，而是一个循环往复、不断迭代发展、不断试错的过程。"S" 曲线是技术战略理论的中心环节，该曲线意味着，当某一种技术发展成熟后，必然会有变革性的新技术涌现，并实现新旧技术之间的更迭换代，这是社会向前发展的必然规律。生成式 AI 包含有互联网、元宇宙、社交媒体、算法等多种技术的元素，这也恰恰满足了技术发展的 "S" 曲线。当一种技术发展到一定水平，并且足以满足另一个价值网络所要求的性能水平和特性时，新技术就能以极快的速度侵入这个价值网络。透过 S 曲线我们似乎可以发现，技术更迭的本质是准确把握当前的技术 S 形曲线何时将通过拐点，同时发展任何自下游兴起且将最终取代现有方法的新技术，这本质上也是一个循序渐进的过程，而与之匹配的治理路径也要满足过程性思维的特点。如图 4-11 所示。

在生成式 AI 技术引入期，技术的发展速度缓慢，技术性能有限，存在灰色地带，此时的不确定性最高。在该阶段，生成式 AI 着力改变的是人们生产生活的方式，而在负责任创新视角下，我们需要 "抓大放小"，给 "灰色地带" 预留些许创新空间。

在生成式 AI 技术成长期，技术发展迅速，各种技术难关被攻克，技术性能大幅提高。在技术得以不断完善的基础上，客群也不断稳定，经历了技术引入期的不确定和迭代过程，各种不确定性逐渐消失。在该阶段，生成式 AI 着力解决的是改变社会服务领

域和社会服务模式，而我们需要意识到复杂系统中的多元治理主体。

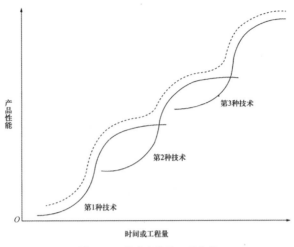

图 4-11　技术发展的 S 形曲线

在生成式 AI 技术成熟期，技术将逐渐接近渐近线上的自然或物理极限，随之而来的是未来新技术的不断涌现。在这个阶段技术面临的核心问题是如何更契合地融入社会。在该阶段，社会新的文化系统伴随着技术的不断成熟被重塑，而未来又即将开启新一轮的技术发展。

虽然两点之间，直线距离最短，但在社会操作中往往如江河行地般九曲十八弯才是最有效的实现路径。不仅是生成式 AI，未来新技术会不断涌现，但在负责任创新的视角下，过程性思维是有效的治理路径。在一定的容错空间中，在一定的灰色地带中，让更多的主体参与到信息汇冲之中，进而找到技术可持续发展、社会可持续发展、人类可持续发展的最大公约数。

第五章
底层赋能：生成式 AI 在内容生产领域的应用

本章概述

生成式 AI 技术作为一种可感知、重体验、易操作的模型系统，带来了全新的智能生产浪潮，在媒介内容生产领域正在并即将发挥着越来越重要的作用，媒介内容生产机制和传媒业态都将迎来巨大变革。为进一步认识生成式 AI 对媒介内容生产带来的影响，本章前两节梳理媒介内容生产的演变过程，结合生成式 AI 的技术特点和应用潜力，重点分析生成式 AI 对媒介内容生产的底层赋能和在媒介内容生产的宏观思维层面、中观组织层面、微观操作层面带来的转型升级，并对生成式 AI 赋能媒介内容生产面临的风险挑战以及如何把握好人机互构过程中人类主体性这一价值锚点给出借鉴性思考。此外，对媒介用户而言，生成式 AI 作为媒介的价值不仅体现在信息或内容生产上，更体现在对于社会全要素的连接价值上。本章第三节聚焦媒介用户，探讨由媒介界面重塑带来的智能传播时代的深度社会连接、从"媒介融合"到"人机协同"的不同阶段智能化内容生产工作流的变化，以及 AI 深度嵌入社会全实践领域之上的价值观照。

第一节　生成式 AI 对媒介内容生产的生态级革命

近年来，随着国内外科技巨头不断在人工智能领域发力，新兴的生成式 AI 技术成了科技圈乃至整个世界关注和讨论的热点话题。以各式各样的大语言模型为驱动的生成式 AI 应用的迭代速度呈现出指数级发展态势。根据技术咨询机构高德纳预测，2022年 10 月时，由人工智能生产的数据占所有数据的比例尚不足 1%，而到 2025 年，这个数字将达到 10%。生成式 AI 正在掀动着新一轮的 AI 浪潮，或将对全行业产生颠覆性影响。

随着数据、算法和算力的升级迭代，生成式 AI 的生成对象也将从自然语言文本，逐步拓展到图像、代码、音视频甚至虚拟人和虚拟场景等。生成式 AI 正以无界的方式全面融入人类实践领域，成为一种全新的通用式智能，世界开始迈入生成式 AI 引领下的全面智能化时代。生成式 AI 带来了全新的智能生产浪潮，媒介内容生产机制和传媒业态都将迎来巨大变革，旧的内容生产模式存在着既有缺陷，使其已无法适应新时代的发展。为进一步认识生成式 AI 对媒介内容生产带来的影响，本文将梳理媒介内容生产的演变过程，结合生成式 AI 的技术特点和应用潜力，重点分析生成式 AI 对媒介内容生产的底层赋能和其带来的转型升级，并对生成式 AI 赋能媒介内容生产面临的挑战以及如何把握好人机互构过程中人类主体性这一价值锚点给出借鉴性思考。

一、从 OGC 到 AIGC 的媒介内容生产模式的嬗变与发展

（一）以职业媒体为主导的 OGC 时代

OGC 职业生产内容（Occupationally Generated Content，OGC）的生产主体主要是相关领域的职业人员，其创作行为属于职责义务，是履行人事契约的体现。传媒业中的 OGC 是指专业媒体机构的内容生产，通常是由职业新闻工作者、编辑等具备专业媒体技能的媒体从业人员担任内容生产主体，具有较高专业水平，"把关"能力强、内容生产质量高、专业性和权威性强、更容易受信任，但是也存在媒体对受众的单向度输出、内容生产成本高、互动性受限、内容生产多样性和全面性受限、容易受各种因素干扰、时效性不足等问题。在互联网出现以前，OGC 是媒介内容生产的主流模式。

（二）以专业人士或机构为主导的 PGC 时代

专业生产内容（Professional Generated Content，PGC）。对生产者的知识背景和专业资质的要求较高，采用专业化的内容制作手段，而且在内容传播方面遵循互联网传播特性。专业生产内容通常会遵循互联网思维，其生产的内容具备专业化和高质量的特点，其生产主体也不再局限于媒体从业人员，通常为各领域的专家、意见领袖，如行业达人、在社交媒体平台上拥有众多粉丝的大 V、明星、网红等。PGC 往往是创作者出于"爱好"，贡献自己的知识，形成内容，相较于需要支付报酬的 OGC 而言，这种模式更能节约新闻生产的成本，而创作者也能享有更多创作自主权。专业内容生产者在互联网上传的内容可以得到受众的即时反馈，从而实现了双向讨论互动，并进一步推动了知识共享和内容优质化。互联网早期的专业网站大多采用 PGC 模式，依靠优质内容留存用户。在当下，粉丝基数大、圈层覆盖广、商业转化潜力高的 PGC 仍然是重要的媒介内容生产模式。

（三）以广大网络用户为主导的 UGC 时代

用户生成内容（User Generated Content，UGC）是发轫于 Web2.0 环境下的一种新兴的网络资源创作与组织模式，即在网络空间创作文字、图片、音频及视频等内容，它已经成为一种非常普遍的内容生产模式。UGC 是互联网技术赋能下的产物，也是侧重平台功能的概念，平台通过给予用户话语权并提供各种供用户使用的工具等让一般用户能够自主创造内容。UGC 的生产主体为非专业人士，即一般公众。UGC 时代内容制作的门槛降低了，用户通过互联网平台获得了内容生产和传播权利，推动内容量级的扩大化、内容形式的多元化和内容传播的快速化、多样化、个性化。然而，同时 UGC 也存在着内容低质、虚假、侵权、碎片化等问题。在当下，"UGC+PGC"，即专业用户生产内容（Professional User Generated Content，PUGC）成为媒介内容生产的主流模式，其内容生产链已经与传统 UCC、PCC 逐渐分异：内容生产者仍位于生产链的中心位置，但"专业化模块"以各种形式介入生产流程。

（四）以人工智能技术为主导的生成式 AI 时代

AIGC（Artificial Intelligence Generated Content）又称生成式 AI（Generative AI），是继职业内容生产、专业生产内容、用户生产内容和专业用户生产内容之后的利用人工智能技术自动生成内容的新型生产模式。生成式 AI 时代，内容生产要素组织智能化、多模态内容匹配自动化等技术赋能将极大地提升内容生产力和生产效率，"算法的普及化"也意味着每个个体都有能力使用算法接入数字文明并从中获益，这将加速促成"常人社会"的到来。同时，智能化内容生产将极大解放人工劳力，赋予内容生产更多的创新性，形成"人—技术—媒体"三位一体的内容生产共同体，推动全面智能化社会的到来（见表 5-1）。

表 5-1　不同时代的媒介内容生产特征对比

	OGC 时代	PGC 时代	UGC 时代	生成式 AI 时代
代表性阶段	互联网出现之前	Web1.0	Web2.0	Web3.0
内容生产主体	职业人员	专业人员	大众	人工智能
内容生产数量	产能不足	产能适中	产能高	产能极高
内容生产类型	较为单一	多样化	全面且多样	全场景、全方位
内容生产成本	成本很高	成本高	成本低	成本极低
内容互动反馈	极少且闭塞	少且低效	多且及时	极多且即时
代表性产品	报纸、广播、电视	门户网站、搜索引擎	微博、微信、抖音	ChatGPT、Midjourney
核心特点	内容质量高	内容质量高	内容丰富、质量高	内容生产效率高

二、生成式 AI 对媒介内容生产的底层赋能

（一）赋能个体用户内容生产：知识聚拢让"一己千军"的"超级个体"成为现实

1. 一对一私教式信息解读，降低个体用户知识认知门槛

在传统媒体时代，习惯于被动获取信息的"受众"，受限于识字水平、知识技能等，获取和解读信息的能力十分有限。进入互联网时代，"受众"的概念被"用户"逐渐取代，用户可以进行信息发布、信息搜索、交流反馈、互动协作等，但存在如技术复杂度高、用户体验感差等局限。进入生成式 AI 时代，基于提示生成的对话式交互和一对一私教式的信息解读，成为降低个体用户认知门槛的关键途径。相比较于早期的百度小度、苹果 Siri 等智能语音交互系统，以"ChatGPT"为代表的基于海量数据开发的预训练模型和人类反馈强化学习及神经网络算法的生成式 AI 应用更能无限接近自然人的表达和状态，也更能实现低门槛的认知获得与价值连接，进而发掘和满足个体用户的深层需求。

与此同时，生成式 AI 正以无界的方式全面融入人类实践领域，成为一种全新的通用

式智能。以 ChatGPT 为例，各类插件的加入，使得用户在如网页阅读（WebPilot 插件）、语音对话（Speechki 插件）、数学计算（Wolfra 插件）、图表绘制（Show Me Diagrams 插件）、视频制作（Visla 插件）等方面更加便捷，甚至还有提示词润色（Prompt Perfect 插件）功能，专门帮助一些表达能力欠佳的用户无障碍地进入生成式 AI 的世界。这些插件提供的丰富功能，帮助不同类型的用户在各种应用场景中更加便利地使用生成式 AI，真正做到了每时每刻和全场景的私教式陪伴，极大降低了个体用户的知识接收和知识解读的门槛。

2. 全方位的信息资源整合，增强个体用户信息聚合能力

生成式 AI 依托的大语言模型技术架构主要分为基础层、技术层、能力层、应用层、终端层五大板块，其中基础层涉及硬件基础设施和数据、算力、算法模型三大核心要素，高性能的硬件设备、海量场景数据、强大的算力基础和升级迭代的算法模型成了支持大语言模型发展的关键。技术层主要涉及模型构建，如 Transformer 架构（基于自注意力机制的神经网络模型）、NLP（Nearo-Linguistic Programming，NLP。自然语言处理）大模型等，采用预训练和微调的策略，并且通过 RLHF（Reinforcement Learning from Human Feedback，RLHF。基于人类反馈的强化学习）提高大语言模型的性能，在基础层和技术层的支持下，生成式 AI 拥有了多模态内容生成能力，应用领域几乎涵盖所有的人类实践活动，为个体用户提供多元化的产品和个性化服务。正是由于生成式 AI 技术整合了大量的数据和信息源，利用其自然语言处理、图像识别和数据分析等功能，能够快速、精准地收集、整理和提供多样化的信息。这种全方位信息资源的整合使个体用户能够更轻松地获取不同领域、不同来源的信息，拓宽了信息获取的渠道和广度，实现了内容生产要素组织的智能化，极大增强了个体用户的信息聚合能力。传统互联网时代解决了用户信息触达的问题，而在生成式 AI 这种变革性应用和发展趋势之下，个体用户已经不再局限于触达信息网络中孤立的"信息点"，通过技术网络的连接与技术赋权，个体用户有了连接和整合任意角落零碎信息的能力，在数字时代的内容生产领域将转变为一个在信息聚合能力加持下的"超级个体"。

3. 智能化的教育辅助系统，加速个体用户的学习和成长

生成式 AI 的出现，创造了智能化的教育辅助系统，为教育的个性化、多元化、普惠化发展提供了更多的想象空间。在知识的传承进化方面，它通过大量的数据训练，汇

集全人类的智慧，在代际间传承和进化，从而逐渐接近甚至超越绝大多数普通人的智慧水平，这有助于促进智慧的代际协同和群智发展，推进教育大脑的构建。在教育教学方面，以 ChatGPT 为代表大语言模型通过介入教学模式、学习方式、资源供给、学情分析、路径指导、内容匹配、评价反馈、教学交互等，实现人工智能技术与个性化学习的深度融合，从而为个性化学习赋能添力。一方面，以 ChatGPT 为代表的生成式 AI 通过自然语言处理和数据分析，能够快速提供广泛的信息，支持研究、学习和理解复杂概念，帮助个体用户跨越各领域扩展知识，更高效地理解各种主题。另一方面，生成式 AI 使学习模式从"填鸭式""满堂灌"转变为"启发式""个性化"，节约了用在单纯重复性知识教学和学习上的时间，有助于引领用户更多思考"我需要什么样的知识"，从而强化批判性、创造性学习思维。此外，智能化教育辅助系统能够通过实时数据分析和反馈学习算法追踪个体用户的学习进度和行为模式，根据个体用户的学习风格、学习兴趣，提供针对性的学习资料和学习任务，使个体用户能够更快速地掌握知识点，提升学习效率。生成式 AI 支持的教育辅助系统还能够通过虚拟人形象实现个性化的教学和互动。系统能够根据个体用户的学习表现，及时给予反馈和建议，进行个性化指导，帮助用户纠正学习中的错误或弥补不足，促进学习效果的提升，加速个体用户的学习和成长。

（二）赋能专业用户内容生产：内容生产"细描精绘"式优化和上中下游垂直化联动

1. 内容制作精细化："细描精绘"贯穿专业用户内容生产全流程

在生成式 AI 时代，专业用户内容生产真正以"细描精绘"的方式实现了内容制作的全流程优化。普通个体用户受限于财力、精力等难以对内容制作的全流程进行精细化把控，只能基于粗略的需求"基底"对不断集成以形成系统性需求的部分细小微妙的需求"要素"进行"细描微调"。专业用户则有更多的财力和能力支撑、专业的团队协作和大语言模型的定制化应用优势，例如 API 调用是大语言模型开发者在 B 端（企业客户）和 G 端（政府客户）最主要的一种商业模式，以 token（代币）为计价方式，将大模型的输出接入自己的工作环境，或者利用专有数据来训练定制的小模型，而这通常价格不菲。在前期策划环节，生成式 AI 可以基于大规模数据生成目标用户群体对某类产品或服务的需求情况，自动分析需求模式和进行需求鉴别，找到用户表面需求背后的实际需求。识别需求趋势，帮助专业用户内容生产发掘潜在的、更加精细化的需求，以便更准确地理解目标用户的真实诉求，提高对需求的理解度和精准度，从而更好指导内容生产方向和制订生产计划。在中期制作环节，生成式 AI 通过对生成的内容进行微调，将用户需求和相关资源信息精准匹配，同时保障内容生产制作流程的高效稳定运行，并对可能出现的问题进行预测。在内容发布后的环节，生成式 AI 还能根据用户的实时反馈进行实时动态调整、优化和智能维护。

2. 垂直化联动：上中下游联动实现价值实时动态连接

生成式 AI 技术促成了专业用户内容生产上中下游的垂直化联动，打破了局部价值割裂的局面，实现了价值实时动态连接，其主要表现如下。

（1）垂直化生态打通。生成式 AI 为专业用户的内容生产提供了上中下游环节更深层次的垂直化支持。从数据供给方、创作者生态等上游环节，到初创公司、各类社会组织和科研机构等中游环节、再到各类内容创作及分发平台、消费者厂商等。生成式 AI 技术通过实时性更新、数据驱动和个性化定制，实现了从内容规划、创作到发布推广等各环节之间的深度连接和专业化发展。

（2）实时数据动态更新。实时生成并进行持续监控和更新来维持和增进模型性能是生成式 AI 的底层技术逻辑，也是其重要优势。生成式 AI 在任意内容生产环节都能够根据实时反馈进行自动调整和优化，可以像直播一样，根据网友在线互动提出的诉求，及时做出相应调整，是一种动态的内容生产范式。此外，多模态大语言模型具有两大能力：其一是寻找不同模态数据之间的对应关系，其二是实现不同模态数据间的相互转化与生成。这意味着生成式 AI 在各个环节都能实现多模态之间的数据实时动态更新，为更多"微资源""微价值"的连接整合提供了可能性，提高了专业用户内容生产的适应性和灵活性。

（3）内容生产协同优化。生成式 AI 的应用促成了上中下游不同环节之间的协作和优化。从单一文本模态到图音视频多模态内容、从"局部失联"的静态内容到"整体感知"动态可持续更新、从创意构思到内容制作再到传播落地，技术赋能使得整个生产制作流程降本增效，还拓展了跨领域合作的可能性，促进了跨学科创新和内容生产方式的多样性，推动了专业用户内容创作的创新发展。

（三）利基市场、长尾市场的需求满足与内容价值再扩张：细颗粒度的微内容资源生产与匹配

媒介内容生产在过去受限于当时的媒介和技术条件，只能满足市场中的规模化、标准化的大多数人的共性需要，而那些具有特定兴趣或需求的较小群体构成的利基市场，和由若干利基市场共同组成的市场（长尾市场）并不被重视，其市场价值也得不到展现。后来随着互联网的普及，利基市场、长尾市场等个性化、小众化市场开始受到重视，这片内容蓝海市场的价值得到发掘。在生成式 AI 时代，利基市场、长尾市场的内容价值的扩张体现在两个方面：一方面伴随着互联网发展过程中网民普及化、社交圈层化和市场需求细分化，社会中已存在体量庞大的长尾需求市场；另一方面，内容生产者借助智能化信息检索、采集、智能化内容审核和多模态内容匹配生产，能够最大化把握利基市场需求结构的完整度，全方位、多场景突破圈层屏蔽和阻隔，实现了微资源的智能化检索、匹配、连接与整合，这极大地拓宽了内容生产的边界和内容丰富度，高效发挥了新一代内容的价值，是对利基市场、长尾市场需求颗粒度细分环境下的全新满足，也是用户对"人—需求—内容"三位一体的内容生产要素组织智能化和多模态内容匹配自动化模式的全新体验。例如腾讯多媒体实验室自研的 XMusic 通用作曲框架，基于生成式 AI 技术，支持视频、图片、文字、标签、哼唱等多模态内容作为输入提示词，可以生成情绪、曲风、节奏可控的高质量音乐，使人们创作新音乐的门槛大大降低，为旨在超越传统界限的现代音乐创作者开辟了一个利基平台，连接了普通音乐爱好者和音乐资源，开辟了新的长尾市场。

三、生成式 AI 浪潮下媒介用户内容生产的调整转型

（一）宏观范式层面

1. 从"创新内容"到"创新生成"：生成式 AI 范式成为内容生产的关键范式

传统上，提到创新往往集中在"创新内容"，即新的想法、产品或概念。然而，生成式 AI 时代造就了技术与创意的完美交汇，这是一个消除了创作者壁垒的时代。生成式 AI 的出现打破了"创造力是人类独有的"这种传统观念，使得创新模式发生了变革，释放了超越传统界限的创新可能。内容生产不再仅仅依赖于个体的经验和观察，而是开始呈现出一种生成式的知识涌现特性，不仅局限于信息处理和知识传播的层面，而是深入知识的本质构成、体系化构建以及结构性创新等多个维度。生成式 AI 范式不再局限于创新的内容本身，而是强调创新的生成方式和过程，即"创新生成"。生成式 AI 范式可以在指导、辅助和激发的基础上，鼓励用户跳出常规思维，从多种可能性中生成新的

创新点，帮助用户更高效、更创新地生成新的想法和解决方案。这种变革使得创新不再局限于少数人的天赋或经验，而是能够被更广泛地实现和推广，实现全民共创式数字文化内容生产。而且，生成式 AI 范式下的创新不再是一种单一的行为，而是变成一种交互式、系统化、可持续的流程。参考"技术奇点"的假说，在生成式 AI 时代，人类的创作力在人工智能技术短时间、集中性、迅猛性的发展之下也会极大地接近于"无限的进步"，个体创造力即将迎来"创意奇点"时代，掌握生成式 AI 范式的重要性愈发凸显（见图 5-1）。

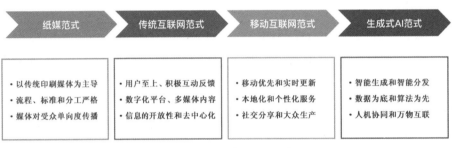

图 5-1　媒介内容生产范式的发展历程

2. 从"工具""老师"到"伙伴"：问题解决导向下的人机协同共创思维

过去很长一段时间里，"机器"和"人"往往被置于二元对立的结构中来加以讨论，所谓"人机关系"问题，实质上成了"人与动物"关系或"人与商品"关系等传统哲学命题的逻辑延伸。美国斯坦福大学人工智能专家杰瑞·卡普兰（Jerry Kaplan）曾提到国际商业机器公司（IBM）的高层管理者在 20 世纪 60 年代的共识："计算机只能按照编好的程序工作。"彼时的人工智能被视为"顺从的机械仆人"。随着技术的发展和机器能力崛起，社会上出现了将机器定位为"老师"的声音，理由往往在于：机器能存储海量的知识信息，而且其交互形式本身就"带有知识传授的'教育'特点"，且通过参与人类知识生产，机器实际上也在教导人类。随着人工智能和机器学习等技术的发展，生成式 AI 时代到来，机器逐渐具备了自主学习、自主决策的能力，智能机器具有了自主性、创造性与意向性的拟主体性。然而，由于数据和模式的种种缺陷以及缺乏常识性推理等模型本身的局限性，生成式 AI 也并不是一个照本宣科且必然正确的"老师"，而是一个对答如流且见多识广的"伙伴"。这种合作关系伴随着生成式 AI 全面介入人类的生产与生活实践，在与人类的不断交互中，对人类行为、人性、智力、知识和情感等进行模仿，人与机器逐渐演变成亲密无间的伙伴关系，而人类在与机器交往的过程中又将会培养出新的习惯，包括身体行动习惯和认知思维习惯，两者在彼此交互和靠近的过程中达到非生理嵌合的"人机融合共生"的终极形态。而未来的内容生产模式也必定是以问题解决为导向的人机协同创作模式，深刻理解和把握这一思维模式转向对未来的媒介用户内容生产创作至关重要。

（二）中观组织层面

1. 生成式 AI 作为一种可感知、重体验、易操作的模型系统成为传媒业平台生态的基础设施

提出了"媒介即存有"观点的学者彼得斯（Peters）十分强调媒介的支撑和基地作用，又提出了"媒介基础设施主义"（Media Infrastructuralism），将人们从仅仅关注媒体内容，转向了理解内容如何在世界范围内流动以及这种流动如何影响内容的形式。生成式 AI 的出现加快了社会内容生产的效率，深化了智能社会、算法社会发展的进程，重塑了媒介界面与内容生产环节；其可多轮对话、上下文学习、便捷交互、个性化服务与人性化趋势等特征，带来更多的在场感、沉浸感和心流体验。这意味着生成式 AI 作为一种可感知、重体验、易操作的模型系统，在内容生产领域正在并即将发挥重要的作用。人类愈发依赖技术设备的事实体现着媒介组织对人类社会的形塑，生产式 AI 作为一种全新的媒介技术，势必成为社会系统和社会基础设施的一部分。过去，媒体行业是一个相对封闭和同质化的系统，数智技术赋能带来了生产权力下放与去中心化的传播特质，使得媒体的传统秩序被打破，生成式 AI 更是以无界的形式全面渗入人类社会生产生活的实践当中。以 ChatGPT 为代表的生成式 AI 本身就是一种软基础设施——媒体基础设施、数字化的语言基础设施、一种社会公共技术系统。例如新华智云推出的基于生成式 AI 技术的"采集、生产、审核、分发"全链路服务的"云上新闻中心"、Netflix 官方发布的生成式 AI 技术辅助商业化动画片的首支发行级别动画短片作品《犬与少年》以及央视、腾讯、拓尔思等传媒相关部门或企业都开始纷纷接入大语言模型……这些无不证明生成式 AI 将成为传媒行业不可或缺的一环。

2."以人为核心"的传统媒体组织模式转向"以数据和智能技术为核心"的新型媒体组织模式

传统媒体组织模式以人为核心，强调编辑、记者和制作人员等人类从业者的角色和内容生产价值。这种模式下，内容的生产和传播主要依赖于人类的经验、判断和创造力，更注重价值观植入和社会共性价值的营造。然而，随着数据和智能技术的发展，以数据和智能技术为核心的新型媒体组织模式逐渐成为主流。新型媒体组织模式相比于传统媒体组织模式，更加注重数据驱动、智能化生产、智能化管理、个性化用户体验和创新内容形式，实现内容生产要素组织智能化、多模态内容匹配自动化和内容审核智能化。内容构建上，从支持软件运营服务平台工具构建到智能化生产探索并带来新的视觉化、互动化体验以及内容生产和组织管理等方面的全过程数据提取带来的价值共创。内容形式上，生成式 AI 极大提升了数字虚拟人、虚拟现实场景等更具交互性和沉浸性的内容形式的表现力和感染力，丰富和优化了用户的内容体验。新型传媒组织与其他行业组织的行业边界、市场边界进一步模糊。一方面，新型传媒组织可以与其他行业的组织建立内容生态联盟，共享资源、技术和数据，实现内容生产的协同和共赢；另一方面，通过生成式 AI，新型传媒组织可以将同一份内容迅速转化为适用于不同平台的多种形式，从而扩大内容的覆盖范围和传播效果。例如 2023 年 8 月南方报业传媒集团打造的"南方智媒云"推出包括小南 AI 写作助手、小南云学习、智媒云盾、智媒主播等八大智媒创新应用，包含了智能检索服务、智能新闻写作服务、智能语音服务、覆盖"全系统、全场景、全流程"的智能审校服务、个性化数智人服务等一系列媒体应用功能，大步拥抱数据和智能技术，人类工作者只作为关键内容的调适者和把关者，可以把更多的精力放在如深度报道等内容的深耕细作上来。这种转变使得媒体组织能够更好地适应数字化时代的挑战和机遇，极大解放生产力，提高内容生产效率、质量和影响力，让专业的人做更专业的事，从而更快更好地满足用户需求。

同时，伴随着生成式 AI 进一步精细化，大小模型协同发力下的内容传播价值不断扩张、推动完善信息来源的多样性和传播的系统性以减少结构性偏差，小模型能够更好地实现对大模型主导下的单向度闭合信息系统的有利纠偏，带来数字营销、内容生产等方面的价值重估，加快推动传媒向智媒转变。媒介内容生产以信息的流动和共享作为原动力，通过跨界跨平台合作的方式，实现各主体的互利共生，生态系统不断迭代更新，螺旋式发展，最终实现整体动态平衡。

（三）微观操作层面

1. 从"资源搜索匠"到"提示工程师"：内容生产者身份的革命性转变

生成式 AI 重新定义了人与信息的连接方式，生成式 AI 反馈给用户的内容质量不仅取决于底层算法和训练数据，还取决于其接收的提示（用户问题表达）的有效性。Open AI 首席执行官萨姆·奥尔特曼（Sam Altman）将其描述为"惊人的高杠杆技能"，未来人人都将直接或间接地成为提示工程师。基于人机对话交互的提示生成能力将成为个体用户在内容生产方面参与市场竞争的关键技能。英国哲学家弗洛里迪（Floridi）更是套用《1984》的语言称，在生成式 AI 中"谁控制了问题，谁就控制了答案；谁控制了答案，谁就控制了现实"。提示生成能力具体表现在如下几方面。首先，"从无到有"的内容自动生成。用户可以通过提供简短的提示或关键词，从零开始快速获得原创性的信息或素材，这将培养用户创作和思考的想象力。其次，"从有到优"的内容反馈优化能力。在同一主题对话框架内，生成式 AI 根据用户的反馈和评价进行内容优化，帮助用户不断提升生成内容的质量和准确性。用户为了使得生成的内容更贴近自己的需求和期待，将建立起即时反馈和持续优化的改进方式。再次，"从点到面"的内容连接整合。在生成式 AI 技术的加持下，用户提供的点滴信息被系统整合和拓展，形成更为完整、丰富的内容。用户在与生成式 AI 不断交互的过程中将逐渐形成"关键节点"思维和"关联整合"思维，习惯于从点到面地理解和呈现内容。最后，对话式内容生成模式将进一步激发人类自由发问、开放发问、联想发问的能力。在追寻人类语言与机器语言对话一致性和目标达成的过程中，个体用户的认知壁垒将会不断被打破，认知边界得到拓展，内容生产者身份也将进一步从"资源搜索匠"向"提示工程师"转型。长远来看，它将推动人类主体朝着打造创意和想象密集型的智力增强主体进化。

2. 从"低阶认知作业"到"高阶认知作业"：深耕细作聚焦内容生产专业性

在过去，只有少数专业内容生产者能够把中低阶劳动下放，专注于高阶认知和对内容生产的方向及调适进行精细化运筹帷幄，并在这个过程中不断提升和打造属于自己的高阶个人素质能力，而生成式 AI 时代，这一素质和能力将直接惠及大众，每个个体都有机会全身心投入内容生产的"战略部署"，锻炼自身高屋建瓴、谋篇布局的高阶认知能力，在聚焦高阶认知能力的过程中，内容生产者将不断提升各自专业领域的认知和研究深度，产出更有深度和价值的内容。目前，生成式 AI 已经基本具备了对中低阶信息处理的能力，可以释放大量专家人力投入更高阶的认知活动中，如决策、科研、管理等。而且专业用户往往积累有大量专业化、领域化的知识、规则，生成式 AI 技术可以看成"虚拟人力"，以此可以将以往的知识库升级为"认知大脑"，即可以自动化进行内容理解和逻辑生成，实现专业用户自己专业领域的定制化分析和个性化作业模式，有效驱动高阶认知服务前置到业务前线。如此一来，生成式 AI 能够最大化发挥专业用户的价值输出，节约资源，将内容生产过程中的绝大多数内容查询类和内容判定类工作交给生成式 AI 完成，生成式 AI 提供智能辅助工具，为专业用户提供更深层次的内容分析和市场洞察、专业用户的工作更多聚焦于创意生成类和战略管理决策类等高价值内容，解决更高精尖的难题、更高效地进行内容生产。

此外，生成式 AI 还可以在高认知作业活动中替代创作者的可重复劳动，可以帮助有经验的创作者捕捉灵感，创新互动形式，助力内容创新，实现个性化内容生成，例如艺术家在设计初期，借助生成式 AI 生成大量草图可以寻找更多创作灵感。为了在"创新生成"的创新内容生产市场竞争中取得优势，用户需要尽快从过去对知识积累的培养转变为对知识的深度理解和应用的高阶认知能力的培养。

四、风险与规训：未来的内容生产要把握好人机互构过程中人类主体性这一价值锚点

在人机深度耦合的智能媒体时代，一方面，人机互构的内容生产关系不断完善，在强强联合之下，人机协同新闻不断发展，内容生产相较以往实现了全方位革新。另一方面，机器主体与人类主体边界日渐模糊成了既定事实，这也意味着彼此缺陷的互融和隐患的放大，尤其是机器和模型存在的数据偏见、虚假信息、模型局限等一系列问题也会成为内容生产过程中的强阻力。此外，我们还必须意识到机器在内容生产中的限度和边界问题，机器已经是当下不可忽视的内容创作主体之一。在未来的内容生产角色分工当中，机器虽然可以通过人工智能技术生成多样化的多模态内容，甚至参与写作、编辑、制作、分发、核查等内容生产的全流程，但其创造性和情感表达能力、价值观和伦理判断能力尚不能和人类相比，而且在思考深度方面，机器目前仍停留在信息整合式生成和进行线性推断层面，虽然可以代替人类进行短链式思考，对人类进行结构模拟、经验模拟与思维模拟，但并不能完全再现人类智能的外在整体面貌与内在复杂机制，长链式的、多变量的思考还是以人类为主，且人类对自身主体性的认知处在不断变化过程之中，人类智能并未向机器智能提供精确的模仿方向。这就意味着在内容生产当中，人类主体始终扮演着组织者和目标制定者的角色，内容生产的定盘星和压舱石仍然且永远应

当是人类主体。

《人工智能之不能》一书中提到的"哥德尔不完备定理"揭示了真实和可证之间那条无法逾越的鸿沟。这对人类来说是个好消息，我们不用太担心机器会自动发现真理。同时，人类主体需要警惕生成式 AI 对新闻工作者的技术反驯，重新界定自我在传播道德性、情感性与多样性方面的独特价值。在媒介内容生产领域，无论何时都应以人类对机器智能的规训为主，坚持人类主体性至上，握好人机互构过程中人类主体性这一价值锚点至关重要。

早在 20 世纪 90 年代，面对当时尚处于起步阶段的 Web1.0 时期的计算机技术，尼葛洛庞蒂（Negropoute）就曾断言："技术不再只和技术有关，它决定着我们的生存。"生成式 AI 技术作为一种可感知、重体验、易操作的模型系统，正在成为社会信息基础设施的重要组成部分。生成式 AI 实现了对媒介内容生产的底层赋能：微观方面改造着媒介用户生产生活的全流程，让"一己千军"的"超级个体"成为现实，实现了内容生产"细描精绘"式优化和上中下游垂直化联动，带动了利基市场、长尾市场的需求满足与内容价值再扩张；中观方面改造了媒介用户的内容生产与组织模式，生成式 AI 作为模型系统成为传媒业平台生态的基础设施、"以人为核心"的传统媒体组织模式转向"以数据和智能技术为核心"的新型媒体组织模式；宏观层面，为媒介用户提供更广阔的视野和决策支持，生成式 AI 思维、人机协同共创思维促进了媒介内容生产领域的发展和创新。然而，同时也应看到，在生成式 AI 快速发展的过程中，内容生产领域不可避免地存在着机器与人的主体性矛盾、内容虚假与偏见等一系列问题，为了规避智能机器主体带来的系列风险与挑战，需要把握好人机互构过程中人类主体性这一价值锚点。可以确定的是，随着技术的不断迭代和应用领域、应用场景的不断拓展，未来生成式 AI 将迎来更加智能化、人性化、自主化、可持续化的发展趋势，媒介用户内容生产机制、模式也必将日臻完善、与时俱进。

第二节　媒介用户：界面再造与生产流程的"赋意"

"媒介用户"是一个较为广泛的概念，不仅指日常使用媒介进行内容生产、社交活动的个体，而是这一概念还能延展至社会结构中一切被生成式 AI 和智能技术所连接和牵引的节点。这些节点并不役于个体、群体或组织等单一概念，而是数字文明时代一切被智能媒介所连接的要素。对存在于这些不同节点的媒介用户而言，生成式 AI 作为媒介的价值不仅体现在信息或内容生产上，更体现在对于社会全要素的连接价值方面。从社会深度媒介化的角度来看，生成式 AI 加快了社会内容生产的效率，深化了智能社会、算法社会发展的进程。如果更深入一点，我们可以说，这些效率的提升是体现在媒介界面的重塑与内容生产效率的变革上的，即一种"连接效率"与"生产效率"叠加的倍速效应。

一、界面重塑：生成式 AI 时代的深度社会连接

生成式 AI 对于媒介用户而言最重要的意义即在于其连接价值，大语言模型赋予媒介整合、匹配社会资源和细粒度价值的能力，进而大大提高了社会生产的效率和社会互动的频率。媒介所架构的社会连接具有多个层次，是一个由点的连接，到面的连接，再到结构性的多元架构，每一层架构都由不同的媒介界面所构成。

界面一般是指"独立的、通常不相关的系统可以在其上进行相互作用、相互交流的地方，其主要意涵在于实时动态交互、异质元素汇聚、生成崭新状态。"本章所讨论的界面概念是指由媒介所架构的各种复杂系统的交互。媒介界面所提供的"连接价值"及其所创造的多重社会系统交互模式的巨大动能，需要我们从社会媒介化的视角来进行分析。

媒介化是一个元过程（Meta Process），是关于社会基本特征的描述，是媒介构造社会的长期过程，其概念指向的是媒介如何影响社会构型，即关注不同媒介技术开辟出的新的社会行动方式和组织起的新的社会交往关系。概言之，"媒介化"范式描述的是媒介传播技术变革和社会变迁之间全景式的关系。以生成式 AI 为代表的智能技术无疑加快了社会媒介化的进程，其所引导的"智能革命"正根本性地重构着各种社会关系、改造着社会基本形态，这意味着整个社会正以新的传播机制、法则和模式重建自身业态和架构。在智能传播的构造下，智能媒体技术平台正成为媒介的关键行动者，不仅改变了产业边界和力量格局，更重要的是其强调关系联结的网络化逻辑升级迭代了传统大众媒介依循的信息生产的单向逻辑。

根据生成式 AI 在不同层次提供的连接价值，大致可以将其分为人机交互界面、场

景连接界面、产业融合界面和价值匹配界面，这是一种从"点—线—面"再到"结构性"连接的逻辑（见图 5-2）。

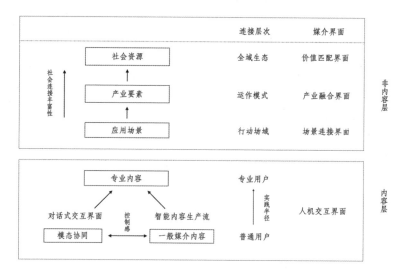

图 5-2　媒介界面的价值连接层次

（一）人机交互界面：全息化交互与个体赋权

1. 基于系统交互视角的界面演进

基于系统交互视角，人与外部世界交互的界面主要涉及三个方面：系统编码、解码方式及其依托的介质。系统接入人类感官系统的状态和机制，多重系统交互塑造人机融合的新型主体样貌。以此作为分析思路，可考查从语言、书写文字、印刷文字到生成式 AI 的发展所呈现出的界面演进的特点和趋向。

早期界面发展受限于技术，是不断降维的，即技术切割人类感官，将某些感官从整体感官系统中剥离出来并进行延展。比如文字相较于身体在场的口语界面，其编码、解码方式是单一维度的视觉抽象符号，与口语界面的感知全息化方式形成鲜明参照。感官系统切割、降维趋势的逆转得益于电子影像技术的出现，被拆散的人类感官系统因为人工智能技术的崛起出现了新一轮"复原"的趋向，界面越来越呈现出感官系统趋近全息化的"回归"。

到了智能传播时代，生成式 AI 实现了超大语言模型系统与人类感官系统史无前例的交互，这是一个崭新的人机交互界面，也是一种新型主体样态。大语言模型"类人性"形式表面所隐藏的，是超越人类的新型认知系统。人工智能界面提供的系统交互，呈现出逼真的类人性感官体验，使人类的身体感知与计算机数据流之间的壁垒被打通。据此来看，机器并非悬浮并游离于在现实之上的虚构，而是经由界面的交转，不断与人类进行着交流与反馈，从而以一种区别于坚固的原有社会结构的相异性维度参与到实践中来。

社会各复杂系统之间的互动，是社会形态涌现的前提。人工智能界面的出现，为具有极强异质性的人类系统与计算机系统创造了协商与打通的空间。人类系统与计算机系统的交互成为理解数字现实的新起点，二者的互动催生着全新社会形态的涌现，并不断与过往的社会形态发生碰撞、博弈与融合。人工智能界面的最大突破在于实现了人类有机体系统与机器无机物系统的自动化交转，由此将整个世界统一到单一系统中，实质性地推进了延森所说的"世界作为一个媒介"的进程。

2. 以 CUI 为导向的人机交互新格局

算法作为一种中介，将世界的各种对象映射为数据及模型，构建了一种数据化界面，重塑了人们对世界的认知方式，同时算法也以匹配、调节与控制等方式建构了各种对象间的关系。不同的目标，不同的数据维度，不同的算法模型，会带来不同的界面。用户与计算机交互界面的迭代经历了从早期的命令行界面（Command Line Interface，CLI）到经典的图形用户界面（Graphical User Interface，GUI），再到对话式用户界面（Conversational User Interface，CUI）的发展过程（见表 5-2）。从人机交互界面的视角来看，以交互为导向的"对话式界面"使用户能以更简洁、更人性化和更友好的方式实现与机器的沟通，媒介界面的再造对全社会智能化具有独特的意义。在此基础上，对话和语言的重要性得到了凸显，尤其是人类口语表达所沉淀下来的强大力量被再次激活。这种力量与算法逻辑形成耦合，为媒介用户提供了沉浸感与情感支持，且在此过程中实现了对用户的自我意识的不断强化。

表 5-2　人机交互界面特征

类型	输入方式	输出方式	交互方式	学习成本	灵活性	用户体验
CLI	文本输入和命令	文本输出	命令和参数	高	高	需要记忆和学习

续表

类型	输入方式	输出方式	交互方式	学习成本	灵活性	用户体验
GUI	鼠标、键盘、触摸等	图形、文本	可视化操作	中	高	直观、直接
CUI	自然语言、语音等	文本、语音	对话式、上下文记忆	低	中	个性化、人性化

CLI 界面通常不支持鼠标，用户只能通过键盘输入指令，而计算机在接收到指令后，予以执行。作为最早的用户界面形式，CLI 在 20 世纪 60 年代就已经出现并得到广泛应用。

20 世纪 70 年代，GUI 得到了较为广泛的发展和应用，它实现了对不同数据化界面的整合。具体而言，GUI 主要通过可视化元素实现用户对计算机的控制，其通常由窗口、菜单、按钮、文本框、复选框、滚动条等各种控件组成，通过布局和排列这些控件来构建用户可操控的界面。GUI 的设计目标是提供对用户更友好的界面，使用户能够轻松地进行操作，并减少对计算机底层技术的依赖。

随着自然语言处理和语音识别技术的进步，尤其是 ChatGPT 等大语言模型的落地，CUI 得到了越来越多的关注和应用。互联网时代菜单式的交互界面将逐渐迭代为人工智能时代问答式的交互界面（见图 5-3）。以往平铺、罗列式的菜单界面突出了"功能导向"的设计思维，而以自然语言为基础的问答式界面则更加突出了智能传播时代"交互导向"的设计思维。随着智能终端的迭代和软件功能的日益丰富，平铺、罗列式的 GUI 设计逐渐难以在有限的视窗内收纳其纷杂场景和应用，"功能导向"的设计思维也逐渐成为用户的认知负担。CUI 的明显优势在于：使用更加自然和直观的语言交互方式，用户可以通过语音或文字与系统进行对话，无须记住复杂的图标和操作。此外，CUI 可以通过上下文记忆和智能化回应，为用户提供个性化和智能化的交互体验。

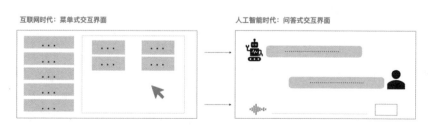

图 5-3　菜单式与问答式交互界面

　　总的来看，以交互为导向的对话式界面不仅是对纷杂功能的整合与简化，更凭借生成式 AI 强大的自然语言处理技术，使用户能以更加人性化的方式、更低的学习成本实现与机器的沟通。从技术的迭代和用户的需求的层面来看，对话式界面将是未来用户媒介使用的基本形式，也是智能技术全面嵌入社会生产的基点。

　　3. 智能对话界面的社会意义与连接价值

　　（1）智能对话界面的社会意义

　　作为智能时代用户媒介使用的基本形式，智能对话界面无疑凸显了人类对话和自然语言的重要性。对话看似平淡无奇，但它却是我们人类最强大、最通用的技能之一。对话作为一种人类协作的通用界面具有惊人的灵活性，且与当今图形界面的复杂性形成鲜明对比。生成式 AI 重新激活了人类自然语言千百年来沉淀下来的无穷力量。

　　从历史角度来看，人类交互界面在不同文明阶段具有不同的特征，交互界面的迭代往往会带来社会结构的变革，甚至可以影响人类的思维方式、存在方式和生理机能的变化。比如，口语是将三维世界抽象化为一维语音符号，凭借人类独有的发声器官将外部世界以及人类主体内在的思想情感外显化，以实现人类之间的交互。口语界面依靠人类发声传输信息，依赖身体的近距离在场，因此视觉、触觉、嗅觉等感官都卷入整个传播实践中。不过，随着文字符号系统的出现，书写逐渐成为主导性的界面，实现了多重系统的交互。文字界面突破了个体生命时空之域的限制，身体不在场的群体性联系得以建立，社会规模得到极大的拓展、其运行效率得到极大的提升，因此文明才实现了跨越世代的积累。

　　如今，以生成式 AI 主导的智能交互界面是模仿人类以身体为基本界面的自然交互状态，它可以不断地趋近于与感官系统距离更近、更全息化的方向。此外，人工智能技术的迭代和媒介界面的再造，将我们从琐碎的任务中解放出来，让我们有更多的空间去关注我们的愿景、我们的创造力以及造就我们每个人的独特视角。如果从历史角度来审视这些变化，那么我们会发现，智能交互界面无疑会重新将情景、人类的感知和情感等要素卷入未来社会结构的演进中。

　　（2）智能对话界面的连接价值

　　智能技术的发展，其底层逻辑正是为每个普通人赋能赋权，并强化人的主体地位——使人的意志与情感及其关系成为一种重要的线上力量的源泉，使人调动社会资源的禀赋不断增强、社会实践的半径不断扩大。自由流动的资源的大量释放冲击了曾经掌握社会资源分配的组织机构的社会资源控制力，使个人对组织的依附程度减弱，社会的基本单位由组织降解为个人。节点间的连接以及大量连接所产生的关系资源成为一种新的赋能赋权的力量源泉。

从未来传播发展和创新的价值标准来看，智能对话界面对于这种微粒化个体的赋权的增强主要体现在两个方面。其一是社会实践半径的增加，生成式 AI 赋予了微粒化个体一种社会平均线上的语义表达和资源动员能力，使其能进行社会性的内容生产和对话，并借助于新的传播技术和传播形态看得更远、听得更远，这极大地拓宽了人的实践自由度。其二是化繁为简的能力，GUI 能让人们以更加人性化的方式、更低的学习成本实现与机器的沟通，使个体对日益纷繁复杂的社会实践具有更好的控制感。实践半径的扩大和控制感的增强均从"人的尺度"出发并紧扣"以人为本"这一未来传播的核心逻辑，为个体的赋权提供了不可估量的增益效果。

（二）场景连接界面：细分需求与微粒化场景的精确匹配

1. 深度媒介化进程中的场景价值

场景连接界面是个体交互界面在价值逻辑上的演进和延伸，因为随着微粒化个体的聚合与激活，就应当形成与之匹配的场景构造和技术服务。场景是社会关系价值变现的关键要素，这种基于关系的价值变现本质上可以理解为特定场景中关系的一种价值创造。具体来说，场景的作用主要有两种：一种是在用户原来的诉求基础上提出一个解决方案；另一种则是挖掘用户潜在的痛点，提出用户尚未意识到的诉求，通过构建一个新的场景来连接资源并满足用户的需求。在深度媒介化进程中，场景的意义在于发现用户需求，连接具有相同要素、趣缘的微粒化个体，从而最大程度地激活社会活力。因为场景已经开始影响人们的日常信息生产、传播和消费，所以转向"场景思维"对于当下的媒介平台和商业机构来说至关重要。这种思维转向不仅意味着技术应用层面的变化、获利模式的重构，更意味着一种更加深刻的"以用户为中心"的思维模式或者说"以人为本"的底层逻辑的重新塑造，这与智能传播时代的核心范式是高度一致的。具体地说，场景思维以洞察用户需求为核心，以服务用户的场景需求为目的，挖掘用户在特定场景中的信息和服务需求，进行相应的信息与资源适配，实现基于用户场景的信息服务。从价值创造的视角来看，社会要创造更大的价值，就需要调动更大的资源去匹配需求和价值场景。

互联网用"连接一切"的方式重构了社会，重构了市场，重构了传播形态。如今，场景的核心含义的构成已不仅是现实性场景，更有虚拟性场景和现实增强场景等依托互联网络构建的多种形式。场景的本质已然不只是微观层面上的信息适配以及为受众提供服务，更是在宏观层面上重构社会关系、开启新型关系赋权模式的重要力量和关键推手。

互联网媒介时代的场景大多是由平台型媒介自己定义的，这与未来数字文明时代个体的真实需求存在巨大的失衡。数字文明时代的场景的构架应当是自组织式的、是建立在基于趣缘关系基础上的。具体而言，新型趣缘关系构架在自组织式的场景基础上，表现为更加微粒化的场景连接，从而释放出更大价值和能量。新型趣缘关系在自组织式的场景涌现基础上，促使微粒化个体的聚合、协同和有机组织。相比于科层制社会以企业、单位、机构等为基础的社会结构，这种新型趣缘关系构造的"部落式结构"是更加开放、紧密、灵活的动态演化系统。

2. 智能技术主导的场景连接

人工智能技术为自组织式的微粒化场景提供了技术可能。在以 ChatGPT 为代表的生成式 AI 技术加持下，个体有望驾驭计算机代码，进而能以此构建出能满足细分需求所要求的微粒化场景，并通过调用社会的其他技术服务接口来形成价值逻辑的闭环。以各类分发型算法为代表的分析式人工智能技术则有望实现个体的细分需求与微粒化场景的精确匹配，助益缩短满足细分需求的逻辑链条，提升场景连接价值生成的效率与水平。

数字文明时代媒介对用户的认识需要由表面的行为深入生理和心理维度，媒介对用户的洞察应全面囊括物理空间、社交氛围、心理因素。所有场景元素都可以成为定位和刻画用户的关键变量，使用户从"标签化"抽象的人变成具象化立体的人。

这种从行为到心理的深层次把握在智能技术出现之前是难以实现的，人工智能技术的价值即在于帮助用户在传播过程中的各个环节中实现空间意义上的关系并置和联结。这种全环节的场景连接需要媒介能够深度感知用户状态，洞察用户的任何细微变化。这种多元而细微的探察离不开智能终端技术设备。如今，语音识别、语义理解、智能算法的发展使智能语音机器人、智能家居、可穿戴设备等智能终端趋向智能化、人性化。在万物互联的媒体环境下，可穿戴设备和传感器能够深入用户情感和思维层面，实时识别用户的情绪特征，形成更深层次的精神场景数据。智能终端成为数字文明时代高效定位用户需求的新路径，是捕捉用户需求的入口。例如，传感器等的出现和应用，会采集用户更加个性细致的身体数据，如手势、表情、步态等，感知用户所处的时空、物理环境、事件进展，结合用户的实时状态、生活习惯、行为特征和社交氛围，分析出特殊场景内用户的心理状态和个性化需求的转变。

了解、定位用户需求只是第一步，接下来还要解决用户需求与社会资源的适配问题，即如何为用户提供最合适、最便捷的服务。适配的核心是场景与需求的连接关系，这就需要借助智能化算法的介入来实现。高度智能化的算法可以通过场景搭建与连接，使媒介平台实现内容服务与用户的深度连接，进而构建一个全新的媒介生态。在这个过程中，智能算法技术是连接资源与用户需求的中介，它通过对传播规则的重构，让参与其中的个体重新审视、体验和消费乃至创造全新的传播。

可以预见的是，随着智能技术对在场景层面的成熟，传播业势必会发生深刻变革，其通过将不同时空的环境要素、资源服务整合起来，连接到用户个体身上，进而基于新的关系进行社会整合。数字文明时代的场景思维进一步将时空、行为环境、社交心理等场景中的人和物等各种要素联结在一起。与此同时，用户需求的匹配和各种要素的连接是突破时空、跨越现实与虚拟介质的一种泛在的联结，这种联结可以是瞬时的、历史的、碎片的、完整的，以场景为核心的深度连接能够实现社会资源最大化、最深刻的整合。

（三）产业融合界面：数实融合与社会生产要素的纵深连接

产业融合界面则是场景连接界面的延伸，当以场景为单元的数字化建设正在以强大的集成力量打破传统社会和数字生活的边界时，整个社会生产系统亟需一个全新的技术生态。以数字化、网络化和智能化为核心的新一代信息技术的创新代际周期大幅缩短，而应用潜能的裂变式释放，正更快速度、更大范围、更深程度地引发科技革命和产业变革。全社会的智能化、虚实界限的模糊化、社会生产的协同化是未来智能经济时代的基本特征，数字经济与实体经济深度融合（以下简称"数实融合"）将成为未来社会生产领域的主要形态。"数实融合"强调互联网、大数据、人工智能、区块链等人工智能技术对传统产业进行全方位、全链条的改造，以推进人工智能技术、应用场景和商业模式融合创新。以生成式 AI 为主导的智能媒介对产业融合界面的赋能主要体现在技术和体系两个层面。

1. 技术层面：赋能社会生产的效率变革

技术层的价值实现指智能化媒介在实体经济运行中的嵌入，即在生产、流通、消费的全环节中发挥作用，如智能渲染、实时动态仿真、自然语言处理、深度伪造、虚拟化身等人工智能技术在生产端的嵌入，以及可穿戴设备、传感器、VR/AR 等技术在消费环节对体验的提升。人工智能技术正在被逐步应用到社会经济多个领域，成为推进数实融合的重要工具。智能化媒介在技术层面的价值实现方式是对实体产业生产效率和资源配置效率进行匹配和升级，属于人工智能技术与实体经济深度融合的范畴，这一点主要体现在数实融合过程中所需的效率变革上。

2. 体系层面：促进社会生产的高质量发展

智能化媒介在体系层面的价值体现为智能产业通过其与生俱来的"虚实交互"思维和领先的生长逻辑去实现各产业要素的协同。其具体的实现方式是通过媒介的法则和机制打破产业边界，使社会各行各业在发展思维、想象力、创造力上共同进化，进而提升人工智能技术在各领域的作用，最终推动各个产业形成更为紧密、功能更强、更有序的新体系。AI 产业正在利用自身的产业优势向社会生产的各个领域渗透，而在这种交融中大量新场景与新业态涌现了出来。尤其是在航空、汽车制造、物流、医疗、教育、文旅、影视制作等领域，AI 产业正在形成以技术、数据和创作生态构成的立体架构为实体产业提供新的发展动能、资源配置方案和协作模式，充分发挥了其作为技术密集产业的核心价值。智能化媒介在体系层面的价值实现属于数字经济和实体经济融合的范畴，其最终目标是实现社会的高质量发展，即数实融合过程中的质量变革。

总体来看，通过智能化关系网络重新整合构建起来的"数实融合"新业态，将逐渐成为未来构建经济生活的基本逻辑、基本方向。因此，传播和媒体在未来的社会生活当中，其核心职责是承担起线上社会生活加宽、加细和加厚的建设任务，也就是在业已形成的粗放型社会连接平台上，促成社会的、政务的、商业的、文化的及个人的资源与能量聚集整合、协同发展。

（四）价值匹配界面：社会全实践领域的泛在连接

价值匹配界面是建立在人机交互界面、场景连接界面和产业融合界面上的基于社会全实践领域的泛在连接，即未来数实融合局面下"一切连接一切"形态。在过往几十年间，以互联网为代表的数字信息技术深刻重构了社会形态，通过激活个体解构了已有的社会格局。互联网在"去组织化"的同时孕育下一代数字媒介，其使命在于"再组织化"，以建立一个全新的数字化社会。人工智能技术在社会各个领域的渗透为下一代数字媒介和数字社会的生长提供了动能。

可以预见的是，随着人工智能在未来的普及，数字媒介将前所未有地激活散落在各处的、传统社会无法有效利用的微资源，使其被发现、挖掘、聚合、匹配。隐藏在社会偏僻角落的个体将真正以自身的名义与以往遥不可及的其他个体产生连接。毫无疑问，这种泛在的、真实的连接将赋予个人获得前所未有的自由度。

从历史角度来看，传播技术的每一次改进都会改变和拓展社会联结方式。电子通信技术以前所未有的力度，深刻解构了传统社会，在完成随时随地与任何人的连接、带来微粒化的分布式社会形态之后，未来数字媒介的使命在于再一次升级社会连接。从这一意义讲，下一代媒介变革是充分勾连现实世界与数字世界的更加深刻、更高层次的社会连接革命。

媒介天然是一种中介化的概念，这种关系联结属性随着技术发展逐渐成为最关键的媒介形式逻辑。本节将这种中介化意涵聚焦为界面的系统交互，以突出技术及其介质、编码解码方式在中介化过程中的作用，将中介化从主体之间的交互，拓展到系统之间，旨在将中介化过程落实于随系统交转涌现出的崭新状态，据此揭示媒介从技术交互延展到社会交互、文化交互的巨大动能。媒介所构成的界面，并非一个静态的位置，而是一个动态的枢纽，它发挥着将不同系统打通、促使其互动并生成新型状态的作用。

二、人机协同：智能化的内容生产工作流

生成式 AI 正在介入媒介生产的基本流程，包括信息采集、内容制作和内容分发等过程。如在内容采集方面，生成式 AI 可以通过自然语言处理扫描和分析社交媒体源，构建媒介机构的内部工具，更快地验证社交媒体和用户生成的内容；在制作方面，生成式 AI 简化了工作流程，使记者能够专注于更高层次、更有深度的工作；在内容分发方面，生成式 AI 将进一步驱动新闻的多模态转换，推动新闻视觉化的浪潮。此外，在 AI 技术加持下的智能化生产流程呼唤更加细化的协同模式，从人机对话、人机融合到人机

一体，深度学习的算法技术对新闻生产方式的变革已超越功能层面，深入到了新闻的理念和结构层面。

媒介环境学派开山鼻祖哈罗德·伊尼斯（Harold Innis）曾指出："每当引进新的技术发明，就会产生新的服务环境，社会经验随即也会出现大规模的重新组合。"随着生成式人工智能应用场景的不断落地与扩展，可预见的生成式 AI 时代不仅只是技术应用的简单融入，而是会对社会结构、价值生产和社会心理产生重大冲击与挑战。

对于新闻传播领域而言，生成式 AI 在新闻传播业的应用实践及其效应，已经开始在功能层面，重构新闻生产流程，变革新闻工作机制，驱动新闻的多模态转换，并逐渐在理念和结构层面颠覆与挑战新闻观念与专业基础。

作为媒介融合的发展的重要部分，新闻生产流程首先受到了技术迭代和媒介生态演变的影响。当前，媒介已经基本实现了从形态到机制层面的融合，但从媒介转向媒介化的深度融合仍然不足。然而，人工智能的介入，使人与机器、媒介与技术形态、机制、文化和内在逻辑深度融合成为可能，媒介融合向人机协同进阶。在数字媒介生态下，新闻生产从一种精英主义的"中心—边缘"结构转变为多主体、弥散式、网络化的新模式，生成式 AI 的出现更是将新闻从一种带有垄断性色彩的信息实践转变为更具普遍性和日常化的生活经验。"生活在技术赋权的时代，无法逃离亦无法隐蔽。"生成式 AI 对新闻传播领域的影响，还需回到新闻生产流程的具体场景中讨论。

（一）智能信息流：信息采集与数据流动

在信息采集方面，传统新闻信息采集依赖于记者等人员的人力采写，面临渠道有限且效率不高的缺陷。数据、算力、算法是生成式 AI 的核心要素，其中海量、实时、多元、流动的数据作为生成式 AI 底层技术的基础性生产要素，从多个方面改变着新闻信息的采集。

1. 数据流动扩展采集的渠道

在人工智能发展的历史进程中，数据往往被不同主体占有，获取自由度与可使用量都较低，出现了"数据孤岛"的现象。然而由于生成式 AI 需要大量"数字哺育"进行深度学习，因此在产品训练与用户使用之间实现了数据流动的双向自由，数据从分裂的"数据孤岛"转向自由流动的"数据聚合"。因此，海量、实时、多元、流动的数据作为生成式 AI 底层技术的基础性生产要素，能够帮助新闻从业者更迅速准确地收集、筛选大量信息，并自动优化聚合，进而辅助新闻人提高报道的时效性、全面性与准确性。

2. 数据分析开辟采集新视角

在数据分析层面，生成式 AI 不仅拥有海量的数据，而且拥有较强的分析能力。因此，媒体机构可以建立数据中心，通过哺育专业数据从而训练出垂直的"小模型"，应用于新闻生产各个环节。就信息采集而言，生成式 AI 能够自动监测各种新闻源与社交媒体，为新闻工作者提供有力的数据分析，发现潜在的新闻线索与趋势，以此将新闻人从烦琐的基础信息中解放出来，从而为新闻人提供见解或启发，帮助其寻找更独特的角度、更有洞察力的思考方向。

3. 信息分类提高采集的效率

在信息采集后期的信息管理方面，过去记者在采访之后需要付出大量时间和精力对资料进行整理以确定新闻的重点与立场，以确保新闻的准确性与客观性。生成式 AI 在多模态的识别的基础上能够辅助新闻从业人员更好地进行信息管理，通过数据挖掘与文本分析，自动构建大规模的数据库，并进行分类整理，以便新闻从业人员随时检索与获取信息，进而提高信息采集后期的效率。

（二）媒介内容制作：多模态与报道优化

在媒介内容制作与编辑方面，生成式 AI 提高了机器自动写作的质量，同时能够实现内容在文字、图片、视频等多模态之间转化，并且能够辅助编辑，进行事实核查与报道优化。

1. 提高机器自动写作质量

过去新闻机器人进行的自动化写作虽可海量、迅速生产文本，但仅限于特定类型文本的内容生成，例如体育、财经、气象等单一领域的报道。然而，生成式 AI 意味着自动化写作迈入了新阶段，它可以通过机器学习和深度学习算法，从海量的数据和信息中提取新闻价值，并自动生成高质量、独立的新闻报道和分析文章。此外，它能够以人的不同标准为导向生成不同类型的内容。例如 ChatGPT 可以将学术文章的摘要或部分内容简化为新闻语言。既可以生成摘要、文章，也可以生成策划大纲、采访提问等创意性的内容，还可以按照难易要求生成不同知识层次的文本，比如把复杂的话题简化到普通受众能够理解的水平。质言之，生成式 AI 不仅会提高机器自动化写作的内容质量，还能够模拟人的思想与情感赋予内容更深的意义与价值，并可以根据用户的偏好，自动生产契合用户需求的个性化新闻内容。

2. 内容实现多模态之间转化

此外，生成式 AI 不仅能自动生成文本、图像、音频和视频等形态的内容，还可以实现内容在多模态之间的相互转化，例如将新闻文字自动转为视频等。随着媒介融合的发展，新闻生产已经成为"通感艺术"，信息构建的多模态往往包括文字、图片、音频、视频等多种符号编码，多模态新闻已经成为新闻报道的主流表达形式。随着跨模态大语言模型的发展，较强的多模态感知以及跨模态处理能力，能够实现新闻内容在不同模态之间的相互转化，从而丰富新闻生产的元素与表现手段。

3. 自动事实核查与优化报道

在新闻编辑方面，生成式 AI 将与编辑协同工作，如新闻信息的选择、组织、审核和修订等。尤其是事实核查环节，早期主要依靠编辑掌握的各领域知识进行判断，不仅耗时耗力，而且时效性和扩展性较差。生成式 AI 能够在训练后对新闻语义特征、情感特征等进行提取并融合，为新闻事实监测提供支持。因此，尽管生成式 AI 目前在内容的准确性、真实性方面受到质疑，但它可以在通过数据训练后自动对信息进行事实核查与信息修改，帮助编辑核实信息的准确性、微调优化报道。

（三）媒介内容分发：精准推荐与交互聊天

生成式 AI 正在重构新闻生产流程，变革新闻工作机制，革新传统的内容分发模式，以及进一步驱动新闻内容的多模态转化，擘画新闻产业中"智媒"新图景。从新闻分发来看，分发的权力也由媒体机构转移到了算法平台，由人类移交给了人工智能。在生成式 AI 技术的加持下，新闻分化的算法推荐技术得到了进一步优化。数字虚拟人的出现也使得分发互动更具开放性，内容形态更加多样，进一步丰富了新闻的表达方式和视听体验，提升了新闻的品质与吸引力。

1. 分发算法：精准的个性化推荐

人工智能技术在个性化分发推送方面拥有显著优势。生成式 AI 可以通过分析挖掘用户的历史阅读记录、兴趣爱好以及社交关系等数据，描绘精准的用户画像，从而为用户提供量身定制的新闻推送，制定智能策略，实现个性化新闻分发。相较于传统算法推荐的智能技术，生成式 AI 在理解用户、匹配内容、情感分析、监控反馈等方面为新闻分发提供了更强的助力。

基于深度学习的推荐模型，利用神经网络、自然语言处理等技术，生成式 AI 实现了对海量新闻和用户数据在多个维度上的学习和建模，进而能够实现精确捕捉、理解用户偏好和内容特质。在此基础上，通过建设不断完备和智能化的标记系统，从而能做到内容的最优化匹配与推荐，并使不同个人用户之间形成了不同的新闻议程。在标记方法上，计算机视觉分类法通过运用了图像识别技术来优化选择、生成更受受众欢迎的新闻内容，不但节省了数百小时的制作时间，还能使内容以更轻松的方式呈现。这种匹配和识别，不仅包括对新闻文本的语境或题材内容等叙事方式和对象的识别分析，生成式 AI 在提供个性化新闻推荐服务时，还会将情感分析、场景分析等维度纳入考量，并根据用户所处的场景、所拥有的感情，推荐更为适配的内容，为用户提供更具情感共鸣和在场感的新闻，提升新闻传播效果。

2. 内容呈现：多模态的提质升级

特点一，自动化生产并输出文本、图像、视频、音频等多模态数据，提高内容生产效率。生成式 AI 通过对新闻内容的理解或编辑的文本描述，即可以为新闻内容自动添加对应的音乐、图片，或对标题、文稿等进行润色，使新闻内容更加富有创意。特点二，激活新闻内容的视觉呈现，丰富表达形式。在听觉层面，生成式 AI 可以创建专为支持语音的设备设计的音频新闻故事；在视觉层面，通过对图像、视频分析来协助视觉叙事，通过对内容的自动标记与智能归类将内容进一步可视化，从而生产更具冲击性的视觉模式唤起受众的情绪反应，不同模态的内容形式之间还可以转化、融合。特点三，新闻内容虚实层面的拓宽，更为轻松地营造新闻沉浸感。人工智能技术能够让新闻工作者轻松构建交互式页面、虚拟现实或增强现实叠加层，降低沉浸式新闻的生产门槛，帮助新闻工作者更加智能化地创建增强现实的内容，虚实结合的场景化传播将赋予新闻内容更强的表现力，如在数据新闻方面，人工智能技术可以根据文本描述或数据自动生成3D 模型、动画等视觉增强效果。

值得注意的是，在多模态内容生成应用变得更广泛的同时，多模态虚假信息也更为泛滥了，视觉层面的虚假信息对社会造成的危害更为隐蔽且更具煽动性。若没有提前告知和提示，生成式图片很容易让公众信以为真，信息真实与否变得更加难以辨别。在生成式 AI 技术支持下，一段文字描述即可生成更具冲击性的多模态数据，再借助社交媒体平台的病毒式分发，就可能引起更加深层次的社会危机。

3. 分发方式：交互式聊天对话

数字虚拟人在新闻产业中的广泛应用，改变了新闻分发的互动机制，新闻内容的传播从推送走向对话，在问答交流之间增加了新闻内容、平台与受众之间的交互与连接。在生成式 AI 的帮助下，个性化新闻的更新可以在与受众实时对话、回答查询的过程中实现，同时与受众交流的新信息可以为内容的推荐分发机制提供了更多有价值的反馈。这种交互式、聊天对话式人工智能技术可以帮助新闻产业不断优化新闻内容的推荐算法，提高推荐的准确性和多样性；这种实时的、动态的交互，能够帮助新闻推荐更加了解自己的受众，对分发机制进行动态的调整，从而能够适当扩充推荐范围，弱化受众陷入信息茧房的负面效应，提升受众的满意度。

4. 应用实例与案例分析

生成式 AI 在整个社会领域的应用更加深化，其技术特性也从专用性逐渐转换为如今的通用性，并在多个领域内容生产工作中释放出极大的活力。对于新闻业来说，生成式 AI 将促使其产生大变革，从线索采集到内容编写和分发等多个环节都将被重塑，整个数字时代新闻生产业态都将被改造。

2014 年 3 月，《洛杉矶时报》发布了由机器人撰写的新闻，自此以后，国际新闻业对人工智能的开发和应用不断加速并无所不在。如今，国际新闻生产的各个环节都融入了智能化生成技术的创新应用，如智能化采集新闻线索、新闻写作编辑的自动化升级、动态化监控与智能人机互动等，极大地提高了国际新闻的生产效率，重塑着传统新闻生产模式和生产关系，同时为国内新闻业态的创新发展提供了参照经验。

在国内新闻行业，中央广播电视总台旗下的新闻频道是中国主流媒体的重要代表之一。2022 年北京冬奥会期间，央视新闻频道正式推出了自己的虚拟数字人"央小新"，并以"手语主播"的形象亮相于冬奥会和冬残奥会报道中，为听障群体提供赛事直播。在外观形象上，"央小新"大方又美观，以自然逼真的神态语气和播报时优雅独特的气质，吸引着观众的视野；在业务能力方面，她为新闻现场多样化、灵活性及深入性的报道注入了新鲜的活力，带来了更加新颖、更具体验感的视觉冲击，带来了更丰富的创新式新闻表达。

在生成式 AI 技术支持下，"央小新"可以在虚实场景中进行自如地切换，不拘泥于单一演播室，可以灵活切换到田间地头、工厂公园、事故现场等一线现实新闻场景之中，她还能瞬间置身于多元的虚拟场景之中，以微观独特视角观察特殊新闻现场。2023年全国"两会"期间，在央视新闻频道推出的特别节目《开局之年"hui"蓝图》中，她成了一名全能型主播，除了在演播室报新闻，还去实景中进行了新闻播报，甚至打破时空局限，穿越到 2035 年与国宝大熊猫进行了一场趣味对话。在此次"两会"报道中，央视新闻频道也广泛融入了生成式 AI，通过输入农业、生态、人工智能、智慧城市等关键词让 AI 生成相应的图片内容，并有创意地绘制未来中国生态、农业、科技、智慧城市等方面的蓝图，以一种更为可视、可感、可及的方式将 2035 年远景目标在图纸上一一展现，内容优质且权威。央视新闻频道在生成式 AI 的加持下，探索出一套"两会"报道的全新模式。

　　未来，在生成式 AI 的持续优化下，我国新闻业中将有更多虚拟数字人走向舞台，进而打造出更多融合多模态技术的精品节目，并驱动媒体行业高新技术与内容产品更好的结合，释放新闻产业旺盛的生命力与活力。在这个过程中，整个内容生产模式将发生颠覆性改变，新闻从业者将探索出"新闻 +AIGC"的更多可能。

三、社会全实践领域：生成式 AI 的深度嵌入和价值观照

　　生成式 AI 在内容生产领域的赋能所带来的是全社会自下而上的深度变革，这种变革不仅是内容领域和创作方式的变革，更是社会全实践领域的整体性颠覆，涉及整个社会的生产力、生产关系以及社会心理等多个层面。生成式 AI 的深度嵌入带来的也不仅是创新效率的提升，更是对社会全实践领域的价值观照。

（一）跨越能力沟：社会活力的全面重启

　　1970 年，蒂奇纳（Tihenor）等人在传播学领域引入了知识沟（Knowledge Gap）的概念，自此这个概念就成为讨论社会结构不平等所导致的知识分配不均的重要切入点。蒂奇纳等人认为，随着大众媒体信息不断融入社会系统，社会经济地位高的人群往往比社会地位较低的人群更快地获取信息，知识差异将不断扩大而非缩小。

　　从互联网发展历史的角度来看，技术对人们赋能可以分为多个阶段。在第一阶段，以浏览器为基础的网站技术打破了信息传播的局限性，使社会精英们能够绕过传统媒介的采集、加工制作、把关等环节，直接传播信息。该阶段实现了信息从专业范畴向更广泛的社会领域的拓展。在第二阶段，社交平台和短视频技术的普及彻底颠覆了话语表达

的精英霸权，大幅降低了内容生产和社会表达的门槛，从而催生了泛众化传播时代的到来。在该阶段，互联网以平等的方式将信息和知识均衡地连接到每个人身上，但个体之间对信息资源的利用能力仍存在差异。在第三阶段，生成式 AI 则为普通大众提供了跨越"能力沟"的机会，以 ChatGPT 为代表的大语言模型突破了不同人群在资源使用与整合方面的能力差异，使每个人至少在理论上可以拥有社会平均线上的语义表达和资源动员能力，并以此进行社会性的内容生产和对话，这是又一次重大的边界突破和对于"弱势群体"的巨大赋能。大语言模型能释放个人创造力，助推个人向知识、智慧、创造密集型劳动发展，充分释放创新与想象。当技术承担了人类语言、知识、思考中的重复工作之后，每个人都可以在更为充裕和闲暇的时空中释放自身的潜能。

总体而言，生成式 AI 可以帮助个体跨越"能力沟"的障碍，有效地按照自己的意愿、想法来激活和调动海量的外部资源，形成强大、丰富的社会表达和价值创造能力，使社会成员有更大机会参与社会决策与专业运作。

（二）变革与机遇：社会分配方式的重组

生成式 AI 是一次新的技术革命，同时还具有极强的普适性，能够对人类生产、生活的方方面面进行改造与升级。生成式 AI 对社会全实践领域带来的转变是全方位的。首先，行业竞争格局的变化速度、产品迭代速度会进一步提高。其次，产业的整合程度、系统化程度越来越高。随着人工智能深入工作和组织，其改变的不只是个体工作，产业总体的协同和组织模式也将发生重大改变。在人工智能的辅助下，越来越多的经济和社会协同会进入整体自动化的体系，机器与机器之间将形成庞大且复杂的协作网络，并逐渐将人排除在外。最后，AI 对顶尖人才的赋能，会极大地增强中小企业的行业竞争力，而原来大企业占据的资源优势会进一步丧失。

从历史角度来看，技术的跃迁、生产效率的提升可能并不会自然带来社会整体福利水平的提升，甚至往往会伴随着一段阵痛期，进而引发社会结构、分配方式的重塑。一个健康的社会收入分配结构应该是"纺锤形"，即"中间厚、两边薄"的形态，但目前人工智能工具的发展，可能会加重人力劳动和资本回报的不平衡，从而进一步加深收入分配的"极化效应"。AIGC 交互界面的友好性、大模型开源及 API 价格的降低、插件服务带来的应用生态繁荣等，都使得人工智能技术或将成为像水、电、网络一样的基础设施，渗透并改变千行万业。这导致智力要素重要性的提升和附加值的提高，这些转变都将推动社会资源和财富向顶尖人才和组织聚集。

　　需要指出的是，社会是一个整体，生产效率的提升并不代表着购买力的提升，被替代的普通职工才是购买力的最大来源，为了维持供需平衡，分配制度在一定程度上需要被重塑。此外，技术进步的影响也不应止于生产效率的提升，也要看它能在多大程度上带来跨行业的溢出效应。要让技术进步更好地实现普惠价值，也需要对现有的制度性安排做出调整，甚至是重新设计。

　　若将视角转回到人本身，可以发现，对于人类认知而言，生产式 AI 所引发的智能革命既是一种解构也是一种机遇。人进行实践活动的初衷，是将客观物质经过对象化的改造，使之成为满足人生存发展的需要的物质生产资料。然而在这一过程中，不仅是人改造了物，同时物也造就了人。在实践过程中，人更新着自己对客观世界认识的广度与深度，同时也会不断分析、评估、调整自己，将自己视为改造的对象，形成新的发展目标。生成式 AI 的"深度学习""人工神经网络"等技术逻辑决定了机器与人类的实践模式是相近的，千百万用户长期媒介实践的过程，既是机器学习的过程，也是人类主体借助机器这一中介"进化"心智的过程。

（三）主体间性思辨：智能时代基于人性的价值观照与"赋意"

　　《诗经》有云："日就月将，学有缉熙于光明。"人类对人工智能的潜心钻研不断取得重大突破，大语言模型的涌现能力与 AIGC 的应用普及为真正智能社会的到来提供了确定的加速度，人工智能正跳跃式地加速渗透进各行各业，并推动一场新的生产力与创造力革命。

　　人工智能的发展得益于人类技术与文明的进步，而人类也可以从人工智能的发展中受益。在人工智能发展的过程中，我们可以通过不断地对人工智能进行研究和改进，提高人工智能的智能水平和应用范围，让人工智能更好地为人类服务。同时，我们也在从与人工智能日益深入的共存中不断拓展自身认知的边界，实现自我心智的进化。人与机器的主体间性思辨长期以来都是备受争议的哲学问题，而从人工智能底层赋能的角度来看，无论是生成式 AI 时代的算法逻辑，还是用户交互界面的改造，抑或 AI 的替代性作用，这些其实都在不同程度上引导了人们关于自身"主体间性"的思考。

　　古希腊哲学家普罗泰戈拉提出的"人是万物的尺度"的观点，彰显了人的主体地位和主观能动性。马克思认为"人是一种对象性的存在物"，即人通过实践将原本属于人自身的智慧、力量、特性、才能等外化到客观对象之中，这既是人以自己的意志创造世界的过程，也是人不断确证自己的本质力量的方式。

人类发展的历史是人的本质力量对象化的演进史，人类技术的进步实际上是将自己的气力对象化到机器之中，使人的身体得到了最大程度的解放或延伸。随着知识的积淀和智力的增长，人的本质力量的对象化进入了新的阶段，人工智能是人的脑力对象化的产物。人工智能的研发过程就是一部不断巩固、放大和提升人类主体性的历史，人工智能将来的每一点进步，都是对人的本质力量的再一次确证。

从历史角度来看，人工智能对于当前媒介用户的底层赋能是新时代人的本体在技术加持下的又一次延伸。人工智能的替代性作用，人们对于人工智能是否会取代自身主体地位的担忧，恰恰激活了全社会领域对于人性的观照与回归。这样的自我反思与观照，是人类在技术革命历史上的一种必然，也是科技文明即将发生转向时人类的一种自我"赋意"和主体性觉醒。

第六章
传薪播火：生成式 AI 促进学术生产领域的升维

本章概述

  生成式 AI 的发展，将常规四大科学范式，即经验、理论、计算、数据的边界不断拓展，而科学智能（AI for Science）主导的第五范式初显雏形，促进了学术生产领域的升维与革命。当我们回看那些令无数学者着迷却又难以跨越的难题时，不难发现它们也只不过是科研领域延绵壁垒中的冰山一角，是"问题 - 答案 - 新问题"的循环往复。生成式 AI 及多学科交叉融合所诞生的智能研究方法，无疑可以给这些科学难题以及人类在科学无人区的执着探索带来了全新的可能性。然而，从历史角度来看，科学研究范式的演进绝不会就此停顿，人类对于未知的不懈求索，将像人类文明的演进一样生生不息。总之，生成式 AI 将解构传统的知识生产秩序，是学术生产力的跃升，同时它还推动了新型交叉学科建设，打破思维壁垒，培养跨学科人才。

第一节　生成式 AI 作为智能方法的意义、价值与基本范式

一、智能研究方法：提升学术研究的精准度与效率

（一）科学智能：智能技术与科学研究的耦合

科学研究的根本目的是对事物本质的进行研究和探索。生成式 AI 正在深度嵌入社会的千行百业，当人工智能技术与学术研究相遇时，科学智能这个概念就应运而生了。科学智能指利用生成式 AI 的技术和方法，去学习、模拟、预测自然界和人类社会的各种现象和规律，从而推动科学发现和创新。其将依赖于四大基础设施：基于基本原理的模型和算法、高效率 / 高精度的实验表征方法、数据库 / 知识库、高效便捷的算力资源。科学领域未来将来会成为人工智能的主战场之一，生物制药、芯片、材料、工业制造等领域的产业模式都将被改变。

生成式 AI 技术与学术研究深度耦合有两个主要的驱动因素：一是数据的爆炸式增长；二是计算能力的飞速提升。在生物学、天文学、社会科学等领域，数据的收集和存储已经超出了人类的分析和理解能力。然而，生成式 AI（特别是深度学习技术）可以通过构建人工神经网络，自动地从大量的数据中提取特征和模式，从而实现对数据的高效处理和挖掘。另一方面，随着云计算、量子计算、神经元计算等技术的发展，计算能力也得到了前所未有的提升，使得人工智能可以处理更复杂、更高维度、更多变量的问题。

如今，泛人工智能技术已经在多个科学领域取得了令人瞩目的成果。例如，在化学和生物学领域，谷歌旗下的 DeepMind 公司开发的 AlphaFold2 系统，利用深度学习对蛋白质折叠结构进行预测，成功地解决了困扰生物学界 50 多年的难题。在物理领域，鄂维南院士和他的团队利用机器学习与物理建模相结合的方法（DeepMD），成功地模拟了包含 1 亿个原子的量子分子动力学系统，并获得了 2020 年国际高性能计算应用领域的最高奖戈登贝尔奖。在天文领域，NASA 利用人工智能对太空望远镜拍摄的数千张星系图片进行分析，发现了一些新的星系，并对宇宙演化提出了新的假说。

智能化的研究方法不仅可以帮助科学家解决已有的问题，还可以帮助科学家发现新的问题和方向。人工智能可以通过生成新的假设、设计新的实验、提出新的问题等方式，激发科学家的创造力和好奇心。当然，它也同时带来了一些挑战和风险，需要科学家和人工智能研究者共同面对和解决。例如，人工智能的可解释性（Explainability）问题，即人工智能做出决策和推理的过程往往是不透明的，难以被人类理解和验证。这就需要开发新的方法和工具，来揭示人工智能的内部机制和逻辑，从而提高人工智能的可信度和可靠性。另一个问题是人工智能的伦理性问题，即人工智能如何遵守人类的道德和法律规范，尊重人类的价值和利益，避免造成不公平和歧视等负面影响。这就需要建立新的标准和监管机制，来保障人工智能的合法性和责任性。

总的来说，智能研究方法是一个充满潜力和挑战的领域，它将为科学研究开辟新的视野和路径，也将对科学家的角色和能力提出新的要求。我们期待日新月异的生成式人工智能能够与各个科学领域深度融合，共同推动人类社会的进步和发展。

（二）基本概念：以大语言模型为基础的智能研究方法

以大语言模型为基础的智能研究方法，可以理解为，将人工智能技术作为增强工具介入科研工作流，去学习、模拟、预测人类社会的各种现象和规律，提升学术研究的精准度与效率。智能研究方法贯穿于科学研究工作流的全过程，具体分为生产层、分析层和思维层，如图 6-1 所示。

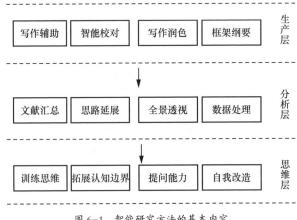

图 6-1　智能研究方法的基本内容

• 生产层。生产层的工具赋能主要体现为学术写作过程中的辅助功能，目前，许多写作辅助工具如智能写作平台和语言校对软件已经被广泛运用于学术领域。这些工具基于自然语言处理技术，能够自动生成文稿、修正语法和拼写错误，甚至提供逻辑一致性检测。对于科研人员来说，这些人工智能工具极大地提高了论文书写的效率，降低了语言错误率，从而为提升论文质量提供了有力保障。

• 分析层。除了提高论文撰写的效率，人工智能技术还可以通过数据挖掘和文本分析，为论文提供更准确、更深入的研究视角。例如，人工智能可以分析大量的学术文献，提取关键信息，如研究方法、实验结果和结论等。通过这些信息，研究人员可以更好地理解特定领域的前沿动态，为他们的论文提供宝贵的参考。

• 思维层。生成式 AI 可以帮助研究者拓展思维能力和认知边界，强化提问能力和自我改造；同时，可以利用人工智能技术研究对现实问题的认知观察，如社会控制、预测和控制等，为人类社会提供基础性的学术关照。

二、科学研究的"第五范式"

（一）常规四大科学研究范式：经验、理论、计算、数据

范式这一概念最初由美国著名科学哲学家托马斯·库恩（Thomas Kuhn）在《科学革命的结构》这本书中提出来，其核心含义是常规科学所赖以运作的理论基础和实践规范。范式既代表着一个由特定共同信念、价值等构成的整体，又代表着这个整体的某种精神要素，指引着这个共同体的功能。范式在本质上是一种知识生产方式和知识存在方式，是科学共同体的世界观基础和方法论核心原则，为科学共同体提供研究根据、实践标准和价值方向。作为知识生产方式，范式集中表现为科学共同体对知识本体的基本观念和共有信念，指引着知识生产主体的实践方式选择与认同；作为知识存在方式，范式在知识生产实践的结果上承载着知识产品的形式和内容，表现为特定的知识话语体系。

科研范式是常规科学所赖以运作的理论基础和实践规范，随着科学的发展以及外部环境的推动而不断发生变化。由于科学家对科学研究范式的信奉受到时代认知的局限，某种科学研究范式总会在科学发展到一定程度后显示出不足而无法解决一些问题，出现困难、矛盾和困惑。这种矛盾推动了科学家们的反思和进一步探索，进而逐渐形成新的

科学研究范式。

计算机图灵奖得主吉姆·格雷（Jim Grey）提出了科学研究范式发展的四个阶段：经验科学范式、理论科学范式、计算科学范式和数据科学范式。

1. 经验科学范式

经验科学范式应用于人类最早的科学研究，主要以记录和描述自然现象为特征，又称为"实验科学"（第一范式），是以经验主义和人的深度思考为主导的科学研究范式。从原始的钻木取火，发展到后来以伽利略为代表的文艺复兴时期的科学发展初级阶段，开启了现代科学之门，如图 6-2 所示。

图 6-2　四大科学研究范式（资料来源：是实）

在研究方法上，经验科学范式以归纳为主，通常存在较多盲目性的观测和实验。这种方法自从 17 世纪的科学家弗朗西斯·培根（Francisc Bacon）阐明之后，科学界一直沿用着。培根指出科学必须是实验的、归纳的，一切真理都必须以大量确凿的事实材料为依据。他还提出了一套实验科学的"三表法"，即寻找因果联系的科学归纳法。其步骤是先观察，进而假设，再根据假设进行实验。如果实验的结果与假设不符合，则修正假设，再实验。

科学实验过程可以大致简化为：定义问题 → 提出假设 → 设计实验 → 观察对象 → 检验假设 → 得出结论。

2．理论科学范式

理论指人类对自然、社会现象按照已有的实证知识、经验、事实、法则、认知以及经过验证的假说，经由一般化与演绎推理等方法，进行合乎逻辑的推论性总结。从范式发展的角度来看，当实验条件不具备的时候，第一范式难以为继，此时为了研究更为精确的自然现象，催生出了新的科学研究范式。第二范式是以建模和归纳的理论学科和分析为主导的科学研究范式。如果说依赖观察和实验的第一范式可以做到"知其然"，那么第二范式的科学理论则需要做到"知其所以然"。它需要解释自然界某些规律背后的原理，而不再局限于描述经验事实。理论科学偏重理论总结和理性概括，强调更深层次的，具有普遍性的理论认识而非直接实用意义的科学。在研究方法上，以演绎法为主，不局限于描述经验事实。

理论科学过程可以大致简化为：收集资料 → 定义概念 → 逻辑思维 → 推理模型 → 数学化 / 形式化 / 公式化。

3．计算科学范式

随着理论研究的深入，同时验证理论的难度和经济投入也越来越大，第二范式面临重大瓶颈和挑战，迫切需要提出新的科学研究范式，于是第三范式应运而生。第三范式被称为计算科学范式，是以计算和模拟为主导的科学研究范式，由 1982 年诺贝尔物理学奖获得者肯尼斯·威尔逊（Kenneth Wilson）提出并确立。20 世纪后半叶，伴随高性能计算机和基于大规模并行计算的计算机体系结构的发展，科学家尝试在理论模型指导下，利用计算机设计数值求解算法、编写仿真程序来推演复杂理论、模拟复杂物理现象。借助计算机的巨大算力，科学家可以精确地、大规模地求解方程组，进而去探索那些无法通过实验法和理论推导法解决的复杂问题。

计算科学过程可以大致简化为：确定实验系统 → 建立数学模型 → 建立仿真模拟 → 仿真实验 → 结果分析。

4．数据科学范式

第三范式是先提出可能的理论，再搜集数据进行仿真计算和验证，然而随着科学的发展和环境的变化，人们可能已经拥有了大量的数据，但难以直接提出可能的理论，此时第三范式的指导意义有限，需要开发或总结新的科学研究范式。第四范式是以数据驱动为主导，也被称为数据密集型范式，即通过数据和算力探索前沿的科学研究范式。其与第三范式的区别在于，随着数据量的高速增长，计算机将不再局限于按照科学家设定的程序规则开展仿真模拟，还能从海量数据中发现规律，形成基于关联关系的科学理论，其本质是通过海量数据的收集代替人类传统的经验观察过程，借助机器的高算力代替人类的归纳推理，从而实现远超经验范式的理论归纳能力。第四范式强调借助并行计算、数据挖掘、机器学习等技术去发现隐藏在数据中的关系与联系。通过数据科学范式，我们可以利用大数据所集中的信息来揭示之前无法察觉的模式和关联，这种方法可以帮助我们深入了解复杂的现象。

数据科学范式的研究过程可以大致简化为：数据采集 / 预处理 / 集成 → 数据统计 / 分析 → 数据挖掘 → 数据可视化和应用。

（二）新型智能研究范式：价值连接、路径革命、主体强化

在常规科学时期，科学共同体的主要任务是在范式的指导下从事释疑活动，通过释疑活动推动科学的发展，"常规科学即解难题"。在释疑活动过程中，一些新问题和新事物逐渐产生，并动摇了原有范式，建立新范式的科学革命随之产生。

随着科学研究从经验范式发展到数据科学范式，人们已经可以从海量数据中挖掘出人类智能难以发现的科学规律。然而，经过多年的科学实践后，人们发现，无论是计算科学范式还是数据科学范式，在面对社会、经济、人脑智能等复杂巨系统科研对象时，都存在数理模型难以构建、数据学习效率低下、内在机理不明等局限性。基于这样的现实，吉姆·格雷提出了跨学科的解决方案，即鼓励不同领域的科学家、工程师和计算机科学家共同研究，共享数据、工具和知识，以促进科学研究的进步。不过，想实现这样深度的跨学科合作是不现实的，因为各领域的专家互相之间并不了解，也不能准确判断对方说的是否正确，因此在跨学科领域建模方面单凭人类的智能是无法实现的。然而，以 ChatGPT 为代表的生成式 AI 在近年来取得的瞩目成果展现了人机融合的巨大潜力，为解决科学研究的长期困境带来了曙光。

科学研究的第五范式，即智能研究范式或人机融合范式，主要指以 AI 技术为核心，以融入人的价值和知识为手段，以人机融合为特征的科学研究方法。第五范式更侧重于人类、机器和数据之间的交互，强调人类决策机制和数据分析的整合，它体现了数据和智能的有机结合，如图 6-3 所示。

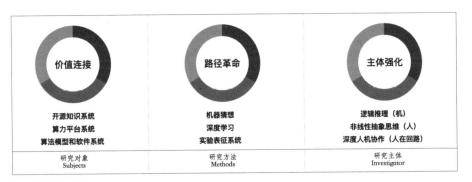

图 6-3　智能科学研究范式

1. 价值连接：跨学科的精细化、全要素协同

以生成式 AI 为主导的智能科学研究范式，其核心要义在于通过 AI 对人类已有知识成果实现全领域、细粒度的价值连接。具体而言，这种连接是全要素、全系统的一种基于细粒度社会的价值匹配，凸显了智能技术在学术研究领域中通过中介性、匹配性所实现的倍加效应。智能科学研究范式能够使科学研究在这种连接中实现更高的效率、更深远的探测、更细粒度的把握。第五范式旨在推断各种认知计算应用的共同点，并指导开发互补解决方案，以应对未来的挑战。

价值连接主要作用于科学研究中的研究对象（Subject）问题。人工智能对人类知识成果的整合力可以实现大语言模型跨学科、跨系统的知识融合，使吉姆·格雷提出的跨学科解决路径成为可能。这使当前诸多因"学科壁垒"而无法探测的复杂巨系统逐渐被纳入系统化研究的议程，如社会系统、经济系统、人脑智能等。换言之，第五范式的出现使诸多常规科学无法深入研究的问题变得可及，将科学研究的对象拓展至更复杂、更深层的领域，同时也打开了人类更加广阔的研究视野。智能科学研究范式作为科学研究的第五范式，目前尚处于起步阶段，且需要一个极其漫长的过程，需要建立在开源知识系统、算力平台系统和算法模型和软件系统等多种系统之上。

总体而言，第五范式所具有的是一种连接型价值，它并不是某一个专门的工具，因此我们需要从价值连接的角度来理解第五范式。人工智能模型甚至可能成为一种新的知识形式，与人类能够理解的知识并驾齐驱，共同组成科学知识，它为跨学科的复杂系统研究和人类的科学视野提供了不可估量的价值。

2. 路径革命：范式突破与方法统合

在科学发展的某一时期，总有一种主导范式，当这种主导范式不能解释的"异常"积累到一定程度时，科学共同体将寻求更具备包容性的新范式。常规科学的前四种范式都有各自的特长，也有自己的短处。而且，在面对复杂的问题时，它们之间也不能进行有效的协同、匹配和交叉。

第五范式能够实现"范式突破"的原因在于可以利用自身强大的数据归纳和分析能力去学习科学规律和原理。具体而言，以深度学习在科学研究的应用为例，深度学习中用于训练神经网络的数据来自科学基本方程的数值解，而非经验观察，从而延展出一种新的知识创造的思路，即通过"机器猜想"的方式实现科学智能的应用。以深度学习为代表的人工智能技术兼顾了效率与准确性，通过"机器猜想"的方式应用于科学智能，通过不同的"算法思维"和"应用场景"的对撞，得到不同领域的专业知识，将未知的结论推导出来，从而反向推动该领域的发展，得到在经验领域尚未得到的前瞻性结果。

智能科学研究范式主导了科学发展困境期的一场路径革命，通过"科学智能＋机器猜想"的方式打破了常规科学范式之间的边界，并且在方法论和思维模式上形成对前四种研究范式的统合，为科学研究提供了前所未有的路径。比如，当前自然科学研究中普遍面临的"维数灾难"问题（即随着变量的个数或维数的增加，计算复杂度呈指数增加），目前的算力无法处理非常高维的数学问题，而通过神经网络的方法则可以有效地表示或逼近高维空间的函数。例如，分子动力学中对原子间相互作用的势能函数的描述，即便是通过量子力学模型，也要每一步在线地把原子和原子间的相互作用力算出来，且只能处理最多 1000 个原子。利用深度学习的方法，科学家们将分子动力学极限从基线提升到了惊人的 1 亿个原子，同时仍保证了"从头算"的高精度，效率是之前基线水平的1000 倍。

总体而言，第五研究范式是一种全新的思维模式和方法论，通过对常规科学范式的突破和对研究方法的整合，以更加高效和准确的路径推动科学进展。

3. 主体强化："人在回路"模式的深度人机融合

从范式演进的角度来看，以数据密集为特征第四范式可以发现数据中的大量相关性，为科学发现提供了新的视野。然而，在具有主观、非线性、不规则结构特征的研究对象上，仅靠数据驱动方法进行漫无边际的相关性分析，不仅消耗了大量的计算资源，而且无法真正预测未来的趋势和变化。面对第四研究范式的这些困境，采用人在回路（Human in the Loop，HITL）学习模式的人机融合方法开始展现其强大的潜力。

人在回路指人类参与算法建构的训练和测试阶段，以连续的方式训练和验证模型，是将人类智能和机器相结合以获得长期最佳结果的过程，简言之，即由人主导的迭代。人在回路是监督机器学习和主动学习的结合，这种将人类智能和机器结合起来的方法创造了一个持续的反馈循环，使算法每次都能产生更好的结果。在常规的科学研究中，研究者往往是以观察者的身份介入研究的。例如，第一范式中人类观察总结，第二范式中人类归纳推导，第三范式中人类建模分析，第四范式中人类设计框架。不论是经验科学范式、理论科学范式、计算科学范式还是数据科学范式，人类总是在观察、归纳物理世界的客观现象，用数理逻辑、理论概念、公式和模型等作为可靠的"抓手"来处理问题。然而，当这些可靠的"抓手"在面对复杂问题失效时，当机器通过学习掌握了人类创造的知识之后，人的定位应该从幕后走向台前。通过将人的直觉性经验或专家性经验融合到数据模型或者计算模型当中，以人类专家经验引导和改进"机器"的低效探索，发挥"机器"的计算能力优势和人类的直觉性优势，以人机融合、人在回路的形式进行科学实践，以弥补"机器"无法感知或推理某些难以量化的科学规律的局限性。

总体来看，"人在回路"的深度人机融合模式为擅长逻辑推理的机器赋予人类特有的非线性抽象思维，以机器积累量变，以人脑触发质变，以螺旋升级的方式共同促进科学技术的进步和发展。

第二节　生成式 AI 作为工具的强大增强性赋能

一、智能科学研究范式与学术文献

（一）智能技术与学术资源搜集

据美国科学基金会数据，科研人员查找和消化科技资源的时间在全部科研时间中占比高达 51%。受语言能力、科研工具等条件的限制，科研人员在科技资源获取与分析的准确性、完整性与及时性等方面面临着严峻考验。生成式 AI 的出现无疑为学术资源的搜集增添了极大助力。生成式 AI 可以理解和分析文本内容，从而在海量的学术资源中进行高效检索。一些基于生成式 AI 的工具根据用户发出的指令可以跨语言和跨数据库地检索相关文献，最大范围地汇总代表性文献，并在整理后呈现在用户面前。基于对用户的阅读习惯和兴趣点的自动学习和识别，生成式 AI 可以个性化推荐相关文献，帮助用户更快地找到潜在的、有价值的研究资料。ResearchRabbit.ai 是一款基于人工智能的集文献搜索、管理和分析于一体的平台，旨在帮助研究人员更高效地处理和理解文献。ResearchRabbit.ai 可以使用关键词、主题或作者等信息进行高效检索，帮助用户在大量文献中找到相关的论文。通过分析文献之间的引用关系、作者合作关系等，ResearchRabbit.ai 可以为用户提供研究领域的核心团队和权威人士的信息。此外，该平台还可以根据用户的阅读历史和兴趣推荐相关论文，帮助用户"顺藤摸瓜"，更好地进行文献研究。

（二）智能写作与学术资源管理

基于数据挖掘技术，生成式 AI 可以从大量文献中提取出关键信息，如研究问题、研究方法、实验结果等，还可以对文献进行深度分析，识别出重要的观点、创新点和研究趋势。这有助于研究人员快速了解文献的核心内容，从而更好地评估其学术价值（见图 6-4）。Zotero 是一个强大的开源文献管理工具，可以帮助用户收集、整理和引用文献。当 Zotero 与可以进行自然语言处理和生成的 GPT 技术相结合，Zotero-GPT 在学术资源管理方面将提供相当的助力。用户可以通过 Zotero 收集文献，然后利用 GPT 技术对文献进行自动分类和摘要生成。这有助于用户更快地了解文献内容，找到关键信息。上文提到的 ResearchRabbit.ai 也提供了丰富的组织和分类功能，可以帮助用户对文献进行有效管理。例如，通过分析文献中的数据，ResearchRabbit.ai 可以提取出研究趋势、关键观点和研究成果等关键信息，这些数据将为用户提供有关研究主题的全面信息。用户可以就研究目的、研究方法或其他条件对文献进行分类和整理，以便在后续的研究中快速找到所需的信息。类似地，Notion AI 可以帮助用户在阅读论文时快速记录关键信息，如文章中的核心观点、研究方法、实证结果等。用户可以使用 Notion AI 的页面和数据库功能来组织这些笔记，以便随时查看和回顾。

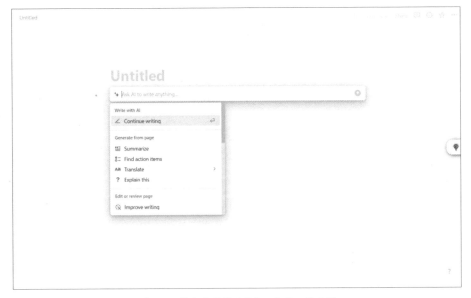

图 6-4　学术资源管理类人工智能工具示例

（三）文献综述与研究问题构建

基于海量关联的文献数据，生成式 AI 可以捕捉文本序列中的依赖关系，进一步理解和分析文本内容，根据任务要求自动生成简洁且连贯的摘要、文献综述或研究大纲，为下游科研任务提供充分支持。ResearchRabbit.ai 可以帮助用户生成文献综述、论文摘要和正文等部分的内容，并在用户需要时快速回顾文献的关键信息，这无疑有助于提高用户的写作效率。Zotero-GPT 也可以帮助用户生成文献综述、论文摘要和正文等部分的内容，从而提高用户的写作效率。以 Aminer AI 为例，用户在输入简单的要求"请围绕'创新扩散理论'写出 300 字的文献综述"后，如图 6-5 所示，网页迅速生成了符合要求的文献综述，并列出了多样的参考文献。为检验参考文献是"有迹可循"的还是大语言模型"胡编乱造"的，可点击参考文献标题后跳转到文献网页，你会发现，文献信息与Web of Science 网站上的是一致的，从而判断来源可信。在上传文献 PDF 格式的文献后，即可以使用人工智能速读功能迅速把握全文的背景、简介、方法、重点内容、结果、相关工作和支持基金。

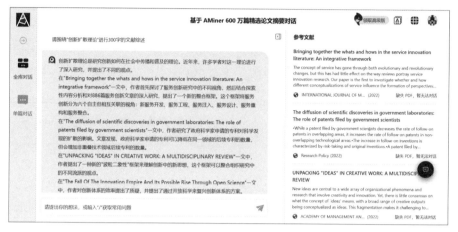

图 6-5　Aminer AI 示例

二、生成式 AI 时代的学术阅读与知识吸收

（一）效率增强：无障碍阅读

考虑到视力障碍者的需求，生成式 AI 可以将文本内容转换为语音，使用户通过听觉来感知和理解内容。借助先进的语音合成技术，生成式 AI 可以模拟真实的人声，提高语音播放的舒适度和可听性。此外，生成式 AI 还可以在文本的布局、颜色、字体等样式上进行个性化设置，帮助阅读障碍者减轻压力，更有效地阅读和理解内容。对于常人而言，生成式 AI 对学术阅读的助力主要体现在语言翻译和实时注释上。生成式 AI 可以实现不同语言之间的自动翻译，使用户能够轻松地阅读和理解由其他语言撰写的文本。在阅读过程中，生成式 AI 还可以实时分析文本内容，为用户提供相关背景知识、名词解释等注释信息。

以 SciSpace 为例（见图 6-6），SciSpace 是一款强大的科研论文 AI 辅助工具，为科研人员提供了许多实用的功能和便利。通过基于 OpenAI GPT-3 的大语言模型，它可以帮助用户快速阅读和理解大量学术论文，实现快速检索、人工智能文本分析、论文追踪、高亮解读以及数学和表格解读等功能。SciSpace 不仅可以加速论文阅读和理解的过程，还可以提供宝贵的参考和指导，提高科研人员的工作效率。然而，用户在使用过程中也需要注意其一些缺点，如该工具的读图能力较差以及需要核对信息准确性。SciSpace 中的 Paraphraser 是一个学术解释工具，也可以说是更加智能化的翻译，用户可以选择翻译的效果是正式的、流利的，还是有创造性的，还可以调整输出的长度和变化，人工智能都会根据需求给出合理的反馈。

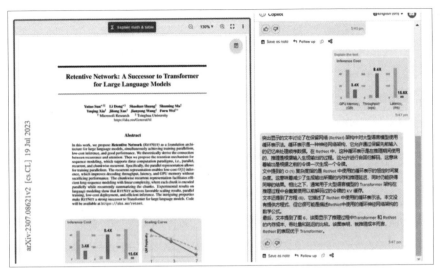

图 6-6　SciSpace 示例

（二）理解增强：对话式精细阅读

对话是用户与生成式 AI 工具之间最常见的互动方式。通过对话，生成式 AI 可以收到用户的指令，并输出答复，乃至不断地按需优化答复。在学术阅读的过程中，生成式 AI 也可通过对话的方式帮助用户实现便捷的、精细的阅读。

SciSpace Literature Review 便是一个类似谷歌搜索的搜索框，用户可以把想要询问的问题输入进去，AI 会对问题进行解答。Copilot-Read with AI 是 SciSpace 的核心功能，它会通过对话的形式帮助读者理解论文，提供有价值的建议。

知网 AI 学术研究助手也将推进问答式增强检索作为赋能科研创新的全新探索（见图 6-7）。其提供的生成式知识服务的场景实践，大幅简化了繁复的检索与研究流程。其中，单篇问答主要是针对文章大纲、主要观点、研究方法、研究结论等问题进行扩展，还可以对参考、引证和相似文献进行推荐和摘要汇总；专题问答主要是就同一专题内的文章进行结论提炼、方法总结、文献综述及摘要汇总，以便高效地进行特定主题的结构化阅读和系统化研究；全库问答则是体系化的解答和全景化的透视，以期达到服务用户深度学习，加速创新进程的效果。

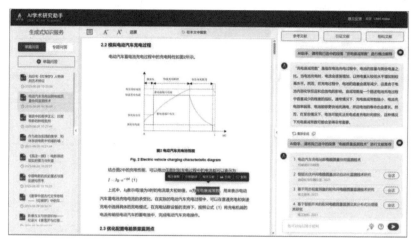

图 6-7 知网 AI 学术研究助手示例

Aminer AI 的右下角也设置了对话框，用户可以选择关键问题提问，也可直接输入问题。如图 6-8 所示，针对英文文献的摘要部分下达指令"以下这段文本来源于某篇科研文献，你的任务是针对这段文本做 3 件事：1. 请对这段文本用容易理解的方式做出解释；2. 找到这段文本内容的研究对象或研究问题，给出定义；3. 提取出文本中涉及的学术概念并做出解释"。网页迅速做出了符合要求的中文回复，这大大提升了用户的阅读效率。

图 6-8 Aminer AI 文献阅读示例

（三）学习增强：结构化的知识吸收模式

由 Allen Institute for AI 开发的学术搜索引擎 Semantic Scholar 利用机器学习技术，可以从文献文本中挑选出最重要的关键词或短语，确定文献的研究主题，也可以从文献中提取图表，呈现在文献检索页面，以帮助使用者快速理解文献的主要内容。以文献"*The Semantic Scholar Open Data Platform*"为例，网页自动生成了"TLDR"（Too Long，Didn't Read），即对文献的简明扼要的总结。向下滑动网页，用户可以看到标注了 AI 生成的文献的研究主题，还有文献中出现的图表，这些信息能够使用户在短时间内形成对这篇文献的整体印象。对于大部分科学研究人员来说，Semantic Scholar 的最大用处是可以帮助他们快速获得重要文献，因为该引擎可以辨别一篇文章引用的参考文献是否具有重要的参考价值。如图 6-9 所示，这篇文献所引用和参考的资料分别被按照相关性降序排列，为用户顺藤摸瓜地获取更多高质量的相关文献提供了方向。

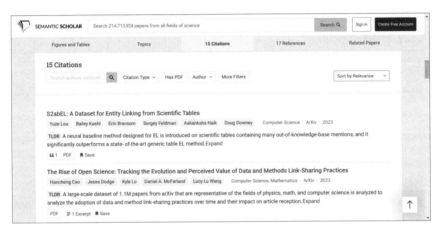

图 6-9　Semantic Scholar 示例

Zotero-GPT 可以帮助用户在阅读一定数量的文献后自动生成报告。报告包括文献的概述、主要观点、研究方法和结果等方面的内容，这有助于用户更好地了解文献的整体情况，为后续的研究提供参考。

虽然 Notion AI 的主要功能是笔记管理和协同工作，但它也具有深度学习功能，可以帮助用户在阅读论文时进行更深入的分析。例如，用户可以使用 Notion AI 对论文中的数据和模型进行二次分析，从而更好地理解研究结果。

三、大语言模型与学术写作辅助

（一）写作框架与提示

Scrivener 是一款专业的写作软件，可以帮助用户规划、组织和撰写长篇文档，包括论文、小说等。在用户输入主题后，Scrivener 可以为用户提供一些写作建议和框架，帮助用户在写作过程中更好地规划和管理论文结构。Scrivener 的核心功能之一是分区（Layout），用户可以在分区中设置不同部分的文本，如引言、理论部分、实证分析等。通过分区功能，用户可以直观地查看和调整论文的结构。Scrivener 支持多层次的文档结构，用户可以将论文的不同部分组织成父子章节，以便更好地管理和调整论文框架。使用标签和注释功能，用户可以对论文的不同部分进行标记和注释，以便在写作过程中保持对论文结构的清晰认识。Scrivener 还提供了多种写作计划视图，如列表视图、日历视图等。这些视图可以帮助用户直观地查看论文的整体结构和进度，从而更好地调整和完善论文框架。

（二）智能写作校对

1. Grammarly 英文写作辅助工具

Grammarly 是一个英文写作辅助工具，可以帮助用户检查英文写作中的语法错误、拼写错误和用词不当等问题。Grammarly 可以从可读性、词汇量等维度对文本进行评估，针对付费用户，Grammarly 还会从词汇选择、标点使用、语法运用、书面语规范等角度提供修改方案，帮助用户完善原有文本（见图 6-10）。

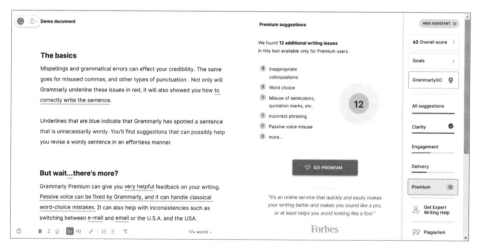

图 6-10　Grammarly 示例

2. Hemingway 英文写作辅助工具

Hemingway 是一款简洁明了的写作工具，它可以帮助用户识别复杂的句子、冗长的段落和常见的写作陷阱。通过提供明确的建议和统计数据，Hemingway 有助于用户写出更加简洁、易读的文本（见图 6-11）。

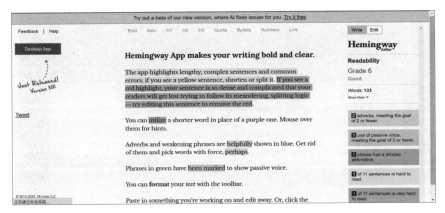

图 6-11　Hemingway 示例

3. ProWritingAid 写作辅助工具

ProWritingAid 同样是一款写作辅助工具，它可以帮助用户检查文本中的语法、风格、拼写和标点符号错误（见图 6-12）。该工具还提供了一些高级功能，如词汇增强、句子结构优化等。

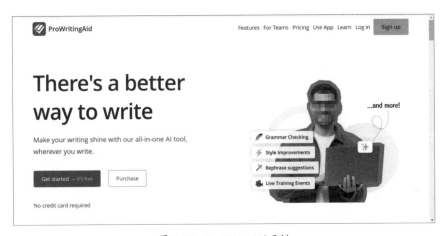

图 6-12　ProWritingAid 示例

4. LanguageTool 写作辅助工具

LanguageTool 是一款多语言的语法和拼写检查工具，它支持超过 20 种语言，包括英语、中文等（见图 6-13）。

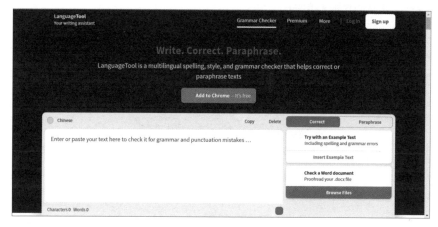

图 6-13　LanguageTool 示例

（三）智能写作润色

在知识推理上，生成式 AI 能模拟人脑思维方式并持续优化思维能力，通过思维链完成一系列复杂推理任务。用户只需提供推理的前提和目的，生成式 AI 就能生产出逻辑一致的文本内容，高度还原客观知识本身。在知识表达上，生成式 AI 能够基于推理过程连贯地表达学术观点，通过解读人类模块化撰稿的各种特征，模仿不同学者在内容创作方面的特色进行续写，或根据不同期刊的风格对论文进行改写和润色。

1. Textio 人工智能写作软件

Textio 是一款基于人工智能的写作软件，虽然其主要应用于招聘领域，但对于论文润色方面，它也能够提供一定程度的帮助（见图 6-14）。Textio 可以根据用户的需求调整文本的语言风格，使其更加正式、客观或亲切。这有助于用户在不同场景下写出适合的文本，提升论文的观感。Textio 还可以帮助用户优化文本的内容，提供更加清晰、有条理的表达。它能够分析用户的文本结构，并提出改进意见，使用户的论点更加有力、逻辑更加严密。Textio 还能够为用户提供实时反馈和建议，帮助用户在写作过程中不断改进和提升论文质量。需要注意的是，虽然 Textio 可以辅助用户润色论文，但用户仍需要根据自己的研究和想法对生成的内容进行审查和修改，以确保论文的质量和准确性。

图 6-14　Textio 示例

2. Jasper.ai 人工智能写作软件

Jasper.ai 可以重写或改进已有的内容以提高内容质量（见图 6-15）。例如，使用"重写"让一个句子更加简洁或流畅，或使用"改进"让一个段落有更丰富的案例或更有逻辑。

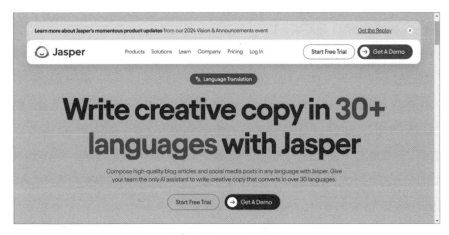

图 6-15　Jasper.ai 示例

3. Quillbot 人工智能写作软件

Quillbot 使用了先进的语言模型技术，因此可以根据用户输入的内容生成连贯、自然的文本。图 6-16 显示的是网页对样本文本进行的改写。此外，Quillbot 还具有抄袭检测功能，可以帮助用户检查文章的原创性。

图 6-16　Quillbot 示例

第三节　生成式 AI 作为智能主体的替代性赋能

一、生成式 AI 与变量策略

（一）大语言模型：因数据而生

自 2016 年开始，人工智能就逐渐成了公众关注与讨论的焦点。当时，AlphaGo 成为第一个战胜围棋世界冠军的人工智能机器人，在人类智慧高地再下一城。AlphaGo 下围棋并不遵循学习定式、揣摩策略、进行宏观布局等常规策略，而是通过读取大量的数据及进行深度学习，再模拟大量的随机对局并据此评估棋盘上各个位置的价值。它主要利用蒙特卡洛树搜索[1]的方法进行细腻的概率计算，这也是许多围棋爱好者不能理解人工智能机器人部分行棋位置的原因。人工智能机器人凭借其远高于人类经验量级的数据，以及自身高算力的硅基基础，开辟了一条以数据为核心的行动机制。

2020 年，OpenAI 公司使用 45TB 数据、1750 亿个参数对人工智能模型进行训练后，发布了 GPT-3 模型。该模型可实现基于文本的生成、创作、编码等多项工作，再次震惊相关业界。由先进硬件与算力支撑的充分的数据训练，使人工智能具有了许多与人类类似的功能，这是数据由量变产生质变的最好例证。从反面来说，如果样本量不足，大语言

---

[1]　蒙特卡洛树搜索的核心思想是把资源放在更值得搜索的分枝上，即算力集中在更有价值的地方。

模型在执行相关任务的时候，也会出现一定困难。因此，数据奠定了大语言模型的基础。

　　有学者认为，过去十年，人工智能取得了戏剧性的进步，在几乎所有领域都产生了深远的影响，而这些成功的重要前提就是海量且高质量的训练数据。人工智能的许多突破都是在获得正确的数据后才实现的。人工智能深度学习的材料就是大量的数据，它主要通过收集、标注、准备、减少、增强、管道搜索六个步骤实现数据处理，因此人工智能也被称为以数据为核心的人工智能。当然，对于庞杂纷繁的数据，如果缺乏合适的学习和处理方式，数据的功能性就会大打折扣。在这种情况下，人工智能应运而生，通过自然语言处理、深度学习、神经网络等多项技术实现了大模型的构建。综上所述，人工智能因数据而生。

（二）生成式 AI 与数据收集与标注

1. 生成式 AI 与数据收集

　　在学术研究中，尤其是实证类型的研究，数据收集是一个必要且重要的步骤。研究者应该从各种来源收集和获取数据，这从根本上决定了数据的质量和数量，是研究开展的基础。数据收集完成后，还需要对数据进行分析、运算，对理论假设进行反思……在完成多个实验步骤才能继续推进。这个过程较大程度上取决于研究者对领域知识的掌握程度以及研究者对资源的搜集能力。随着数字化技术的发展，获得数据的途径越来越多，开发并有效利用现有数据集的策略也大幅增加。基于分布式互联网和自身强大的计算能力，人工智能对知识的调用能力要远远强于人对知识的调用能力。只要经过相关训练，人工智能完全可以替代人力来完成数据搜集中标准化、程式化的部分。

　　在变量测量这一步骤中，访谈也经常作为获取个性化数据的一种方法。在大型访谈工作中，研究者往往需要访谈员省时高效地收集相关数据，而访谈员需要屏蔽掉很多主观的因素，完全遵守研究员的设计去对受访者进行数据收集。在这一背景下，生成式 AI 就成了十分合适的替代性选择。它不仅可以毫无遗疏地采集到所有的多模态的数据，还能实时提供反馈并进行相应分析，在节约大量成本的同时又保证了数据的质量。另外，出于隐私保护的考虑，因为人工智能目前尚未在社会中产生过于深度的关系，所以部分被访者在面对人工智能时可能顾虑会更小，进而给出更加真实、客观的答案。

2. AIGC 与数据标注

　　数据标注是将一个或多个描述性标签分配给数据集的过程，该过程使算法能够从标记数据中学习并进行预测。过去进行数据标注时，通常使用的是众包与半监督标注法，这些方法都涉及耗费大量时间和资源的人工操作。因此，数据标注在过去是一项非常繁重的工作，但人工智能完全能够胜任这方面的工作，其结构化思考方式和计算能力能大幅降低这项工作中的人工操作量。人工智能本身就是数字化的产物，它对数据的理解与人脑完全不同，其高速度与高准确率的属性会天然地表现出一种对数据的亲和力。同时，深度学习技术的发展让人工智能对多模态数据更加敏感，而非仅停留在单一的数字维度方面。综合以上因素我们会发现，人工智能完全可以替代人类在数据标注上的角色。

（三）案例：ChatGPT 的文本情感分析

自然语言处理技术是人工智能的底层技术之一，在人工智能还没有实现通用化时，人们就已经可以通过特定的编程软件（如 Python）完成情感分析，这种分析主要包括以下几个基础步骤：文本预处理、特征提取、情感极性分类、情感强度估计、结果输出。图 6-17 所示为 NLTK（自然语言工具包）提供的情感分析的案例代码。

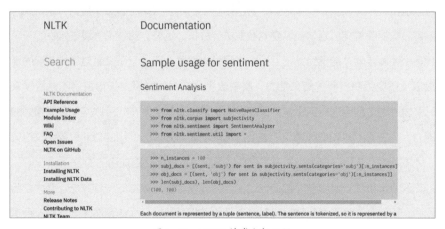

图 6-17　NLTK 情感分析示例

随着人工智能技术的发展，基于神经网络的情感分析模型在处理某些任务上的性能方面获得了显著提升。ChatGPT 通过学习大量的文本数据，对自然语言具有了更丰富、更深刻的理解，而字词接龙的方式也让其可以根据上下文和语境进行推断和预测。

此外，ChatGPT 还具有较强的泛化能力和可迁移性，因此可以适应不同类型的数据和任务，同时还能够进行细粒度的情感分析，如情感强度、情感类型等。这使得ChatGPT 成为一种在情感分析任务中非常有效的工具。如今，用户不必掌握编程语言，就可以通过 ChatGPT 自动进行情感分析。ChatGPT 在收到提示词以后，会自动搜寻相关资源，掌握情感分析的步骤，进而按照提示词的指令完成分析任务，甚至可以对分析结果做出解释。

二、生成式 AI 与假设检验

（一）科学研究中的假设检验

科学研究从广义上讲是为了认清客观事物的内在本质与规律所进行的一系列调查研究、实验与分析。科学研究分为两个层面：理论层面与实证层面（见图 6-18）。前者涉及发展有关自然或社会现象的抽象概念，即建构"理论"。后者则是测试理论与现实观察是否相符。假设就是对变量之间的关系的主张。假设可以用观察到的数据进行经验检验，如果没有经验观察的支持，假设可能会被拒绝。假设检验是一种统计推断方法，其作用是推断相应的命题是否有效，可以用来判断样本与样本、样本与总体的差异是由抽样误差引起的还是本质差别造成的，这是科学研究尤其是自然科学研究中的重要步骤。

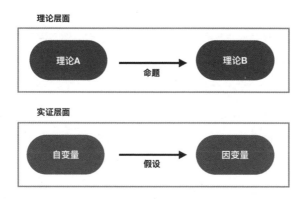

图 6-18 研究的理论和实证层面

假设检验有五个主要步骤：陈述研究假设为零假设和备择假设；收集数据用于检验假设；采用合适的统计检验；决定是否拒绝零假设；在结果和讨论部分呈现实验发现。

假设检验离不开样本数量。其相关性不仅在于样本的大小影响到检验的功效，还在于伴随着样本的扩大，要检验的假设本身在变化，数据的分布在变化。假设检验有以下几点局限性：首先，假设检验的理论不能满足因果的唯一性；其次，假说检验依赖于样本，依赖于样本空间；最后，经典假设检验理论难于应用更为复杂的数据，如图片、影像、语言和音乐等。生成式 AI 的出现，催生了智能数据分析的新时代，其提供了一种强大的工具，能够处理复杂数据、识别模式、去除噪声、从数据中提取信息，或者为假设检验提供额外的数据支持。这有助于科研人员更全面地理解问题，并做出更可靠的假设检验。

（二）强化学习与模型构建

强化学习作为机器学习的一个分支，可以在假设检验中帮助改进实验设计、提高实验效率以及更好地探索数据以验证或拒绝假设，并进一步搭建模型。

在实验设计初期，强化学习可以用于优化实验设计，并且辅助确定实验中的关键参数以及采样策略，最大程度地获取信息。强化学习作为智能代理，还可以根据先前的实验结果和模型反馈，动态调整实验策略，从而更快地完成假设检验。对于复杂的假设检验而言，如因果关系分析，强化学习可以辅助优化模型的参数设计，增加模型和数据的适配性，并且强化学习还可以应用更加深度的学习和因果推理方法，引导进一步的假设检验和研究方向。

总而言之，强化学习在假设检验中的应用通常需要定制化和复杂的问题设置。我们可以利用强化学习的能力来动态调整实验策略，优化参数设置，探索新领域和最大化地获取信息，还可以帮助我们在假设检验中更有效地进行实验和数据分析。这种方法有望加速科研进展，特别是在需要大量实验和数据的领域。

（三）案例：AlphaFold 的高精度预测

科学智能的本质就是用 AI 学习科学原理，然后得到模型，进而用模型解决实际的问题。AlphaFold 是 Alphabet 的子公司 DeepMind 开发的人工智能程序。通过机器学习、高性能计算技术与物理建模相结合，AlphaFold 成功预测了大量不能被直接验证的假设。2018 年，AlphaFold1 问世，2020 年升级为 AlphaFold2。AlphaFold2 获得了第十四届蛋白质结构预测竞赛（CASP）冠军。在 50 多年间，蛋白质三维结构的预测一直是一项异常艰难的研究课题，而 AlphaFold 基于人工智能的方法彻底改变了结构生物学，使得高精度地预测蛋白质结构成为可能。AlphaFold 的创新具体体现在以下四个方面。

第一个创新是多序列嵌入（Multiple Sequence Embedding，MSE）。作为生物信息学领域的重要概念，它可以为各种研究目的分析多个序列，其核心是利用多重序列对比（Multiple Sequence Alignment，MSA）、聚类和动态网络嵌入等技术来理解复杂的序列数据。

第二个创新是预训练和知识蒸馏。前者使研究人员可以在特定任务的小规模数据集上进行微调，以适应该任务，后者旨在通过从大型复杂模型中转移知识来提高小型简单模型的性能。该工具最初是为了减小模型尺寸和计算复杂度而开发的，但随后人们发现它也可以提高模型的泛化性能。

第三个创新是转换器的使用。AlphaFold 使用了 Transformer Encoder 架构来处理蛋白质序列和结构信息。Transformer Encoder 可以对 MSA 表示进行编码，以捕获序列之间的关系。它能够有效地处理长序列，同时保留了序列中的关键特征，并将这些信息用于预测蛋白质的三维结构。这种结合了深度学习和生物信息学的方法在蛋白质结构预测领域取得了显著突破。

第四个创新是空间图的运用。空间图是一种基于图的表示方法，它会用节点和边的形式表示蛋白质的不同部分，并包含它们之间的关系和距离信息（见图 6-19）。通过空间图表示蛋白质结构信息，有助于模型更好地理解蛋白质的性质和结构，从而实现高度准确的结构预测。这对于生物学研究和药物发现等领域具有重要意义。

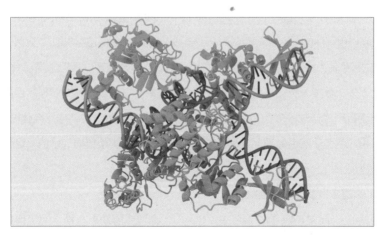

图 6-19　蛋白质折叠

三、生成式 AI 与数据分析

（一）科学研究中的数据分析

数据收集和分析是科学研究和发现的基础。人工智能越来越频繁地在多学科、多领域被用于集成大量数据集、细化测量、指导实验、探索与数据兼容的理论空间，并提供集成科学工作流的可操作和可靠的模型。尤其是在数据分析方面，信效度检验、相关关系测量、因果关系的判定等分析层面是各项研究中最重要的部分，它们与实验结果的验证直接相关，也间接影响到理论的构建。

李源等学者着重对因果关系的判断之意义进行了论述："因果关系推断作为一项重要的研究课题，在许多领域中有极高的应用价值。一旦做到真正理解因果关系背后的逻辑，即可在计算机上进行模拟，进而创造出一个'因果关系推断专家系统'。这个系统将可能为解释或发现未知的现象或规律，解决久而未解的科学问题，开发和设计新的实验，并不断地从环境中获取更多的因果知识，进而为社会和民众带来福祉。"实验数据信效度的检验则与可解释性密切相关，而相关关系正是因果关系推断的必要条件，因此数据分析的每一部分都具有重大意义。现在行业内已经有 IBM 等公司推出 SPSS、Amos、Stata 等多个数据分析软件供学者们使用。

数据分析的学科基础（即统计学），与相关软件的掌握程度与具体操作方法，成了学者们深耕精细研究的一大障碍，也是学者们想做出优质研究的必克难关。然而，很多学者并非统计学相关专业，他们对统计模型、软件应用的掌握程度自然不会非常高，大部分初学者在刚使用软件也难免边摸索边操作，况且软件的运转效率还常常取决于硬件的强度。这一系列的因素使人类研究者在数据分析的时候不仅容易产生错误，而且浪费了大量时间。

除此以外，数据分析的结果往往在实验成果里需要以图表的形式展现，目前相关软件并没有直接形成心仪图表的功能，因此研究人员需要在得出结果或标准化图表以后，对其进行相应的美化润色处理，进而通过可视化充分发挥实验数据的价值，这也是一种人力上的消耗。

（二）大语言模型与智能数据建模

在最新的 ChatGPT-4V 测评报告中，ChatGPT 通过求解简易方程证明了自己的数学推理能力（见图 6-20）。当然这并不令人感到意外，因为计算机经过长期的发展，早已能通过各种方式实现这样的功能。然而，ChatGPT 有别于其他计算机程序的地方是，它是在一个通用的领域进行解答，且不需要进行任何程序代码的编写。如何认识用户所提供图片中的文字，如何寻找解答方法，如何调动自己的算力，这些工作都不用用户参与，全都可由人工智能自己完成，这便是大语言模型的独特与高效之处。

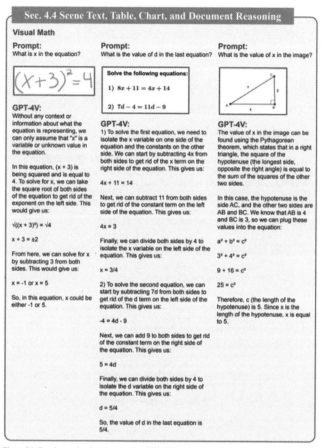

Figure 34: Results on visual math reasoning. GPT-4V is able to comprehend and solve visual math problems with a well-structured solution. Check Section 4.4 for detailed discussions.

图 6-20　GPT-4V 识图解决数学题示例

　　在数据分析领域也同样如此，ChatGPT 等大语言模型通过深度学习技术，已经系统地、高效地掌握了统计学知识，从而使它能根据用户提供的变量类型与样本数量等要素，对数据进行深入挖掘和分析，识别变量的因果关系，构建能够反映数据内在规律和特征的模型。这些模型可以用于预测、分类、关联等任务，甚至形成知识图谱，为决策提供有力支持。

　　此外，大语言模型是以高性能的 CPU 和 GPU 为算力基础，且拥有特定的程序语言，因此在数据分析上比较精准，它可以直接替代用户进行相应的分析操作。大语言模型甚至能在分析之后形成相应的图表，并给用户相应的解释。由于大语言模型的通用性，相应的视觉细节、数据细节甚至可以通过简单的提示工程优化。这极大程度地节约了用户的学习成本与操作成本。

　　大语言模型与数据建构在未来有可能形成互相促进的关系。大语言模型的算力提升，强化了数据建构的基础设施，而通过分析数据建构得到的结果，又可以进一步发现大语言模型的潜在缺陷，从而促使人工智能在相应层面进行更深入的学习，形成良性循环。

（三）案例：ChatGPT 的回归分析应用

　　宾夕法尼亚大学沃顿商学院副教授伊桑·莫利克（Ethan Mollick）在社交平台上展示了他使用 ChatGPT Code Interpreter（ChatGPT 的代码解释器）实现回归分析的成果（见图 6-21）。他先上传了一个表格文件，并向 ChatGPT 提出了三个问题。

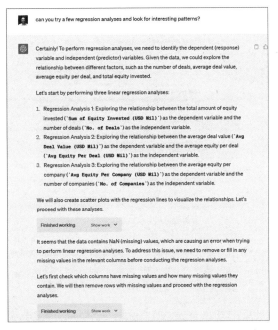

图 6-21　ChatGPT Code Interpreter 回归分析示例（一）

- "你能进行可视化和描述性分析，帮助我理解这些数据吗？"
- "你能尝试回归并寻找模式吗？"
- "你能运行回归诊断吗？"

　　ChatGPT Code Interpreter 先是给予了肯定的答复，然后陈述它执行相应指令所有需要完成的步骤。首先它需要识别表格文件中的变量，判断何为自变量，何为因变量。随后它抓取了表格中的各个变量，自行决定了做几组回归分析，并给出了散点图和回归分析曲线，从而让变量间的关系可视化。除此之外，ChatGPT 还能够主动识别数据可能有误的部分，并主动处理缺失值。图 6-22 为 ChatGPT 绘制的线性回归分析图。

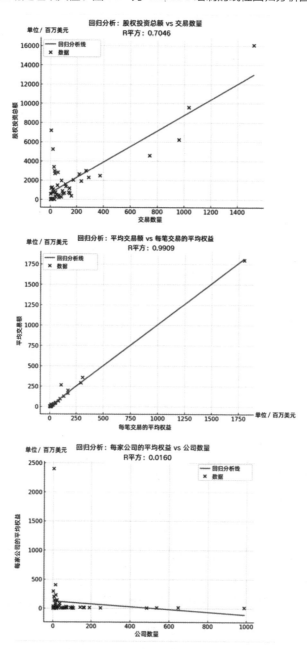

图 6-22　ChatGPT Code Interpreter 回归分析示例（二）

最后，ChatGPT 还将线性回归分析和相应可视化的结果以文字的形式分点呈现，清晰明了地展示了它选取的各组变量之间的联系如何，相应的指标又包含了什么样的具体含义（见图 6-23）。

以下是线性回归分析和相应可视化的结果：

1. 回归分析1:股权投资总额 vs 交易数量

   散点图和回归线显示在每次分析中，股权投资总额与交易数量之间都存在正相关线性关系。0.9569的R平方值表明有很强的相关性，其意味着交易数量越多，股权投资总额越高。

2. 回归分析2:平均交易额 vs 每笔交易的平均权益

   散点图和回归线显示在每次分析中，平均交易额与每笔交易的平均权益之间都存在正相关线性关系。0.7886的R平方值表明有很强的相关性，其意味着股权投资越高的交易往往具有越高的总体价值。

3. 回归分析3:每家公司的平均权益 vs 公司数量

   散点图和回归线显示在每次分析中，每家公司的平均权益与公司数量之间都存在微弱的正相关线性关系。0.0557的R平方值意味着公司数量并不是每家公司的平均权益的一个强有力的预测指标。

这些分析提供了在风险投资的背景下，不同的因素是如何相互关联的见解。请让我知道是否您有任何具体的问题。

图 6-23　ChatGPT Code Interpreter 回归分析示例（三）

以上的案例仅仅是让大语言模型完成了简单的数理统计分析过程，其根本性地降低了分析难度，为更多的学者提供了深入研究的机会。未来，大语言模型可能还会在数据分析方面继续发展，比如在构建跨模态知识图谱、多元因果关系推断、动态知识图谱更新、向非专业人士直观展现因果关系等方面进行研究，实现新的突破。

四、生成式 AI 与理论构建

（一）理论探索与构建

理论建构是科学研究的重要环节，是人类通过概念—判断—推理等思维类型，论题—论据—论证的逻辑推导过程来认识、把握世界的逻辑体系。从本质上讲，所有科学研究都是一个观察、合理化和验证的迭代过程。在观察阶段，我们观察自己感兴趣的自然或社会现象、事件或行为。在合理化阶段，我们试图通过逻辑连接我们观察到的不同拼图块，以此来理解观察到的现象、事件或行为，在某些情况下，这可能会导致理论的构建。最后，在验证阶段，我们使用科学方法测试我们的理论

（见图 6-24）。

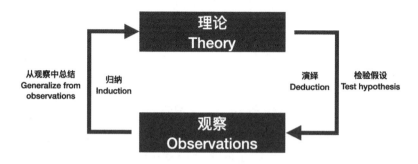

图 6-24　理论探索与构建模型

如上文所述，假设通常是理论建构的第一步。假设的提出离不开前期资料的广泛搜集与筛选，从而归纳出一个逻辑自洽、解释力强、预测力强、可证伪性强的理论。生成式 AI 则利用其数据分析与挖掘的能力，辅助研究人员进行大规模的数据搜集，并从中提取相关有利于理论构建的信息。在理论构建的验证阶段，生成式 AI 的机器学习模型可以用于预测未来事件以及结果，有助于验证理论。

（二）机器学习与算法归纳

阿尔纱特（Alshater）认为 ChatGPT 可能是构建研究思路的有用工具。机器学习和算法归纳的结合，为理论构建提供了更加便利化、全面化、效率化的入口。机器学习和算法归纳之间存在紧密的关系，机器学习的本质即是通过算法进行归纳总结，从大量的数据中学习模式和规律，以便能够在未知数据上进行泛化。这种泛化能力是通过对已知数据的归纳分析和模型构建实现的。如人工智能系统可以在解释科学数据集和从科学文献中提取关系和知识方面发挥宝贵的作用，尤其是无监督大语言模型具有捕捉复杂科学概念的潜力。将机器学习与多案例分析相结合有助于富有成效地开展理论构建，这可以围绕着理论构建的步骤展开。

首先，理论构建需要明确研究问题和研究现象，以便开展具有意义和价值的研究。基于此，需对研究领域进行大量而繁复的文献综述，以便了解该领域此前的理论构建以及已有的研究成果。例如，Scite 即是一个利用人工智能辅助生成文献综述的工具，输入想要探索的问题，即可获得该领域的相关综述。对于先前理论的综述，可以更加深入了解研究主题，并借鉴研究方法，进一步发现研究中存在的相关问题。在文献综述的基础上，研究者提出一个初步的理论，理论中应包含假设、变量之间的联系，用于解释现象或者问题。机器学习可以帮助识别数据所蕴含的模式、关联和趋势，这对于理论建构至关重要。通过分析大规模数据集，机器学习算法可以自动发现潜在的关系，帮助研究者提出新的理论假设。

对于一些需要模型建构的理论而言，机器学习算法可以用来构建数据驱动的模型，这些模型可以帮助理论的构建。这些模型可能包括回归分析、分类模型、聚类分析等，它们可以用于描述和预测数据中的现象。生成式 AI 的模型验证和评估功能，能够通过将数据用于训练和验证模型，研究者可以确定模型的准确性和可解释性，从而支持或修正理论。不可否认的是，机器学习只是理论建构中的一个辅助工具，可以为研究者提供更多的信息和见解。理论建构仍需要人类专家的判断和创造力。

（三）案例：YModel 辅助自动化数据挖掘和建模

YModel 作为自动化数据挖掘工具，能够辅助不熟悉数据科学知识的初学者和程序员开展工作，允许一键构建模型，显著提升工作效率（见图 6-25）。YModel 官网通过 7 点概括其功能特性：利用手头现有历史数据进行数据挖掘预测；易选择的专业编程语言；价格相对 SAS 更适合，可以为普通人提供统计学帮助；帮助优化、提升模型质量；数据预处理方法简单，操作易上手；容易理解的人工智能算法；降低数据噪声，平衡样本。

图 6-25　YModel 自动化数据挖掘工具示例

YModel 通过数据输入、自动数据预处理、智能建模、型号性能、模型输出等一系列流程帮助科学家建立高质量并稳定的模型。从理论构建的角度来讲，分析大规模数据集，通过机器学习算法发现潜在关系，是提出新的理论假设的前提。YModel 利用其功能特性，通过自动导入训练数据，并进行变量统计，进一步进行预处理与建模，对数据进行评分。在不断重复中构建模型，从而辅助理论的构建。

第四节　生成式 AI 的广泛应用是对学术生产力的升维改造

一、生成式 AI 对传统知识生产秩序的解构

生成式 AI 将解构传统的知识生产秩序。高奇琦认为大语言模型将打破人文社会科学的知识生产秩序。不止于此，大语言模型同时解构自然科学的知识生产秩序，实现生成式 AI 对知识生产全领域的重塑。传统的知识生产秩序由一整套子系统构成，其中包括教育系统、学术发表系统以及成果评价系统等。如果将知识生产视作一个复杂系统，生成式 AI 的出现为其注入了最活跃的变量，打破了传统系统平稳运行的原始状态，推动知识生产系统在不确定、不稳定中求变，获得涌现性的提升。

以 ChatGPT 技术为代表的通用大语言模型从介入文本生文本领域开始，如今 GPT-4 已能够理解图片的意义。Midjourney 主攻文本生图片模型，具备较强的文生图能力，已有部分设计师借助 Midjourney 生成的图片获得了艺术大奖。飞猪平台利用生成式 AI 参与广告图片生成，将 AI 广告投放至上海和杭州的地铁站，在微博引起热议。不止于此，生成式 AI 已经开始初步参与视频内容生成，2023 年年初，Netflix 发布了一个总时长约为 3 分半钟的动画短片《犬与少年》，这是 Netflix、小冰公司日本分部和 WIT STUDIO 共同创作的首个发行级别 AIGC 作品。未来，以 ChatGPT 技术为代表的生成式 AI 会通过多模态的内容覆盖知识生产领域，成为一个近乎无所不能的知识生产工具。

本节从教育系统、学术发表系统、成果评价系统三个角度探讨生成式 AI 对传统知识生产秩序的解构。首先，教育系统层面将推动高等教育平民化，学者大众化；其次，学术发表系统层面将提出生成式 AI 内容的版权争议，提出版权范式的转型迭代；最后，成果评价系统层面将推动生成式 AI 驱动下的自然评价体系建设。

（一）教育系统：推动高等教育平民化，学者大众化

生成式 AI 会产生巨大的平权效应，赋予每个用户社会平均水准的话语表达与资源

调用能力。在计算机领域，正如英伟达 CEO 黄仁勋所说，人人皆可成为程序员。在教育领域，或许人人皆可以成为学者，高等教育将不再是少数人的专利，人人都具备接触高等教育的渠道和能力。传统的知识学习更多为被动学习，生成式 AI 或将推动人们从被动学习转向主动学习。在生成式 AI 的辅助下，人们可以聚焦问题或项目，从应用的角度学习知识，解决问题。

生成式 AI 的出现将在很大程度推动教育平民化。究其技术本质而言，生成式 AI 建立在海量数据的基础上，具备常人所难具备的海量知识面与知识储备。对于新手而言，生成式 AI 或许在每个领域都担负老师的角色。在生成式 AI 的辅助下，人们可以学习编程、诗歌写作、数据分析等诸多技能。

在生成式 AI 的辅助下，人人都可以成为学者。此处的学者主要是从条件进行定义，即自由时间和众多学习机会。学者需要具备充足的自由时间在知识领域不断钻研，同时需要具备充足的学习机会。生成式 AI 将在很大程度上改善以上条件，简单的重复性工作和机器能够完成的工作在未来将被生成式 AI 所取代，人们将有更充足的时间进行主动学习。对于普通大众而言，学习机会是难以获取的，生成式 AI 具备的强大信息检索和整合能力很好地弥补了这一点，例如它可以为用户制订学习计划，提供学习资源，通过渠道打通和资源整合推动学者大众化。

（二）学术发表系统：生成式 AI 内容的版权争议与版权范式迭代

生成式 AI 对学术发表系统的直接影响是 AIGC 的版权争议，当前学界业界对该问题争论不休，一方认为 AIGC 可获得版权，他们以结果主义为标准，强调人们在与生成式 AI 对话的过程中融入独特的人类色彩，从而输出具有人的特性的内容；另一方认为 AIGC 不能获得版权，ChatGPT 等生成式 AI 生成的内容并非人类的创作成果，该内容是算法生成的产物，它们并不受著作权法的激励。其实 AIGC 是应该获得版权的，AIGC 的生成离不开提示工程师的介入，提示工程师运用富含独特性的提示词挖掘生成式 AI 的最大潜力，每个提示工程师都会生成不同的内容。

虽然 AIGC 的出现即带来了新的问题，但它也为新问题的解决提供了思路。对于学术发表而言，AIGC 的版权争议推动了版权范式的转型迭代。有学者认为在生成式 AI 浪潮下，需要构建以知识元为核心的版权图谱。首先，探索以知识元为最小版权主体，促进人们在获取的信息和想要的信息之间以最快的速度建立关系。其次，以信息熵为测度，通过知识元的有序排布抑制熵增问题，实现版权生态的平衡发展。最后，通过生成式 AI 和区块链技术构建以知识元为核心的版权图谱，以结构化的方式呈现版权生态下以知识元为最小生态单元的概念、实体、事件及其间关系，以便于人类认知版权生态。其中，第一步是发挥生成式 AI 的结构化检测技术，实现从形式层到思想层的版权保护能力提升，突破传统技术在查准率、查全率和推理能力上的局限，有效识别语句层的改写和文章框架层的复制，实现对内容的结构化检测能力。第二步是构建图谱式追踪技术，发挥基于区块链技术的版权追溯能力，弥补算法实施的自动化缺陷。生成式 AI 与区块链技术加持的版权图谱将有效提升版权保护的智能化水平，极大降低算法自动化下的误判，推动版权生态净化。版权问题是学术发表系统中的重要一环，学术发表需要对重复率进行检测，本质上是为了推动学术创新，生成式 AI 推动下的版权范式迭代将有效倒逼学术创新，重构学术发表系统。

（三）成果评价系统：AI 驱动下的自然评价系统

学术成果评价是科研项目评价、人才评价、期刊评价、机构评价等活动的基础，是学术评价体系的关键。当前我国学术成果评价系统存在诸多问题，阻碍了学术创新和知识体系的发展。伴随人工智能技术的发展，特别是判别式模型和生成式模型在机器翻译、文本分类、文本摘要、情感分析、问答系统等领域日益成熟的应用，AI 在学术成果评价智能化、科学化方面具有重要作用。杨红艳等人提出构建在人工智能驱动下的学术成果评价新模式，即自然评价系统。

自然评价系统的训练数据来自学术生产的内容和学术活动痕迹。学术生成的内容包括论文、专著、咨询报告等。学术活动痕迹包括学者的阅读、利用、评论和传播痕迹，期刊工作者的评审、反馈、交互痕迹，实践工作者的成果转换、社会传播、成果反馈痕迹，其他主体的评价活动和评价成果痕迹。自然评价系统是人工智能与学术成果评价系统的深度融合，是在传统同行评议、文献计量、网络计量、替代计量等评价模式基础上的发展。自然评价系统是利用 AI 分析学术生产的内容与学术活动中产生的痕迹数据，在此基础上形成动态评价。为摆脱传统学术评价系统中的人情因素等局限，推动公平的价值评判，该系统应遵循质量、公正、全面的价值原则。自然评价系统充分结合判别式 AI 和生成式 AI 的优势，在内外部数据的基础上构建公平、多元、立体的评价体系，推动学术评价系统进步与学术创新。

二、知识革命：生成式 AI 浪潮下学术生产力的跃升

生成式 AI 解构传统知识生产秩序，促进教育系统、学术发表系统、成果评价系统迭代，借助生成式 AI 实现学术生产力的跃升，推动知识革命。生产力的三要素为生产者、生产工具、生产对象。对于学术生产力而言，其三要素为学术研究者、学术研究工具、学术研究对象。在生成式 AI 的浪潮下，首先是学术生产力的三要素实现了新的跃升，其次是学术研究者作为其中最活跃的因素与机器和技术的关系面临新的转变，最后是在保障学术生产质量的前提下实现了学术生产加速。

（一）生成式 AI 对学术生产力三要素的赋能

1. 学术研究者：人机互构的学术主体

学术研究者是学术生产力中最活跃的因素，具备强大的主观能动性。生成式 AI 凭借其强大的理解、分析、处理、决策能力对学术研究者形成了强烈冲击。国际学界已经开始使用 ChatGPT 辅助学术生产，甚至有文章将 ChatGPT 列为作者之一。未来，生成式 AI 将成为与学术研究者互构的学术力量。学术研究者只有适应时代，抓住时代机遇才能更好地从事学术研究。在生成式 AI 浪潮下，如果学术研究者不会使用、不会研究 AI，那么他将一定程度上落后于会使用 AI 的学术研究者。可以说，被 AI 淘汰的往往是不会使用 AI 的人。学术体系中专家学者"一枝独秀"的解构形态将逐渐被解构，从单向度的人—人关系转向多元的人—机—人形态，打造人机协同创新的交互式学术主体。

2. 学术研究工具：生成式 AI 作为工具的增强性赋能与作为主体的替代性赋能

学术研究工具主要是通过技术或机器辅助学术生产，学术研究工具是学术生产力的发展水平的重要标志。生成式 AI 作为目前最具活性的技术，在学术研究工具中起到了两种作用：一是生成式 AI 对学术研究工具的增强性赋能；二是生成式 AI 作为主体对人的替代性赋能。

就第一点而言，生成式 AI 可作为学术研究工具对学术生产力进行增强性赋能。前文从生成式 AI 与文献综述、学术阅读、学术写作辅助等角度论述过该问题。学术研究中最基础的工作是文献综述，而文献综述背后的搜集、提炼、分析、整理能力恰恰是生成式 AI 的专长。就第二点而言，生成式 AI 作为主体可对人的替代性赋能。前文从生成式 AI 与变量测量、假设检验、数据分析、理论构建等角度论述过该问题。理

论构建是学术研究中的重要环节，是人类通过论题、论据、论证的逻辑思维来认识和把握世界的逻辑体系。在新形势下，将机器学习与多案例分析相结合能够有效地开展理论建构，人们应充分发挥生成式 AI 解释数据和从科学文献中提取关系和知识的能力。

3. 学术研究对象：拓宽传统学术研究对象的边界

生成式 AI 的出现拓宽了传统学术研究对象的边界。例如在内容层面，传统意义上人们的研究对象是人类生成的内容，现在拓展至人类生成内容和 AI 生成内容。在人机关系层面，过去主要是人与人的沟通与交流，现在则将包含人与人工智能的沟通和交流。对于在线生态中的舆情治理而言，以往是针对人类用户的信息传播，现在还需要考虑社交机器人的信息传播。生成式 AI 的介入，一方面延伸了传统的学术研究对象，另一方面增添了新的学术研究对象。

（二）研究者与研究工具的关系重构：机体哲学视域下的人机关系

生成式 AI 浪潮下，研究者与研究工具的关系从某种程度上来说是人与机器的关系。人工智能技术给学术生产带来了生机与危机，如何准确把握人机关系之间的模糊地带，是将危机转化为生机的重要方法。机体哲学认为人机关系是生命机体、社会机体、精神机体和人工机体之间相互促进、相互塑造、相互制约的关系，这些关系在不断协调、不断发展的过程中寻求稳定、适宜、恰当的协同。

生成式 AI 的出现被认为是社会开启了由"弱人工智能时代"迈向"强人工智能时代"的关键奇点。随着机器的智能化程度加深，在某种程度上人与机器的界限似乎变得模糊了，但人与机器之间的本质区并没有因为技术的发展而消散瓦解，而是需要我们去探寻出人机关系的新发展与新特征。毫无疑问，人与机器的密不可分与交织互动反映出了当代社会与技术的发展趋势，这种指数级的发展也使我们意识到了厘清当前人机关系的重要性。智能媒介塑造了人对自我、现实和世界的感知，人机融合的研究范式或许不再只涉及主客体二元的问题，而包含了指涉关系、情境的问题，是在不同传播主体之间并行的、高度互动的耦合。显然，我们应摒弃人与机器之间"零和博弈"的思维，寻求人与机器人之间的"一场达尔文式的协同进化"，实现更高层次上的"内共生"。

机体哲学以机体的性质和有机联系为研究对象，可以将其分为"生命机体""精神机体""社会机体"和"人工机体"四类机体。构建和谐的人机关系的主旨就在于构建一种人类智慧体、机器智能体和网络环境互相融合、互相协同的超级智能体，且重点在于强调他们之间的交互关系。从机体哲学的视角出发，各类机体的相互作用是整体的、动态的、隐蔽的、自组织的，这也恰恰是在生成式 AI 背景下，人机关系变化的关键特征。人与机器互为尺度，人机关系也从二元分立主体向"复合型共同主体"转化。其实，人、机器与媒介环境共同构成了一个整体的生态圈，需要用动态的观点去探索人机关系的平衡点。机体哲学为我们提供了一个更具生机、更为直观的研究视角。人们在媒介实践和日常生活的过程中将自身"生命机体""社会机体""精神机体"中的机体特征不断赋予机器，形成"人工机体"，进而实现自身功能的转移和人机功能的同构。因此，人机关系实际上是作为"生命机体""社会机体""精神机体"的人和作为"人工机体"的机器之间相互促进和相互制约的关系，四种机体在运行的过程中应不断调和以形成动态且稳定的发展关系。只有人机关系达到递进式的稳定，才能厘清人与技术之间充分和谐统一的底层逻辑，从而保障学术研究者与研究工具的协同发展。

（三）学术生产的质量与速度：打破慢速生产，实现学术加速

人类的知识生产原本是一种慢速生产，但在生成式 AI 的赋能下它将实现一定程度的加速，对于学术生产同样如此。俗话说，慢工出细活。高奇琦认为，人类慢速生产的重要原因是挤压泡沫，生成式 AI 参与下的知识生产虽然可以提升生产速度，但是会造成两种深度混淆：一是正确与错误的混淆；二是高质量与低质量的混淆。人们虽然通过提示词介入内容生产模式，结合人类反馈的强化学习在一定程度上打开了算法黑箱，但是生成式 AI 的涌现行为仍处于可知与不可知的灰箱状态。ChatGPT 将成为加速学术生产的利器，可以帮助研究者将初级研究工作转交给机器，大大提升生产效率。然而，这其实忽略了一点，即学术生产应当是高质量的知识生产，首先要保证的是质量，其次才是速度，生成式 AI 虽然在一定程度上加速了学术生产，推动学术生产力的提升，但是如果无法保障学术生产的质量，这种学术加速其实是对混乱与无序的加速。

学术生产应当是在质量保障的前提下，打破速度瓶颈，实现学术加速。正确与错误的混淆及高质量和低质量的混淆问题，其实是由于生成式 AI 在学习过程中的不足造成的，如果无法全面地学习相关知识，就很容易将人类的知识偏差或者错误数据纳入训练数据库中，从而输出错误的内容。因此需要对训练数据进行更精确的标注，降低文化差异等因素造成的知识偏差或错误，将 AI 生成内容与人类生成内容区分标注，从提升数据输入质量的角度提升生成式 AI 的内容输出质量。如今的学术研究进展已经部分地落后于社会进程，如果人类的学术生产如果仍维持慢速，那么它就无法解决日新月异的现代社会中出现的新问题。维利里奥（Viritio）认为现代社会已经发展成一种新的速度圈，竞速失败的人可能会被社会所淘汰。生成式 AI 对学术生产力的变革，将为学术加速奠定基础。

三、生成式 AI 推动新型交叉学科建设

（一）打破文理壁垒，实现跨学科交叉

传统的学科交叉更多地体现在自然科学内部，例如人工智能对一系列工程科学的交叉赋能。帮助人文社科学者具备相关的自然科学知识，帮助自然科学学者具备相关的人文社科知识，生成式 AI 的出现将从一定程度上突破学科交叉的文理壁垒，以类脑赋能的形式实现人工智能对文理壁垒的打破，帮助学者掌握调用全学科知识的能力。针对新的研究问题，学者们可以突破单一学科视野的局限，将学术研究视作一个复杂系统，发挥生成式 AI 的智能特性实现多学科的联结，展开跨学科的交流，形成以问题为中心的学术研究。生成式 AI 能够通过其具备的编程能力帮助人文社科学者学习和运用编程，运用跨学科的研究工具与研究范式解决社会问题。

（二）打破思维壁垒，培养具备高阶思维的跨学科人才

对学术研究而言，生成式 AI 最终将打破人们的思维壁垒，实现真正意义上的跨学科人才。祝智庭认为促进人的发展和促进社会的发展是教育的内核基因，教育数字化转型浪潮已经到来，而这股浪潮主要植根于三种新的文化基因：学为中心，适性发展；需求驱动，开放创新；人机协同，技术赋能。以新加坡南洋理工大学为例，通过跨学科专业、跨学科平台、跨学科课程培养跨学科人才，全面激活了学术生产力中最活跃的因素。

在生成式 AI 时代，高阶思维是高等教育应该着重培养的人的核心素养，高阶思维具备主动性、系统性、综合性和跨学科性四个特征。主动性是指高阶思维的形成

以主体的主动思考和构建为前提；系统性是指主体从系统层面进行复杂思考；综合性是指高阶思维与诸多因素有关；跨学科性是指高阶思维能突破单一学科的局限。从短期来看，生成式 AI 的发展可能会对高阶思维的培养形成一定障碍，但是就长远而言，在教育系统、技术发展等因素的共同作用下，生成式 AI 将推动学术研究者的跨学科化，学术研究工具智能化，学术研究对象复杂化，最终实现学术生产力的跨越式发展。

第七章
促成所有行业重做一遍：生成式 AI 的现实发展与未来趋势

本章概述

随着 AIGC 为社会生产全面赋能，生成式 AI 技术在传媒、电子商务、娱乐、教育、科技创新等领域带来了深度变革。本章主要从业界实践角度出发，结合智谱 AI 的多模态大语言模型、云创 AI 与专家判断结合的消费认知洞察与分析，以及生成式 AI 提示词在不同应用场景的使用发展和实践案例，试图勾勒出一个生成式 AI 技术的落地应用图景，并通过描述性 / 评价性分析、探索性 / 解释性分析、预测性分析、行动策略分析等，为读者了解当下业界接入生成式 AI 技术的具体情况和发展路径带来更为全面丰富的认知，最后在应用场景和实例中找到技术落地的关键问题和思路。

第一节 生成式 AI 的媒介化机制

一、融通机器智能与人类智能的算法媒介

以媒介视角考察生成式 AI 之价值是传播学竭力探索的新命题——生成式 AI，一种作为语言基础设施的媒介，一种知识媒介，一种赋予人类文明进程动因的媒介……不论以何种视角解读，生成式 AI 均被视为影响人类文明及社会媒介化进程的重要媒介。

首先让我们先回顾一下媒介形态的演进逻辑。从麦克卢汉"媒介是人体延伸"的经典论断出发，我们会发现，受技术水平影响，媒介也经历着从延伸人类"实在"到延伸人类"虚在"的转变，并由此形成了人类传播之"路"上各种不同的媒介形态。实体媒介时期，媒介是人类物理意义层面的延伸，例如眼睛、耳朵、双腿等，由此诞生了一系列实体媒介。随着人类的交流渴望从与外在物交流扩展到与他人交流后，媒介转向人类虚在的关系意义层面的延伸，例如需求、爱好、身份等，媒介形态自此也走上"虚化"之路，隐匿在人类的关系联结纽带背后，成为组成人类交往的潜在关系网络。"如果没有媒介，我们再也不可能找到共同的生活方式，再也不可能在任何领域里共同生活。"受人工智能技术在数据、算力方面的不断迭代的影响，人类关系的颗粒度被解构到无限细，算法逐渐成为社会连接、管理和配置的基础逻辑与主角，媒介对人类关系纽带的延伸不再是基于地缘、血缘、趣缘等小范围、强关系的随机延伸，而成为通过算法对人类所有生理与心理认知再配置的体系化延伸。从本质上看，算法是逻辑和规则的"代言人"，当人们置身于现代社会中，算法作为人与外在世界之间的配置规则与配置界面，成为集大成的媒介形态代表。借用尼克·库尔德利的话来说："'生活世界'的每一个层次都无不充满'系统'（算法系统）。"可以说，媒介形态正从物理媒介向关系媒介、算法媒介迭代。物理媒介，以客观实体形态"居间"；关系媒介，以散落的关系纽带形态"居间"；算法媒介，以基于数据算力的逻辑规则形态"居间"。

接着，让我们再次回到生成式 AI，我会发现，生成式 AI 是技术迭代谱系上最新的算法媒介形态。与其他算法媒介相比，它具有独特的算法"微调"可供性，并据此获得了自适应、随境变化的优势。生成式 AI 在原有技术基础上做到了"多轮对话，持续进

行"，这种技术突破使它能在"提示—响应—反馈—调整响应"的持续对话轮动中基于算法模型进行"微调"。每次"一问一答"式人机交互结束后，算法都可以通过强化学习能力吸收与解读用户的反馈信号并将其融汇到系统算法中，"微调"相应的对话策略、参数和权重，以生成更符合用户期待的下一轮响应内容，以此循环往复。这意味着算法媒介在连接形态上的升维，从以具体的算法指令连接（设立算法代码）升级到抽象的算法目标（提供算法目标）连接，由此也对应了计算机领域学者们提出的"软件 2.0"思想。

软件 2.0 思想由特斯拉 AI 工程师安德烈·卡尔帕西（Andrej Karpathy）提出，他认为：软件 1.0 时代的算法是具体、简单的指令集，由人类直接编写，也即人类写作代码时期；软件 2.0 时代的算法是复杂庞大的机器神经网络，人类已经不可能直接使用编程语言为这种复杂系统编码，只能通过给算法系统下达目标骨架来达成编码的目的。复杂的算法系统能通过机器的学习演化能力自行生成有效达成目标的程序路径，也即人类写作目标＋算法系统"微调"时期。因而，未来的算法媒介将不再是一组具体、简单的规则指令，而是一套集大成、统合的规则模型，具有自适应的微调可供性；未来算法连接的重点也不再是路径层面，而是目标层面。正如人工智能之父马文·明斯基（Marvin Minsky）所说："未来的计算机语言将更多地关注目标，而不是由程序员来考虑实现的过程。"

从浅层技术层面来说，生成式 AI 在技术层面的"居间性"，表现在它贯通了机器概率预测与人类标注反馈两大技术模块，连接起机器数据库与人类语言库。首先，它所基于的大语言模型实现了机器更优质、准确理解人类语言的目标，为两种语言的贯通建立连接起点。所谓大语言模型就是对词语序列的概率分布进行建模，利用已有的语言片段作为条件预测接下来不同词语出现的概率分布。大语言模型通过海量数据的模拟建模，一方面可以实时捕捉情境信息并生成符合语境的句子，即"说出适当的话"；另一方面还可以根据输入的词语序列来检测衡量新句子符合语言文法的程度，即"说出符合语言习惯的话"。因此，大语言模型技术使得机器理解人类语言、说出人类语言成为可能，建立起了机器数据与人类语言相互融汇学习的基础。其次，它独特的算法"微调"可供性实现了人类标注、反馈行动对机器模型的影响，为两种要素的连接建立了行动路径。如上所述，生成式 AI 不是"一蹴而就"的算法技术，而是在"提示—响应—反馈—调整响应"的对话轮动中逐渐"逼近"真实需求。"逼近"意味着"微调"，而"微调"则代表人类行动得以在模型设计层面介入算法系统的运作过程，并对其造成实际影响。生成式 AI 有两种"微调"可供性,一种是针对全量参数的全量微调(Full Fine Tuning),另一种是针对部分参数的部分微调(Parameter-Efficient Fine Tuning),这也成为人类智能相关要素"入场"机器算法系统的两条路径。其一,人类可以通过调整生成式 AI 的"喂养"数据来介入算法运作,例如用特定的、包含个性偏好与需求的私有资料作为训练数据,训练出个性化的生成式 AI,在其中人类的差异化需求与情感偏好得以与庞大的机器数据库连接。其二,人类还可以通过交互过程中的反馈评价来渐渐介入算法运作,通过微小的提示标注和反馈评分来调整算法模型的预测权重,使人类的"思维痕迹"能够缓慢融入。

从深层逻辑层面来说,生成式 AI 连接的不仅是两种语言,更是由两种语言所支撑塑造的两种智能体系,即在机器智能与人类智能之间架起融汇桥梁。从智能产生的根本机制来说,机器智能与人类智能具有完全不同的智能基础。人工智能的"智能性"建立在计算—表征主义范式上,其基本思想是将所有思维活动和过程看作计算状态,换句话说,"认知就是计算"。无论是对人工智能情境适应能力的提升还是对其情感理解能力的提升,本质上都是对机器关于情境和情感参数计算能力的提升。因此,人工智能是一种完全理性的"有限智能",它能依据理性策略产生强大的计算—表征能力,严格按照规则和约束解决问题,除此之外别无他物,数据算力便是它的"有限边界"。人类智能也是一种"有限智能",然而构成其智力边界的则是生物局限性。认知科学家托马斯·格里菲斯(Thomas Griffiths)提出,人类作为生物天然具有时间、算力和交流尺度的有限性。人类有限的寿命长度决定了其智能必须是短链的突现式智能,能在短时间内凭本能筛选加工信息并得出结果;人类有限的大脑计算能力则决定了其智能必须是经验感知式的具身智能,必须通过直觉来填补算力空白;人类无法直接复制的大脑机制则决定了其智能必须通过学习传承获得,必须具有立足已知展望未知的想象能力。可以说,人类智能相对机器智能来说,是更依靠非理性要素(例如,情感、意志、心灵、自我意识)驱动的非理性智能,是具有自反性的"怪圈"(Strange Loop),"有某种可被称为'我'的东西在支配不同的大脑物理结构"。因而,人类智能存在某些不能还原为计算过程的突生属性——人类的创造活动是复杂和玄妙的,需要一定的契机,这种契机通常可遇而不可求,充满了灵感、顿悟等非理性过程。据此,我们可进一步在智力分工中定位两种智能的可为性。机器智能是面向已知领域、"按部就班"的计算智能,可基于趋势规律来整合人类社会的已知领域（例如，对人类既有知识的整合），在各元素间建立向度分布平均的稳定联系；而人类智能是着眼未知领域、"天马行空"的突生智能，能基于具身、直觉、意志来创造新思想和实现知识创新。这正是柏拉图所说的"哲学始于惊奇"之义，也印证了康德对人类非理性想象力的强调——"纯粹的想象力是人类灵魂的一种先天地、作为一切知识的基础的基本能力"。

从智能的基础来反观生成式 AI，我们会发现，它并非助益机器智能"替代"人类智能的简单工具，而是实现二者配置、协同的媒介界面。在融汇与交织机器理性智能与人类非理性智能的过程中，生成式 AI 的媒介性得以体现——它开创性地把诸如内容创作等智力劳动拆解为机器智能劳动与人类智能劳动两部分，将智力劳动中那些可被数据描述、可被算法解析的逻辑性、理性化部分剥离，并交由机器智能完成；把那些无法用算法解析与表达的目标性领域交由人类智能完成，强调人类智能画龙点睛般的"赋魂"地位。因此，生成式 AI 不是对人类智能的替代而是致敬，其重要价值正在于对人类智力劳动的再连接与再分工，从普通、冗余的智力劳动中筛选出那些真正只能由人类执行的部分，再次强调人类智能的不可替代性。

二、借助机器解构力和人类牵引力实现社会负熵化

更进一步来讲，我们又该如何理解生成式 AI 这种可"微调"算法媒介的媒介化机制呢？从社会系统主义来看，媒介对社会系统的形塑力是推动社会系统从无序态向有序态进行的过程，用系统论术语来说就是社会系统"负熵化"的过程。

何谓"负熵"？"熵"，指系统的无序程度；"负熵"，即"熵"的减少，是系统向有序状态演化的一种量度。社会系统学家认为，自然状态下的社会系统是"熵增"系统，子系统间的摩擦与变化都会带来元素层面的复杂性和无序性增加，在系统层面形成熵增；当整个系统的熵增加到一定程度便会进入耗散状态，直至重新回归到简单元素、归于原点，这便是系统自然状态下的"本轮"模式。例如，乡村会建立、运作、繁荣，并在人类撤离后衰败，重新变成尘土。如若有人类的介入，乡村则有可能被继承甚至发展为城市，这便是对抗社会熵增的"负熵"过程。学者们认为，"负熵"是独属于人类的能动性的体现。从人类本身来说，"负熵"是人类智能的体现。薛定谔曾用"生命即负熵"的论断将人类种群从自然界中分离出来，以显示人类区别于自然界进化的独特性。在他

看来，无生命物质系统是一种"熵增"系统，在不干预的情况下会逐渐向无序演化。而生命物质系统则是相反的，它的进化显示出美妙的规律性和秩序性。从人类实践来说，学者们认为"传播实践"是典型的"负熵"活动。

弗卢塞尔（Flusser）在《传播学：历史、理论与哲学》一书中从系统论的视角对人类传播实践进行了重新阐释，将人类传播看成传递"负熵"的活动，它是非自然的，甚至是反自然的，被视为与自然界中"熵"的自然流动方向相反的过程——"通过自然演化实现的信息积累很难发生，而人类则可以通过调动自身的传播技巧使之成为可能"。沿袭弗卢塞尔的传播观来看媒介与媒介化机制，我们可以把媒介理解为一种秩序装置或知识装置——它能"将符号化的信息从送信者的记忆传送到接收者的记忆"，帮助人类对抗熵增与无序；媒介化则是社会的"负熵化"过程，通过媒介为社会传承秩序，以对抗社会系统的自然耗散。

具体来说，媒介塑造的社会系统"负熵化"（媒介化）有两种机制：一是改良式媒介推动的弱"负熵化"；二是革命式媒介推动的强"负熵化"。

改良式媒介，即只能完善和调适系统要素的媒介。例如，3D 媒介技术对视觉体验的改善。由此带来的社会弱"负熵化"，即是媒介在微观元素层面对复杂社会系统的有序塑造，通过媒介交流降低社会元素间的复杂性和无序性，形成"负熵"。例如，杂志媒介对已有文字社会的塑造过程，通过提高文字、图片等元素间的配合程度来实现"负熵化"。

革命式媒介，即能够再造社会发展目标、基本构造及运作逻辑的媒介，互联网就是这样一种革命式媒介技术。经此推动的社会强"负熵化"是社会系统大规模、根本性的震荡变动过程，是媒介在宏观结构层面对复杂社会系统的塑造——通过媒介力量打破既有社会秩序，并在被碎化的社会系统中引导新的社会结构的涌现，促使社会迈向更新、更高维的"负熵"阶段。例如，互联网媒介对社会的塑造就是强"负熵化"过程，具体为：打破了既有工业社会的层级结构。在新的被激活的微粒化社会中，这种通过激活、连接、聚集、整合关系资源的关系赋权成为一种新的赋能赋权为重。

生成式 AI 是革命式的媒介技术，通过混合人类智能与机器智能的算法规则重新编织连接"网络"，改写既有传播要素的连接权重。其媒介化过程是对社会复杂系统的强"负熵化"，既有"破旧"，即通过大语言模型海量参数对社会旧秩序的全面解构；又有

"立新"，即通过新的算法连接价值引导混合人机智能逻辑的新社会秩序的涌现。在此过程中，传播的生态格局（尤其是人类智能与人工智能两大传播行动主体的生态位）将发生革命性的变化。

"破旧"阶段，生成式 AI 借助机器智能的数据算力，发挥算法媒介的社会解构力，通过数据技术加快旧社会秩序的解构进程。从社会系统发展来看，旧社会秩序总会被解构，但常规状态下的解构过程十分漫长，类似于文化的进化机制。生成式 AI 背后蕴含的海量参数是从前的媒介技术所无法比拟的，这也象征着更先进、更高效的机器智能的产生——所有人类社会信息中的理性要素都可以被机器智能解码并纳入机器智能的大语言模型中。这是算法媒介利用机器智能对复杂社会系统的"破碎化"过程，不仅是对传统科层制社会系统的瓦解，就连人类传承至今的知识库和语言库中那些可被数据描述的"显性知识"都被"降解"为数据。例如，OpenAI 公布的 GPT-4 包含 1.8 万亿参数。这是从前所有算法媒介均无法做到的连接规模，也从侧面说明生成式 AI 将社会系统破碎化成了以往从未达到的细粒程度。在数据级层面的社会"微粒化"过程中，被激活的社会微元素（例如微个体、微内容、微价值）的复杂性和无序性骤增，既有的低效、过时、不符合算法媒介新连接逻辑的旧规则被消解、替代，元素层面的"熵增"达成极点，这构成了社会系统新秩序"涌现"的前提。

"立新"阶段，生成式 AI 通过卷入人类智能的"赋魂"能动性，发挥算法媒介的社会聚合力，利用人类智能的微小干预形成牵引数字社会发展的引力，促成新社会秩序"涌现"。如上所述，如果没有外力干预，自然状态下的系统总会不可避免地在"熵增"后进入耗散状态并归于原点。如何实现新系统"涌现"？这需要外在扰动因素的干预。作为算法媒介的生成式 AI，在机器智能的自演化中加入了人类智能的"微调"可供性，促成了人类与机器智能的活动分工，据此生成式 AI 得以借助人类非理性的创新能动性，通过人类智能来赋予算法连接权重，人类智能由此成为从目标、结构层面推动整个算法系统进化的关键因素，起到"四两拨千斤"之效。更具体地说，仅依靠大语言模型带来的机器智能，只能对人类知识做出基于概率预测的趋势外推，很难真正创造知识；只有在人类加入生成式 AI 协同创作后，知识创造才有可能发生。

霍兰（Holland）把复杂系统中的这种关键因素称为系统"涌现"的"杠杆支点"，彼得·圣吉（Peter Senge）则把其称为"系统基模"，认为它决定着复杂系统的演化方向，在复杂系统中，主体被拆解成了足够微小、单一的元素，以至于系统间不存在能够指挥调配各元素的"中央指挥机构"，元素间的协同性依靠"杠杆支点"或"系统基模"实现，只有关键性的系统输入才能促使系统产生巨大的直接变化，否则系统将在熵增与耗散中变为一盘散沙。因此可以说，生成式 AI 推动的社会媒介化过程，是利用机器智能解构旧社会系统、协同人类智能形成涌现牵引力的"负熵化"过程。在这个过程中，人类地位得到了进一步强调，看似作用力极小的人类标注与训练行为成为"负熵化"之关键，在微粒化的数据系统中成为强大的方向性、奠基性推动力与建构力，作用于人类社会实践的全新生态。

第二节　生成式 AI 的现实发展

一、生成式 AI 的发展基础

总体来看，人工智能有三大发展基石：数据、算法和算力。三者相辅相成，彼此促进：海量、即时的数据为人工智能落地提供了基础资料；卷积神经网络（Convolutional Neural Network，CNN）、循环神经网络（Recurrent Neural Network，RNN）和生成对抗网络（Generative Adversarial Network，GAN）等算法构造了技术骨架，是技术发展的核心动力源；以芯片为载体的算力是技术实现的客观基础，决定了人工智能技术的发展上限（见表 7-1）。

表 7-1　人工智能发展的三大基石

三大基石	地位	限制方面
数据	"饲料"：AI 技术发展的训练资料	模型的精确和泛化
算法	"推手"：AI 技术发展的动力	信息的联结与应用
算力	"基础设施"：AI 技术实现的保障	模型的成本与运算

（一）生成式 AI 的三大基石现状

数据是人工智能技术发展的"饲料"，也是提高算法准确性和泛化能力的重要指标。在深度学习、自然语言处理等诸多领域，数据都是训练模型、提高性能和实现各种复杂任务的关键。以自然语言处理为例，人工智能可以通过分析大量文本数据，学习人类语言的语法、语义和上下文中的惯习，更准确地理解和生成文本。我们可以认为，人工智能发展的起落离不开数据的积累，数据量级和种类的限制都可能导致技术发展陷入瓶颈。

算法是人工智能技术发展的"推手"，在连接数据与机器方面发挥着关键作用。作为数据与人工智能的节点，算法通过对信息内容的建模，模拟人的认识感知、分析处理和决策判断能力，并在这种模拟的基础上实现超越，如构造流量入口、捕捉用户黏性等应用场景。

算力是人工智能技术发展的"基础设施"，其大小代表着对数据处理能力的强弱，这是支撑数据和算法的关键。此外，以芯片技术为代表的硬件技术的进步将降低模型运转成本，为人工智能的发展提供有力支持。在人工智能发展的第一阶段，尽管人们已提出了可行的计算方案，但彼时计算机的运算能力远不足以支撑庞大的博弈组合，严重限制了人工智能的发展。升级算力，也是提高 AI 产业发展上限的关键。

从数据角度看，在数字经济时代，全球数据总量增长速率极高。2022 年，全球数据总产量 81ZB，五年间的平均增速超过 25%。与发达国家相比，我国数据资源规模的增长并不逊色，数据产量的全球占比也逐年升高。2022 年，我国数据产量达 8.1ZB，同比增长 22.7%，全球占比达 10.5%，处于世界第二的位置。截至 2022 年年底，我国数据存储量达 724.5EB，同比增长 21.1%，占全球总量的比例为 14.4%；大数据产业规模达 1.57 万亿元，同比增长 18%。全国一体化政务数据共享枢纽发布了各类数据资源 1.5 万类，累计支撑共享调用超过 5000 亿次。在数据交易方面，从 2014 年起，我国数据交易机构数量逐年增加，至 2022 年年底已有 48 家交易机构，为数据价值的释放提供了平台。

从算力角度看，全球算力规模扩张态势强劲，各地区间竞争也在加剧。2022 年，全球总算力达到 906 EFlops，增速达 47%。其中，基础算力规模（换算为单精度浮点数）为 440 EFlops，智能算力规模（换算为单精度浮点数）为 451 EFlops，超算算力规模（换算为单精度浮点数）为 16 EFlops。至 2025 年，全球总算力规模或超过 3 ZFlops，并于 2030 年超过 20 ZFlops。算力规模的迅速扩大也催生了相关领域的经济效益，2022 年，与算力相关的名义 GDP 增长 3.8%；全球与计算相关的集成电路的销售额达 1766 亿美元，同比增长 14%；全球服务器市场的销售额达 1215.8 亿美元，同比增长 22.5%，单台服务器价值上升 9%。云计算方面，2022 年全球云计算市场规模达 4910 亿美元，同比增长 20%。在人工智能计算芯片方面，相关技术更是不断迭代更新。例如，谷歌的专用加速芯片 TPU v5e，单位价格下其训练性能和推理性能都在 v4 加速芯片的两倍以上，从而有力支持了 LaMDA、MUM、PaLM 等大语言模型。

从算法角度看，相关模型的参数规模不断增加。截至 2023 年 7 月，谷歌推出的 Swith-C 已拥有 1.6 万亿的模型参数量。随着大语言模型迭代速度的加快，行业竞争也随之加剧。自 2018 年起，谷歌、OpenAI、英伟达、Meta 和微软等科技巨头相继推出了自主研发的大语言模型。2021 年，国外共发布大语言模型 38 个，增长率高达 171%。2022 年年底，ChatGPT 的发布再次掀起大语言模型的研究热潮。截至 2023 年 7 月底，国外发布的大语言模型数量已累计至 138 个，中国也有累计 130 个大语言模型问世。

（二）生成式 AI 的现实发展基础

正如前文所述，生成式 AI 的发展方兴未艾，已成为各国、各地区的竞争要地之一。尽管我国大语言模型发展迅猛，但仍与美国等领先国家存在一定差距。从基础设施角度看，在各种因素限制下，中国高性能芯片的研发任重道远。从数据与模型的契合角度看，前沿大语言模型大多基于英文语境，与中文语境不够适配，需要更多的调试、完善。

从全球角度来看，生成式 AI 的数据存储问题是各国、各地区均需面对的问题。正如上文所述，信息技术的发展和远程办公的普及带来了数据的"井喷式增长"，然而在数据存储方面，真正被存储的数据只占总数据生产量的 2%。2014 年，社交媒体的崛起带动了数据的激增，当年数据存储量同比增长 53.29%。2016 年，社会对网络安全问题的关注再次引起数据存储的小高潮，数据存储规模上升至 16.1ZB，同比增长了 87.21%。其后几年，全球大数据存储规模增长缓慢，年增长率也跌至 25% 以下。存储产业整体发展较慢，在容量、性能两方面限制了生成式 AI 的发展进程。此外，社会各界对数据价值的认知也不相同，大量数据未得到充分应用，难以兑现相当的数据价值。

二、生成式 AI 的主要应用

目前，生成式 AI 正炙手可热，在自然语言处理、计算机视觉、虚拟现实等领域均有广泛应用，成为各国竞争的焦点。随着相关模型的不断完善，生成式 AI 的应用场景也将日益丰富。下面是对现有国内外生成式 AI 工具的部分总结。

（一）国内应用

1. 文心一言

文心一言是基于飞桨深度学习平台和文心知识增强大模型的新一代大语言模型，具备知识增强、检索增强和对话增强的技术特色。该模型主要应用于文学创作、商业文案创作、数理逻辑推算、中文理解和多模态生成五大领域，具有语音识别与合成、自动翻译等特殊功能（见图 7-1）。2023 年 10 月 17 日，百度创始人李彦宏发布了文心大模型4.0，与 3.5 版本相比，文心大模型 4.0 在理解、生成、逻辑和记忆四个方面具有显著提升。与 ChatGPT 等模型相比，文心一言的算力需求较低，但在上下文理解和长文本处理方面稍逊一筹，可能会出现对上下文不敏感、长文本处理不准确等问题。用户可通过官网体验该模型，或从官网、应用商店下载其客户端。

图 7-1　文心一言生成新闻稿示例

2. 通义大模型系列

通义大模型系列是阿里大模型统一品牌，覆盖了语言、听觉、多模态等多个领域，通过借鉴人脑的模块化设计，让 AI 实现"单一感官"到"五官全开"，力图接近人类智慧。通义大模型系列包括通义千问、通义万相和通义听悟三个功能，适用于文本生成、图像生成、会议辅助等多个方面（见图 7-2）。与其他模型相比，通义大模型能耗极低，降低了大模型训练门槛（见图 7-3 ～图 7-5）。然而，在模型开放体验的初期，通义千问在语义理解、逻辑推理方面发挥并不稳定，用户使用数量相对较低。用户可以通过官网试用该模型。

图 7-2　通义千问使用示例

图 7-3　通义万相使用示例

图 7-4　通义万相生成"一只
可爱的向我跑来的喜乐蒂小狗"

图 7-5　通义听悟使用界面

3. 混元

混元是由腾讯研发的大语言模型，具有多轮对话、内容创作、逻辑推理、知识增强和多模态任务处理五大核心能力，目前已被应用于文档、会议、广告和营销等多个场景。升级后的混元大语言模型的中文处理能力已整体超过 GPT-3.5，代码能力也提升了20%，并对外开放了"文生图"功能。在画面质感和内容合理性方面，混元大语言模型具有一定技术优势，中文原生的特性也让其更适应汉语语境，进而能生成更具意境的作品（见图 7-6）。由于尚未完全对外开放，混元的用户量相对较少。用户可在官网提交内测名额申请，或在完成企业认证后，付费接入 API。

图 7-6　混元根据"醉后不知天在水，满船清梦压星河"生成的图像

4. 紫东太初

紫东太初是中国科学院自动化所、武汉人工智能研究院共同推出的跨模态人工智能平台。升级后的全模态大模型在语音、图像和文本三模态的基础上，加入了视频、信号、3D 点云等模态数据，实现了从三模态走向全模态的技术突破，在文本创作、知识问答、图文音理解、音乐生成、3D 理解和信号分析领域均有所应用（见图 7-7）。然而，在任务实践方面，紫东太初对指令的理解并不总是准确的，推理能力有待提高，答案准确性也时常波动。用户可在官网审核注册后进行对话体验和模型接入。

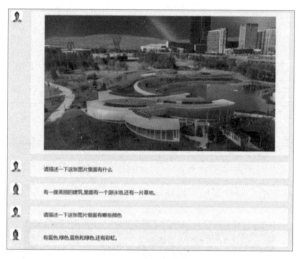

图 7-7 紫东太初图像描述示例

（二）美国应用

1. Claude

Claude 是由人工智能初创公司 Anthropic 研发的基于强化学习的自动化助手，包括两种型号：Claude-v1，功能相对强大，可处理复杂对话、生成创造性内容；Claude Instant，价格更低、速度更快，可处理简单、随意的对话，进行基本文本分析、概括，或进行基础问答。与 ChatGPT 等模型相比，Claude 能根据问题给出更详细的长回答，且可以跳出人类有害标签的影响，提供一种无害的答案。然而，和其他模型一样，Claude 也存在迎合用户习惯、回答波动性大等问题。此外，与 ChatGPT 相比，Claude 的代码推理能力要稍逊一筹。用户可以通过官网使用该模型。

2. DALL·E

DALL·E 是美国 OpenAI 推出的图像生成模型，主要应用于图像生成、视觉艺术创作等领域。与前两代版本相比，DALL·E 3 对细微差异的理解更敏锐，可以实现更精确的文生图操作。此外，与 ChatGPT 的集成降低了 DALL·E 3 对提示工程的要求，用户可以通过向 ChatGPT 表达需求，获得针对 DALL·E 3 的详细提示，用户可在官网注册后使用该工具。

3. BlenderBot3

BlenderBot3 是 Meta 公司推出的一款具备在线搜索与长期记忆能力的开放域对话

机器人，旨在通过与不同人的交互对话，提高人工智能的真实性与安全性。与其他应用一样，处在不断学习迭代中的 BlenderBot3 有时会给出粗鲁的或错误的回答，甚至忽视自己机器人的身份，用户可通过互动反馈机制，帮助研究人员改善这些问题。截至 2024 年年初，BlenderBot3 仅供美国的英语使用者使用，用户可在官网进行互动。

4. Bard

Bard 是由谷歌推出的一款基于对话应用语言模型（LaMDA）的聊天机器人，主要应用于对话、问答、提供建议和生成创意内容等场景。谷歌发布的轻量级版本所需算力较少，任务完成时间较短，但由于仍处于实验完善阶段，所以其回答质量常有波动，会输出存在事实性错误的答案。用户可以通过官网体验 Bard 实验版。

（三）其他国家应用

1. Gopher

Gopher 是由 DeepMind 研发的一款具有 2800 亿个参数的大语言模型。在阅读理解、事实核查和有害话语识别等领域，该模型性能卓越，但在逻辑推理和常识任务中，其表现很一般。与其他模型相比，Gopher 可以更准确地回答科学、人文领域的专业问题，但在逻辑推理和数学等领域，其表现并不突出。此外，在内容质量方面，Gopher 的答复仍存在重复、偏见、偏误等问题。在应用场景方面，Gopher 的应用范围也相对较窄。DeepMind 尚未提供 Gopher 模型的公开 API。

2. HyperCLOVA X

HyperCLOVA X 是韩国互联网巨头 Naver 推出的以韩语为基础的大语言模型，包括聊天机器人应用 CLOVA X 和生成式 AI 搜索服务 Cue。与 ChatGPT 等模型相比，HyperCLOVA X 的韩语处理性能表现突出，在回答速度、文本质量方面有一定优势，且可以结合韩国社会的法律、制度、文化脉络进行沟通。在人工智能生态系统构建方面，CLOVA X 与广告制作工具（AiSAC）、招聘平台（Job Brain）等 Naver 外部生态系统的有机联系也在扩宽了该模型的可用边界。然而，由于该模型的训练数据大部分为韩语数据，其应用范围会相对局限。用户可以在 Naver 官网注册后使用。

3. Jurassic

Jurassic 是以色列公司 AI21 Labs 开发的一款可定制的语言模型，主要应用于文本总结、文本简化、文本分类、创意内容生成和代码生成等领域。与第一代模型相比，Jurassic-2 的文本生成质量更高、速度更快，且增加了西班牙语、法语、德语和荷兰语等语言支持。Jurassic-2 已被集成在服务平台 AI21 Studio 上，包括三个不同性能、规模的基础模型。用户可以根据任务需要选择不同模型，如使用轻量的 Jurassic 2-Light 进行小规模信息提取等简单任务，或使用 Jurassic 2-Ultra 进行大规模语音识别等复杂任务。在实际应用方面，Jurassic 对用户的技术能力及资源有所要求，使用门槛略高于其他工具。用户可以在 AI21 Studio 上基于该模型构建自己需要的应用。

三、生成式 AI 的行业重做

生成式 AI 展示出来的颠覆性技术力量越来越受到关注，并逐渐被应用于多个行业领域，其迅速风靡的趋势，被视为公众采用人工智能技术的首个重要里程碑，同时也成为推动生产力和人类创造力发展的强大引擎。生成式 AI 驱使各个行业乃至社会本身的一切都发生了改变，促进行业领域"重做"，为各个行业带来新生机，也为其带来不小的挑战。

（一）生成式 AI 与传播行业

生成式 AI 的发展与应用，改变了传播领域的行业生态，为人类交往实践带来新的型构。在传统的信息传播方式中，信息从传播者到达接收者往往需要经过多重中介的转播，受到许多因素的制约，形成多级传播的传播模式；在生成式 AI 不断普及的时代，无数个体开始通过直接与大语言模型对话的方式获取信息，过去多级传播的空间被压缩，传播结构出现扁平化趋势，人机对话的传播形式将占据主流。这将对人们的思维方式与认知方式产生巨大影响。由于在人际交流的传播形式中，大语言模型成了内容生成的主体，在长期的人机对话中，大语言模型通过对原始信息的标准化、格式化再生形成了一种"中间位次"的知识，这等同于对个人的思维模式和认知模式进行格式化，从而让社会笼罩在一种标准化、扁平化的传播结构下。在这种传播结构下，信息生成和传递可能出现信息过度理性和机械化的问题。尽管如此，生成式 AI 的推广与应用已势不可挡，人类的传播模式也无法再回到由单纯的人类感性主导的人人传播、多级传播模式。在人与大语言模型交互的过程中，如何生长出介于人与大模型之间的传播模式，成为当下应用生成式 AI 创作的新课题。

1. 文本创作行业

文本创作行业是生成式 AI 高度卷入的重要领域之一。自 ChatGPT 等多模态信息处理模型诞生以来，生成式 AI 高速"侵入"文本创作行业，使得文本内容生产的范式出现巨大变革，过去以人的思维和劳动为核心的内容创作模式被打破，人机协同的生产模式开始出现。在人机协同生产模式中，模型根据人的提示生成文字内容，并在人的追问下不断"微调"自己的输出，人脑与机器各自发挥所长，提升了内容输出的效率，降低了投入成本。

传媒行业是利用生成式 AI 进行文本创作前沿。生成式 AI 促成了传媒领域的大变革，其生成的文本内容已成为快速新闻报道的重要组成部分。它的主要作用包括数据分析、内容生成、算法个性化和事实核查。记者和编辑通常使用它们写作文本摘要或新闻标题，修改文本等。许多报社利用生成式 AI 快速成文的特点，将其应用在突发性新闻或体育赛事新闻等即时性强的新闻报道中，抢占热点先机。《纽约时报》于 2019 年报道称，彭博社有三分之一的内容使用了生成式 AI 应用 Cyborg；《华盛顿邮报》因为使用机器人记者 Heliograf，荣获 2018 BIGGIES Awards "优秀机器人使用奖"。除此之外，美联社、《洛杉矶时报》《卫报》等多个媒体平台都开始使用机器人记者，美联社甚至设置了人工智能和新闻自动化部。

生成式 AI 在诗歌、小说等文学创作领域也发挥了重要作用。2020 年 12 月，由 11 位科幻作家发起的 AI 人机共创写作项目《共生纪》正式启动，这是华语科幻作家在 AI 人机融合领域的一种全新探索。2023 年 10 月，一篇名为《机忆之地》的科幻小说获得江苏省科普作家协会举办的第五届江苏省青年科普科幻作品大赛二等奖，而该文作者清华大学教授沈阳称这篇小说 100% 依靠 AI 写作而成。AI 创作的文学作品已经达到了近乎与真人创作无异的程度。

在文本创作领域，使用生成式 AI 的最大局限在于模型有造假的可能性，成为虚假内容的"滋生场"。由于模型无法辨别输入的文本数据的真实性，因此可能生成错误内容，甚至直接进行内容的虚构，让事实和编造的信息真假难辨。此外，机器智能的底层逻辑决定了它不存在非理性思维能力上，只能做到基于所学习到的数据把事实描述清楚，无法进行深度报道。在文学创作方面，机器智能无法实现人脑的"灵光一现"，机器的创作实质上是人脑的延伸，并不具有自主性，因而作品较为生硬，有一种拼凑的感觉，需要通过人脑不断地反馈以调整生成内容。

2. 视觉艺术创作行业

除了文本创作行业，生成式 AI 在视觉艺术创作行业也展现了强大的创造力。在传统的内容创作中，内容的不同模态之间很难实现有效的互动，存在着无法"跨频生成"的隔阂。然而，生成式 AI 具有跨模态融合的显著特征，打破了多模态生成时难以跨越的障碍。多模态的内容生产范式就此得以形成，模型不仅可以根据人类提问者的指令生成文本，还可以生成图像、视频、音频等多种形式的内容。除了通过识别文本内容生成图像、音视频，它还能通过图像、音视频生成文字，从而实现多模态间的互动与融合。

2021 年，OpenAI 发布多模态模型 CLIP，它能够同时处理文本和图像信息，通过大量的图文训练，提取文本和图片的特征，在对比学习中掌握文本和图像之间的关联关系，实现跨模态的相互理解。目前，国内外出现了众多 AI 作画平台。阿里云通义大模型发布的通义万相可以通过输入文字描述直接生成图像，也可以基于输入的图像模板生成全新图像。Leap Motion 公司推出的 AI 绘画工具 Midjourney 功能强大，可以在指令输入后生成 4 个相似的图像，并根据用户的选择继续优化细节或生成替代项，最终实现用户满意的效果，适合初学者使用。

在音频创作上，目前应用较多的是语音生成与音乐生成。谷歌公司发布的 AudioLM 可以实现语音生成，模仿一个人说话的声线；其后续产品 MusicLM 则专注于音乐的生成，用户仅需输入一些描述性的短语，模型便能生成相应的音乐。喜马拉雅平台通过自主研发的从文本到语音（Text to Speech，TTS）技术将评书大师单田芳的声音完美还原，使用 AI 合成音制作了 100 多张 AIGC 相声专辑，总播放量超过 1 亿。近年来大火的 AI 换脸技术也是生成式 AI 在音视频方面的应用，市面上的 AI 换脸软件层出不穷，使用门槛也逐渐降低。抖音等平台综合采用了 AI 配音和 AI 换脸技术，用户在拍摄视频后，无须使用外部软件，既可以一键实现音色切换，也可以通过特效实现换脸，获得更多趣味。

生成式 AI 在视觉艺术领域为内容生产赋能，降低了生产成本，提升了生产效率，并激发了用户的参与热情，充分释放了内容生产力，推动了产业发展。然而，与此同时，生成式 AI 的爆炸式应用也带来了版权与隐私问题的隐忧。在 2019 年 AI 换脸软件 ZAO 引发热潮时，生成式 AI 带来的隐私和信息安全问题便受到了人们的热议，ZAO 也因此下架，不过，这没有浇灭换脸软件开发热情。AI 作图的普及也越来越深，甚至大众中掀起一股网络热潮，与此相对的是职业画家及其拥护者对 AI 绘画的强烈抵制。生成式 AI 的内容生成机制决定了它需要被"投喂"大量人类创作的绘画或图片，以此进行训练并提升创作能力，因此他的创作难以脱离人类绘画的风格基础，常常生成模仿、拼贴而成的作品，这很容易陷入侵权纠纷。不过，由于现行法律的更新未能跟上生成式 AI 发展的速度，所以 AI 生成内容的侵权认定很难进行。此外，人们还担忧生成式 AI 强大的创造力是否会造成人的技术依赖，减弱人本身的创造性。

（二）生成式 AI 与医疗行业

生成式 AI 在医疗行业中的应用，变革了传统的人人对话的医患沟通模式，人机沟通部分取代了人人沟通，数字人医生、机器人医生与生物人医生之间的平行互动成为未来医疗领域的一大趋势。学者王飞跃认为，从"专业分工"到"人机分工"，再到"虚实分工"，是生成式 AI 时代医疗行业发展的必经之路，而构建"虚实分工"的重点在于引入以大语言模型技术为基础的数字人医生。数字人医生的引入让人类医生的主要责任从亲身参与临床工作变成了在云端远程监控与指导，管理和协助数字人医生、机器人医生做出医疗决策，落实医疗操作的实施。三类医生各司其职，线上虚拟医院与线下实体医院进行虚实互动，从而使平行医院的概念应运而生，并成为生成式 AI 融入医疗行业的支撑体系。

在更为具体的现实应用中，生成式 AI 可以帮助实现人机融合医疗，在医疗咨询、预约挂号、病例管理等辅助类工作上解放人类劳动，提升医疗效率；随着医疗大语言模型的进一步开发，生成式 AI 在病情诊断、药物研发、医疗数据分析等方面的能力提升，它可以辅助医生进行临床决策，开拓医生诊疗思路，甚至胜任专业医生的职务，缓解医疗资源紧张的局面。同时，生成式 AI 能够掌握患者病情与病史，记录相对完整的病情信息，对跨专科病情的认知能力也超越了临床实践中专精于某一领域的人类专家，进而能够帮助医生实现跨科诊断，对罕见病症和遗漏病症起到提示作用。如何将生成式 AI 的开放式答题能力应用到医疗领域是当下医疗行业比较关注的问题。医学大语言模型在当下的建构主要通过对 ChatGPT、GLM 等基础模型的微调和开发来实现，其中 ChatGPT 的使用最为引人注目。ChatGPT 虽然并不是一种医学类的大语言模型，但已经具备了一定的医疗诊断能力，成为现代医疗中不可或缺的一部分。它能够为患者提供咨询服务、疾病诊断、医疗计划等方面的辅助服务，甚至协助医生实施手术。2022 年 6 月，研究人员发现 ChatGPT 已经能够通过或接近通过美国执业医师资格考试。已有研究人员将 ChatGPT 应用于肿瘤学、心血管疾病等疾病的治疗。当然，由于 ChatGPT 等大语言模型并非为医学领域定制，因此其精确度还有待提升。人们还需要通过引入医学数据对通用大语言模型进行训练和微调，形成更为专业的医学语言大模型，增强大语言模型在医疗领域的性能。医疗大语言模型 ChatDoctor 正是在对 LLaMA 模型进行微调的基础上，通过对大量医学文献和真实医患对话数据集的学习，从而使自己能够分析病人的症状和病史，并提出适当的治疗方案。

当然，生成式 AI 在医疗领域的应用还存在一些局限。由于医学领域的严肃性，容错率极低，这意味着模型不能出现任何差错，但生成式 AI 的内容输出是一种概率性输出，难以实现 100% 的准确。因此，在使用大语言模型时需要辨别真伪，这大大增加了使用成本。

（三）生成式 AI 与教育行业

生成式 AI 在教育行业的应用推动了教育理念与教学范式的革新。传统教育行业聚焦于对人类已知智慧的教学，目的在于令学生"温故"，从而启发人脑智慧层面的创新，是一种向后看的教育逻辑；生成式 AI 则将引起人类知识传递与使用的全面革新，让"向后看"的教育转为面向未来探索式教育。生成式 AI 强大的内容生成和对话能力，让在传统教育中受到制约的启发式教学、一对一定点反馈等教学方式得以顺利应用。引导学生学会使用大语言模型，利用大语言模型对已知领域进行深挖、对未知领域进行探索，将成为面向未来教育的重点所在。

目前在教育领域广泛应用的一些生成式 AI 模型，虽然不是专为教育开发，但与教育发展结合良好，其中最具代表性便是 ChatGPT。基于其开创性的内容生成和对话情境理解的核心能力，ChatGPT 在教育行业可以存在多种应用方式。例如，ChatGPT 可以作为教学助手，实现回答学生提问、提供学习资料、辅助课堂教学、辅助教师备课、智能批改作业、评估教学质量和监管学生学习等多项功能。国内不少教培企业正积极推动着教育大语言模型的开发与应用。2023 年 7 月 26 日，网易有道推出国内首个针对教育领域的垂直大语言模型"子曰"，其功能覆盖口语训练、作文批改、习题解答等六大领域；学而思紧随其后，推出自研数学大语言模型 MathGPT，能在多轮对话中帮助学生解答数学问题、诊断学生薄弱点、输出练习内容。

生成式 AI 在教育行业的应用，促进了教学效率的提升，推动了教育理念和教学范式的革新，但技术对教师与学生的主体性的异化也不容小觑。生成式 AI 能为人们解惑，却难以提出问题，启发学习者进行主动的批判性思考。同时，随着生成式 AI 问答能力的不断提高，其传递知识的权威性不断增加，这会进一步抑制学习者的思考，遮蔽和压抑了教师与学生的主体性。

第三节　生成式 AI 的应用场景和实践案例

一、生成式 AI+ 传媒：人机协同生产，推动媒体融合

生成式 AI 将为媒体内容生产全面赋能。生成式 AI 对传媒行业的介入提供了各种深融合的可能性，如人与机器之间，媒介与技术形态之间，机制、文化和内在逻辑之间，进而促使媒介融合向人机协同进阶。例如，出现了写稿机器人、采访助手、视频字幕生成、语音播报、视频集锦、人工智能合成主播等。

质言之，生成式 AI 技术对传媒产业的改变是多方面的，从内容生产到内容推荐，从新闻报道到视频制作，生成式 AI 都产生了深远性、变革性的影响。然而，随着技术的不断发展，传媒产业也需要认真思考如何平衡创新与责任，以及如何应对技术带来的挑战和机遇。

二、生成式 AI+ 电商：推进虚实交融，营造沉浸体验

生成式 AI 会对电商产业各个环节产生全新的刺激，并发挥革新作用，开启上游产品服务，中游数智供应链和下游用户群体三维共振的新格局。电商行业可以借助生成式 AI 技术全面变革电商平台、电商直播、电商客服、电商营销等业务的模式。

随着消费市场的内容不断富集涌现，用户的消费需求向情感化、个性化、体验化发生转向。生成式 AI 技术可以与电商结合，通过收集用户在平台的搜索、收藏等使用行为记录，帮助电商平台和电商服务者更加了解用户的消费习惯、消费需求，从而实现更高效、个性化、场景化的用户体验。

（1）在商品筛选环节。运用生成式 AI 提供的智能客服功能，能够为用户提供更加个性化、智能化、亲近式的推荐和对话服务。通过自然语言处理和对话生成技术，AIGC 可以模拟人类客服的语言和行为，提供更加类人化、自然化的语音助手，同时还能够多页面精准理解并处理客户的问题和投诉，提高用户的满意度。

（2）在营销推广环节。运用生成式 AI 可以提供智能营销，为用户制定个性化的营销方案和自动生产营销推广内容，能够提高广告制作效率和效果，降低营销成本。生成式 AI 技术可以帮助电商企业进行智能营销分析，帮助企业更加了解用户的需求，从而提供更具针对性、独特性的创意营销方案；生成式 AI 可以自动生成广告文案、图片和视频，从而自动生成广告，大大节约了人工生成内容所需的时间和精力，提高了营销的质量和效果。

（3）在客户消费体验环节。运用生成式 AI 可以使消费者的视听产生更多新鲜和场景化的体验，提高用户的购买欲望和体验感。一是虚拟数字人在电商直播中的运用。基于生成式 AI 技术可以生成多种类型风格的虚拟数字形象，它们可以像真人一样与消费者进行互动，24 小时全天在线，同时还能够更加理解消费者的需求并进行直播策略、方式的调整，更加生动地向消费者介绍商品的特点和优势，提高消费者的购买欲望。二是虚拟试妆和试装。通过生成式 AI 技术和计算机视觉技术，用户可以在线尝试不同的妆容和服装，从而能更好地了解产品的效果和质量。三是提供更加逼真的商品 3D 模型。通过生成式 AI 技术和 3D 建模技术，商品可以以 3D 模型的形式呈现，从而为消费者提供更直观、生动的视觉效果。四是虚拟商店的多样化场景搭建。运用生成式 AI，商家可以构建各种各样的虚拟场景，提升消费的实体感和临场感，如商店、街道、公园、家居、户外等。

举例来说，淘宝正在内测其大模型的 AI 应用"淘宝问问"。淘宝问问接入了阿里云通义千问大语言模型，是推动"生成式 AI+ 电商"应用的重要一步。通过与淘宝问问的交流互动，消费者可以获得生成式 AI 提供的挑选攻略、商品推荐、行程建议等。通过问题或者关键词描述，淘宝问问能帮助消费者进一步定位适合其需求和使用场景的产品材质、样式等，帮助消费者找到符合其购物需求的产品。除此之外，淘宝问问还可以为消费者提供不同品牌、不同型号产品的优劣势的比较，帮助消费者更好地进行消费决策。淘宝通过嵌入生成式 AI，将自己的应用场景从"电商"拓展到了"导购""科普""创意内容生成"等更多场景，使之具有了"资深导购员""生活小助手""美食达人""旅行策划人""灵魂写手"等更多功能标签，为平台消费者提供了更加智能化、丰富性的在线消费体验。

京东云旗下言犀团队开发出了虚拟人主播——"灵小播"，它主要基于语音语义、听觉视觉、对话交互等多模态内容，融合了语音合成、情绪判断、智能停顿、方言解析等技术。"灵小播"不仅具有多样化的形象和音色，还拥有丰富的电商销售经验，能自主生成直播内容，快速进入直播带货状态，还能全天候连续在岗直播、多场景无缝衔接、自主创作营销活动、智能直播实时交互……虚拟人主播所提供的"一站式"服务，极大程度地丰富了其与消费者的问答交互性，增加了用户黏性和体验，也大大提升了无人值守直播间的 GMV（商品交易总额）转化率，有利地推动了数智供应链的产业场景落地。

三、生成式 AI+ 影视：拓展创作空间，提升作品质量

随着人工智能时代的到来，"影视行业 +AI 技术"应用变得更为广泛。影视行业是一个复杂且长周期性的文化产业，一部优秀的影视作品的诞生，要经过创意、剧本、选角、筹备、拍摄、后期、发行、营销到放映等一系列制作环节，且每个环节都需要全心投入。内容制作环节涉及的剧本、拍摄和后期，作为整个影视行业发展的基础环节，均可借助生成式 AI。生成式 AI 可以激发创意灵感，拓展创意空间，提升影视剧作效果的同时降低影视制作成本。

在影视创作过程中，生成式 AI 技术已广泛应用于剧本创作、特效制作、音频生产、视频创作等方面。在剧本创作上，生成式 AI 技术能够通过对海量剧本数据的分析归纳，快速生成完整的故事剧本，协助编剧进行内容创作，自动生成影视文本，同时也能够帮助已有剧本进行优化完善。在拍摄和后期环节，目前已有文本生成影像的突破性模型，这使得自动生成影视产品成为可能。其中，在短视频领域已经较为成熟。2020 年，新华智云研发推出了国内首个 Vlog 机器人，能够自动拍摄和剪辑短片。网飞则在"生成式 AI+ 动画制作"应用上持续发力。在生成式 AI 技术支持下的影像自动生成过程中，搭建虚拟场景将变得更加便利，同时实时渲染、实时追踪、AI 修复等技术的应用可以实现真人与虚拟人同台互动、"数字复活""AI 换脸"等效果，从而创新了多种画面呈现形式，在节约大量场景搭建成本的同时为观众提供了更为多元的视听体验。

在影视发行环节中，生成式 AI 基于大数据分析也可辅助影视作品的发行与营销，通过分析受众偏好，模型可以在一定信度范围内预测市场票房，并制定个性化的市场营销投放方案，从而优化影视作品的宣传与发行，有效吸引目标受众。

影视行业以往对于生成式 AI 技术的应用更偏向工具属性，如 AI 换脸、抠图等技术的运用，并未触及内容创作核心；生产式 AI 则能参与影视业内容的创意性理解与生成，有利于整个影视行业高效且富有活力地运转。尽管生成式 AI 仍存在一些局限性，如台词缺乏逻辑性或连贯性，情感叙事结构欠佳等短板，但在技术与专业影视从业者的合作互助之下，它在影视行业未来发展中肯定会扮演越来越重要的角色。

四、生成式 AI+ 娱乐：扩展辐射边界，获得发展动能

关于"娱乐"的理解，受不同文化和语境的影响，每个人的定义是不一样的。关于娱乐，对于个人而言，它是人们的一种消遣方式，用来打发时间、舒缓压力的任何能够收获轻松、愉快或有趣体验的活动。对于社会而言，它是文化生活中的一部分，以音乐、舞蹈、戏剧、电影等不同类型的艺术形式，表达着人类的情感、思想和文化，也可作为一种社交活动成为人与人之间互动连接的纽带；它也是经济生活中的一部分，被视为一种文化产业，在满足人们文化需求的同时创造着经济价值。生成式 AI 的发展与进步作为革命性的技术因素，有力地推进了娱乐想象力的实现，深刻地改变着人们娱乐的方式，同时革新着产业能力与效率，激活了娱乐产业更为强劲的发展活力。

相比医疗、工业、科学，生成式 AI 率先融入了文娱生产。游戏业作为商家必争之地，正在各环节上利用 ChatGPT、Midjourney、Stable Diffusion 等 AI 大语言模型。在当前较为成熟的互联网游戏领域和大量真人在线交互场景中，生成式 AI 在包括对抗类游戏的策略生成、养成类游戏的剧本推进、角色扮演类游戏的剧情设计等方面逐渐发挥效能，提供了更具故事感、沉浸式、互动式的娱乐游戏发展新思路；在艺术现场感官呈现上，生成式 AI 支持下的自动化内容生成、科技化艺术形式、现代化空间布景、真数化虚实结合于一体的沉浸式娱乐体验，为观众们打造了一场别开生面的数字化视听盛宴。

与此同时，也有业内人士提出了自己的隐忧与批判性思考，他们认为："生成式 AI 只能产生更加公式化的内容。娱乐依赖于新想法，而 AI 技术无法产生新想法。"除此之外，不少专业从业者在通用大语言模型在实践使用中的效果方面发现了一些不足，比

如，在剧情内容创作方面缺乏深入性与逻辑性，对于批量生成一致性较高的内容形象缺乏足够支撑力的工具等。尽管生成式 AI 在娱乐相应板块的应用仍存在不足与短板，但就其已为产业带来的蓬勃生命力与源源不断的创意能力，其未来的应用前景无疑十分广阔。

以生成式 AI 下娱乐会展方式的拓展为例。2022 年 9 月 26 日，由百度虚拟数字人"度晓晓"全程参与制作的国内首场 Web3.0 全链路场景下的"百度元宇宙歌会"完美落幕。在打破原来受限于时空距离与单一互动模式的传统演唱形式的基础上，此次歌会实现了多重跨界元素的融合，运用 AIGC、虚拟数字人、数字藏品等多元内容，通过"AI+XR"全场景技术、"真人 + 虚拟数字人"的全身份组合、"在场感 + 空间感"的数字化体验，展现了生成式 AI 硬核的发展实力与生成式内容设计创新的无限可能。

再如，由于生成式 AI 为游戏产业赋能，NPC"说人话"成为可能。根据英伟达官网披露的信息，NVIDIA ACE for Games 是一项全新定制化 AI 模型平台技术，它能使游戏玩家在未来的某一天可以在游戏中全程用母语和 NPC 进行智能、无预设脚本的动态对话。这些角色有自己的个性，而其表情和语气会进化得恰到好处，这将使游戏体验过程中的玩家们与 NPC 的交互更加智能化，从而为游戏行业带来变革。

五、生成式 AI 强化科技创新场景

（一）生成式 AI+ 航空航天

在航空航天领域，生成式 AI 通过集成开发的底层技术优势对现有的知识图谱进行深度学习、对复杂系统进行融合建模、对地外数据进行关联分析与智能理解，共同助力深空环境的远地工作。它可以从智能感知层面、控制层面、建造层面对航空航天行业产生变革性影响。生成式 AI 已对航天航空行业产生了广泛的影响，这主要体现在以下几个场景。

（1）设计与仿真。生成式 AI 可以加速飞机和航天器的设计与仿真过程。通过深度学习和优化算法，AI 可以帮助工程师更快地进行复杂系统的设计优化，提高飞行器的性能和效率，还可以通过 AI 大脑和智能模型支持太空基建工程，借助全模态通用大语言模型生成更加智能的探测器等。

（2）自主飞行系统。生成式 AI 在自主飞行系统中的应用也日益增多。生成式 AI 可

以根据图像、方位、距离、环境等反馈结果和 AI 模型的计算结果自主生成并调节航空航天探测器的运动轨迹，寻找最优路径，以期完成部分需要自动避障、自主避险、自行感知的智能化作业，提升面对未知风险的智能决策能力。

（3）天气预报与航线规划。生成式 AI 也为天气预报和航线规划领域提供了很多帮助。生成式 AI 可以处理大量气象数据，提高天气预测的精准度，从而为航空公司提供更准确的航班规划和飞行安全保障。此外，生成式 AI 可以优化空中交通管制系统，提高空中交通的效率和安全性。它可以分析大量飞行数据，协助空中交通管制员做出更准确的决策，避免拥堵和减少延误。

（4）维护与故障诊断。生成式 AI 有助于改善飞机和航天器的维护和故障诊断，可以对飞机和航天器传回的数据信息和所采集的样本进行效果增强与智能检测，大大提高内容分析的准确度；也可以将太空场景进行局部复刻，完成相似环境下的任务模拟和实操练习。通过监控大量传感器数据，生成式 AI 可以预测设备故障，提前进行维修，降低事故风险，同时节约维护成本。

（5）航空旅客体验。生成式 AI 可以改善航空旅客的体验。从智能客服机器人到个性化推荐系统，生成式 AI 可以帮助航空公司向旅客提供更贴心的服务，提升旅客满意度。

总之，生成式 AI 对航天航空行业的改变是全面而深远的。它不仅提高了飞行器的设计效率和飞行安全性，也优化了航空业务的运营和服务质量。未来，随着 AI 技术的不断发展，航天航空行业将继续受益于 AI 带来的创新和进步。

（二）生成式 AI+ 海洋探测

随着海洋领域的科技含量的不断提升，传统的工具和技术已经难以满足深海探测、特定海域任务和海洋资源利用等多样化工作。因此需要更加契合的技术和工具来助力海洋领域的深层次探索。生成式 AI 在海洋探测行业的应用主要有以下几个场景。

（1）海洋数据处理与分析。海洋探测需要大量的数据处理和分析工作，包括海洋地理信息、海洋生物数据、海洋气象数据等。生成式 AI 可以利用视觉生成算法和影音合成技术自动化生成海域范围内的 3D 全景描绘内容，甚至能够根据现有数据推演创作出不同阶段、不同条件下的海洋形态演化内容。生成式 AI 可以帮助工作人员加快海洋数据的处理速度，提高数据分析的准确性，从而更好地理解海洋环境和资源。

（2）海洋资源勘探。生成式 AI 在海洋资源勘探中发挥着重要作用。通过图像识别、声呐数据分析等技术，生成式 AI 可以帮助人们识别海底矿产资源、海洋生物分布等信息，为海洋资源的有效开发提供数据支持。它还可作为海洋智能机器人的支撑性技术，辅助其在复杂海洋环境中完成数据采集、精密测算、智能追踪和同步定位等水下干预任务。

（3）海洋环境监测。生成式 AI 可以提高海洋环境监测的效率和精度。例如，通过分析海洋传感器数据，生成式 AI 可以帮助监测海洋污染、海洋生态系统的变化以及气候变化对海洋的影响，为环境保护和资源管理提供科学依据。

（4）海洋航行与安全。生成式 AI 在海洋航行与安全领域也发挥着关键作用。生成式 AI 通过实时监测气象信号、水质水样、洋流运动、遥感影像和生物多样性等海洋数据，自动生成可供参考的内容集来预测海洋指标的变化趋势或辅助决策的制定实施。生成式 AI 技术还可以协助航海员进行航行路径规划和海上交通管理，预测海洋气象条件和海况，提高航行安全性。

（5）海洋科学研究。生成式 AI 的应用推动了海洋科学研究的进展。生成式 AI 可以分析海洋学领域的海量数据，辅助科学家进行模拟实验、数据建模，加深对海洋环境和生态系统的理解。

简言之，生成式 AI 技术对海洋探测行业带来了技术革新和效率提升，加速了海洋科学研究和海洋资源的开发利用。随着生成式 AI 的不断发展，相信它将会为海洋探测行业带来更多创新和突破。

六、AI+ 专家判断生产模式

北京认知洞察科技有限公司自主研发的基于社会心理学的知识图谱和 AI 算法模型，包括《谙思中文情感与态度词典》《谙思中文认知与行为词典》《谙思中文评价词典》及《谙思中文价值观词典》等。

认知洞察的生产模式为：从大量的非结构化数据中，识别、挖掘出情感、认知及其指向对象等可分析内容，使用算法进行量化统计，并生成可视化图表和数据特征描述，进而产生自动化分析成果，为行业领域专家做出判断、提出策略提供支撑，最终形成消费洞察报告。现以该公司的具体服务案例为例，简单介绍基于 AI 和专家判断的消费认知洞察文本分析模式。

（一）描述性分析

描述性分析旨在描述研究对象被观测到的面貌，是之后更高层次分析的基础。认知洞察 AI 已经可以自动化地对数据进行描述性分析，还可以通过对网民评论进行总结和提炼从而生成主要观点，以供分析师参考。以下是北京认知洞察科技有限公司进行描述性分析的流程，主要包括自动化的数据获取、清理、挖掘和统计加工（见图 7-8）。

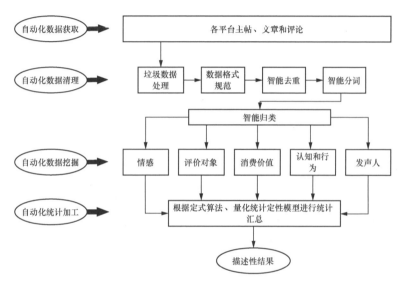

图 7-8　自动化描述性分析

具体来看，通过数据采集工具从各平台获取文本数据后，需要进行以下几个方面的工作。第一，自动化数据处理。首先，清除垃圾数据，格式化和规范化余下的非结构化数据和结构化数据，形成标准和统一的数据格式。其次，针对同一表达中多次出现的词语或者短语，需要进行智能去重。最后，在数据清理的基础上，根据自然语言处理模型对文本数据进行句法和语义上的分词，再通过专门的核心智能程序对其识别、匹配和归类。第二，自动化数据挖掘。认知洞察 AI 基于谙思系列词典，已经能够以较高正确率将分词内容归类至 50 种情感[1]、多种被评价对象类型和属

---

[1] 这 50 种情感可以被归为四类：一是如快乐、愤怒等应激类情感；二是如焦虑、抑郁等心境类情感；三是如烦恼、尴尬等内心评价类情感；四是如赞扬、贬责等外向性评价类情感。这些情感可再被分为正向、负向和中性情感，或者按照其他需求进行分类。

性[1]、9 种影响决策的消费价值[2]、9 种认知层次[3]、3 种行为倾向[4] 及多种发声人主体之上。第三，自动化统计加工。通过定式算法和量化统计定性模型，认知洞察 AI 将数据挖掘结果统计汇总成相应的图表，并针对图表进行描述性分析。

一般来说，标准化描述性分析主要从产品 / 服务、品牌、企业、传播及消费者自身五个角度进行分析，如图 7-9 所示。

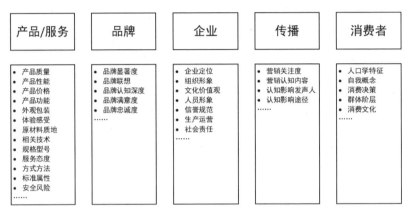

图 7-9　标准化描述性分析的五个角度

（二）探索性（解释性）分析、预测性分析和行动策略咨询服务

对于描述性分析的结果，分析师可以结合 AI 及行业专家的判断对其的可能原因进行推断，此即探索性（解释性）分析；或预测某些因素的影响，此即预测性分析；抑或，结合描述性分析的结果、探索性分析及预测性分析，推出行业策略咨询服务以服务于具体的项目或者企业。

1. 探索性（解释性）分析

在进行探索性（解释性）分析时，认知洞察采用的是分析师借助 AI 共同探索隐藏因素的方法。

---

[1] 产品功能、产品价格、产品性能、产品质量、外观包装、规格型号、相关技术、原材料质地、标准属性、差异化定位、知识科普。

[2] 功效价值、价格价值、质量价值、品牌价值、体验价值、自我价值、参考口碑、社会价值、社会价值。

[3] 感知、理解、归因、假设推理、类比比较、结论、意向、行为、记忆。

[4] 趋近、回避、观望。

2. 预测性分析

根据探索性分析的结论，分析师还可以进一步对消费者行为进行预测。研究人员基于探索性分析中归纳形成的抽象模型，着重于对消费者未来的认知、情感和行为进行预测，以帮助企业、品牌和其他机构执行其生产和经营等计划。例如，分析师很多时候会分析时间序列，并判断其随机性和周期性以供其对某些指标进行预测。

3. 行动策略咨询服务

行动策略咨询服务是一种整合的、基于描述性、探索性和预测性分析的专项服务。

综上所述，我们从描述性、探索性（解释性）、预测性及咨询四个方面对北京认知洞察科技有限公司的消费者洞察工作进行了简单的介绍，希望能够帮助读者了解在基于大数据的文本分析中结合 AI 和行业专家判断的生产方式。

第四节　生成式 AI 的未来趋势

一、短期：改造内容系统，革新内容生产范式

短期内，生成式 AI 的核心作用主要体现为，它扩展了社会内容系统。它可以解构附着于专业内容生产之上的权力，保障内容系统的多样性共存。

学者韦德（Wade）曾说，生成式 AI 在推动信息传播领域改革的诸多途径中，最有影响力的是它创建初稿的能力。生成式 AI 背靠庞大的数据库，强大的数据搜集与整合能力可以使其迅速实现内容的生成，能够替代人类进行海量、重复性的内容写作工作，减轻人类在劳动中的负担。在许多领域，生成式 AI 的应用已经开始发挥重要作用：ChatGPT 已经可以完成大量模板化写作，如简历修改、文本润色、论文写作、诗歌小说创作等；Midjourney、通义万相等模型可以实现文字生成图像、根据例图模仿作图的功能，帮助初学者轻松绘画；MusicLM、Riffusion 等工具可以帮助人们根据文本提示生成音乐；QuickVid 等网站真正实现了"一键生成"短视频。由此可见，生成式 AI 对社会内容系统的改造并未局限在文字内容，还包括图像、音视频等泛娱乐内容领域的前端呈现、后端创作和审核环节的革新。另外，生成式 AI 还改变了人们的社交与娱乐方式，Character.ai 可以根据用户喜好生成虚拟形象，实现个性化定制，并在虚拟社区中与

自己或他人生成的虚拟形象进行交流。根据市场调研与咨询机构 Acumen Research and Consulting 的报告，全球生成式 AI 的市场规模在 2022 年达到 105 亿美元，预计到 2032 年这个数字将上升到 2088 亿美元，高德纳公司预测，到 2026 年使用生成式 AI 或在未来规划中部署支持生成式 AI 的应用的企业，将从 2023 年年初的不到 5% 发展到超过 80%。

在短期发展中，生成式 AI 的主要发力点在于深化机器智能的自主生产部分，通过技术参数量的扩张来丰富内容生产形式。技术参数量是一种重要的指标，直接关系到模型的复杂程度和性能。大语言模型的实质是利用海量数据进行预训练从而形成的大规模参数算法模型，各种生成式 AI 的成功很大程度上依赖于其庞大的参数量和训练数据量。为了顺应发展趋势，许多生成式 AI 型的参数量和文本训练量都在迅速增加。ChatGPT 拥有"海量"模型参数，可以容纳海量人类智慧的结晶。极大的参数量让 ChatGPT 能够突破传统人工智能的局限，实现对人类话语和思维模式的学习，生成的内容及形式不断丰富，达到"博古通今"，甚至有望实现与人类大脑同等水平的思维能力。

在重视参数量扩张的同时，生成式 AI 的另一个发力点则在于不断优化数据处理。华为在其发布的《预训练大模型白皮书》中指出，业界应该抛弃"参数量至上"的评判标准，更关注如何用好参数和如何提升模型鲁棒性的问题。这给生成式 AI 的短期发展带来了启发。扩大参数量固然重要，但并不是发展的全部，还应该关注模型的精度和有效性，不断优化数据处理，提升内容生产质量。

综上所述，生成式 AI 的短期发展存在两个趋势：一是通过技术参数量的扩张让内容生产形式更加丰富；二是促进数据处理的优化让内容生产更加稳定与高质量。背靠庞大的人类智慧数据库，机器可以对人的思想认知、价值追求和行为习惯进行匹配和表达，只要解决好机器智能与人类社会的数据契合度问题，就可以实现其与人更加细腻和精准的连接。

二、中期：改造认知系统，重建人类认知系统

所谓"社会认知系统"，涉及人们在社会互动中形成思维、认知的所有领域，是人们理解、存储和应用他人信息的整个过程的集合。生成式 AI 在补充社会内容系统的同时，也在物质技术和社会能动两方面为人类社会打上了"渠道烙印"。前者侧重于麦克

卢汉的观点，即技术形态发展对人类感知、认识和把握世界方式的影响，后者则强调了媒介的信息呈现方式如何改变了人类的议题设置和思维习惯。随着时间的深入，生成式 AI 的影响也注定不会局限于对内容形式的改变，它很有可能通过内容实践影响社会认知秩序，改变人类认知逻辑。这个过程可能包括两种发展方向："外脑"层面的信息运用和"内脑"层面的提问练习。

生成式 AI 改变人类社会认知系统的第一个方向是发展"外脑"，增强人类运用信息的能力。正如前文所述，在以人类智能为主导的时代，人类的生产活动存在生物局限性，我们无法突破有限寿命和生理机能的限制，与此同时人类还必须借助外部工具才能处理大量的数据。生成式 AI 的出现，则帮助我们有效解决了在时间、算力和交流尺度上的限制，促进人类进入了"知识外包"时代。在人工智能的帮助下，那些可被数据描述、可被算法解析的逻辑性、理性化的劳动任务被分割出来，交由具有大容量、高算力的机器来完成。通过知识存储、数据处理的权利转移过程，人类将机器变成了自己的"外脑"，实现了人类智能与机器智能的平衡共生。

从另一方面看，作为个人认知"助手"的生成式 AI，不仅是数据的存储器，也是信息的处理器。通过重新改造用户的信息搜寻与获取行为，它使普通用户得以借助技术力量站在相对统一的平均能力线上调用人类知识库。互联网时代，"信息穷人"与"信息富人"的差异不仅体现在信息资源占有的多少，也体现在运用信息能力的高低。换句话说，个体不仅要有足够的信息储备，也要懂得如何挖掘信息的潜能，即对如何找信息和怎样用信息的考量。从信息资源占有的角度看，生成式 AI 可以帮助个体突破地理位置、经济收入的束缚，为个体接触广大的数据信息创造了可能。从信息功能实现的角度看，生成式 AI 可以有效按照个人意愿来激活和调动海量外部资源，为个体挖掘信息的潜能提供有效建议，助力个体跨越"能力沟"障碍，形成强大、丰富的社会表达和价值创造。

生成式 AI 改变人类社会认知系统的另一种方向是发展"内脑"，延伸人类的提问能力。古语言"不学不成，不问不知"，提问对于人类认知过程的重要性可见一斑。在生成式 AI 的推动下，我们已步入一个问题增值、答案贬值的时代，人类生态位也开始了向"战术"者的转变。在生成式 AI 时代，给出答案已不再是人类的首要任务，如何问对问题反而变得更为重要——只要问对问题，人类就可以借助机器智能轻松获取"完美答案"。基于此，提示工程也变得尤为重要。正如前文所述，提示工程是一门致力于将生成式 AI 更好地应用于任务场景中的新兴学科，它的出现是为了弥合模型与应用间的距离，实现技术间的有机连接与整合。为了实现更有效、更准确的人机互动，用户必须提高自己的问题提示效率，从而引导机器输出契合的内容。对提示工程的建设，可以加速提升大语言模型的生成性，训练其以接近人类表达习惯的方式整合并输出信息，降低应用成本；还可以推动人与模型、模型与模型间的连接，进而突破信息边界，拓宽发展空间。

从专业人员角度看，提示工程师作为生成式 AI 的互补性职业，是提示工程建设的主要参与者，它需要针对用户需求提供经过优化的提示指令，进而挖掘模型的输出潜力。从一般用户角度看，当我们认真思考自己的问题与需求，仔细斟酌提问措辞时，就已处在开展提示工程的过程中了。事实上，生成式 AI 时代人类不仅需要学会向机器提问，更需要培养一种普遍的发问能力——一种向自然、向他人、向思想、向自身发问的能力。在不断的问询与追问中，人类得以实现与他者、与自身的交互，从而突破自身有限性，实现真正意义上的人类"内脑"的延伸。

总体来看，在行业发展中期，提示工程行业将成为生成式 AI 产业的着力点，从人类如何表达需求和机器如何理解需求两方面，力图解决人类使用生成式 AI 的能力契合度问题。前者要求人类通过建设提示工程，优化提示内容，提炼由简入繁、化大为小、设置自查等提示技巧，用明确、精炼而完整的提示向机器传达需求。后者则要求从业人员深耕预训练语言模型、上下文学习和基于人类反馈的强化学习等关键技术，使模型掌握人类语言规律，并在微调技术的帮助下，提高机器的任务解决能力。此外，轻量化和安全性、类脑化和持续性也是生成式 AI 未来需要优化的重点，是"内外脑"协调共进的必由之路。其中，轻量化和安全性侧重对模型的优化提升，力图在降低计算成本的同时，减少模型的偏见与不可控因素。类脑化和持续性则侧重对机器学习模式的完善，希望通过灵活可塑的模型结构拓宽机器应用场景，适应不断更新的任务。在提升自身提问能力和优化机器应答能力的过程中，人类的认知逻辑也随之变化，用户得以成为真正驾驭生成式 AI 的"战略"家。

三、长期：改造文化系统，再构社会文明形态

长期来看，生成式 AI 将会对世界产生怎样的深刻影响？它是如何形成的？又会给

世界带来哪些变革？这些都是值得深入思考的问题。从以人类为中心的视角来看，人类的劳动模式转变促使了人类文明从"手工文明""工业文明"向"机器文明"转变。当我们从机器的角度进行前瞻性分析时，生成式 AI 所具有的独特"居间"属性，可能会在与社会的长期互动中，塑造出一种与传统模式不同的人与机器的协同文明。这种文明可以被称为由"人类之脑"和"机器之手"共同创造的新型文明。在这种全新的数字文明阶段，"人类之脑"和"机器之手"的紧密协作，尤其表现为人类智慧和机器能力的相互补充，将成为推动社会进步的主要动力——人类将通过智慧和创新，继续拓展数字文明的前沿领域，而机器则将通过高效、准确地执行任务，帮助人类解决复杂的问题。这个新数字文明的特点在于人机深度融合，使人类能够充分利用机器的能力，实现更高效的生产、更智能的决策和更优质的服务。同时，新数字文明也将带来一系列挑战和问题，如数据安全、隐私保护、人工智能伦理等，这需要我们共同探讨和解决。

有学者把这种新的人机文明形态称为"知识模式 3"，这是一种全新的知识生成模式。这种模式也被称为"第五范式"，它区别于传统的"知识模式 1"和"知识模式 2"，将影响社会生活的方方面面，包括打破传统精英宰制的社会逻辑并迈入"常人政治"的未来新社会等。"知识模式 1"主要依赖于人类个体的知识和经验，是人类个体通过自身的感知、思维和行动来获取和传递知识。这种模式注重人类的智力发展，强调人类的自由和创造力，但同时也存在着局限性，如知识获取和传递的速度及范围有限，容易受到个人经验、情感和价值观的影响。"知识模式 2"则是以政府或机构为主导的知识模式，通过集体的智慧和力量来获取和传递知识。这种模式注重社会的稳定和秩序，强调政府的领导力和机构的规范性，但同时也存在着一些问题，如知识获取和传递的僵化性和单一性，容易受到政治、经济和文化等因素的影响。"知识模式 3"则是以机器和人类协同生成知识的新模式。在这种模式下，机器和人类共同参与知识的获取、整理、分析和应用的过程。机器通过大数据分析和人工智能技术，快速准确地处理大量信息，挖掘出潜在的知识和规律；人类则通过自身的感知、思维和行动，对机器分析结果进行验证和修正，从而生成更加准确和全面的知识。具体来说，"知识模式 3"具有三种特点。一是人机协同性。机器和人类在知识生成过程中相互协作，充分发挥各自的优势，形成一种全新的知识生成模式。二是数据驱动性。机器通过大数据分析技术，从海量数据中挖掘出潜在的知识和规律，为人类决策提供更加准确和全面的支持。三是智能交互性。机器能够通过自然语言处理、图像识别等技术，与人类进行智能交互，提高人机之间的沟通和协作效率。"知识模式 3"的实现涉及多学科的研究和应用，包括计算机科学、人工智能、心理学、社会学等。未来，"知识模式 3"将成为人机协同发展的重要趋势之一，为人类社会的进步和发展提供更加全面和准确的知识支持。

　　然而，我们也需要意识到，在生成式 AI 的长期发展历程中，要使一项技术能够真正"落地"并发挥长久的社会效应、融入社会的长期发展中，还必须关照和解决技术与社会的契合度问题。具体来说，生成式 AI 要成为改变社会现状的"现实技术"，必须与政策、市场等外在社会条件相匹配。首先是政策契合度问题。政策是推动技术发展的重要力量，政府可以通过制定科技政策、法规和标准，引导和规范技术的发展方向。例如，政府可以制定数据安全和隐私保护的相关法规，确保生成式 AI 在处理大量数据时不会泄露用户的隐私信息。此外，政府还可以通过提供财政支持和优惠政策，鼓励企业和研究机构投入生成式 AI 的研发和应用。其次是市场契合度问题。市场也是决定技术能否长期发展的关键因素，生成式 AI 的商业化和产业化需要建立在市场需求的基础上。因此，了解市场需求和竞争状况对于技术的研发和应用至关重要。只有当生成式 AI 能够满足市场需求，才能在市场竞争中占据优势地位，实现可持续发展。最后是用户契合度问题。生成式 AI 的发展还需要考虑与人类价值观的契合度。技术的进步不能仅仅追求效率和利益，还必须关注人类社会的道德、伦理和精神需求。生成式 AI 在处理人类语言、图像和视频等数据时，必须遵循基本的道德准则，尊重人类的隐私和权益。例如，生成式 AI 不应该用于制造虚假信息或误导公众，而应该用于促进公正、透明和有益于人类社会发展的领域。另外，生成式 AI 的发展还需要建立良好的合作机制。技术的研发和应用需要跨学科、跨领域的合作，包括计算机科学、人工智能、心理学、社会学等多个领域。只有通过多方面的合作，才能更好地解决技术与社会的契合度问题，推动生成式 AI 的长期发展。正如高德纳公司对生成式 AI 技术成熟度的判断，该公司认为它正处于期望膨胀期，可能存在讨论过热的情况。据麦肯锡等研究机构调研，目前全球相关公司对生成式 AI 的采用率仅稳定在 50% 左右，许多组织机构尚未对生成式 AI 的广泛使用以及这些工具可能带来的风险做好充分准备。也就是说，生成式 AI 未来将在多大程度上嵌入社会文化系统、发挥多大程度的媒介化力量，还需长期观察。

　　综上所述，从长期看，生成式 AI 必然将重建整个人类社会文明形态，但是想实现这一点仍需要关注技术与社会的相互影响和适应程度。只有不断提高技术的可靠性和安全性，与政策、市场等外在社会条件相匹配，并遵循基本的道德准则，才能使生成式 AI 成为改变社会现状的"现实技术"，发挥长久的社会效应，并融入社会的长期发展中（见表 7-2 ）。同时，我们还需要建立良好的合作机制，促进跨学科、跨领域的合作，为生成式 AI 的长期发展提供更广阔的空间和更多的机遇。

表 7-2　生成式 AI 的未来发展趋势

时间尺度	发展目标（做什么）	着力解决的问题（怎么做）
短期	革新社会内容系统	解决数据契合度问题 （提升数据模型与现实社会的契合度） 例如，完善模型与参数
中期	改造社会认知系统	解决使用契合度问题 （提升人类提示与机器响应的契合度） 例如，系统化培训和提示工程
长期	重塑社会文化系统	解决社会契合度问题 （提升媒介技术与社会政策及市场的契合度） 例如，调整适应政策和市场

参考文献

1. 喻国明. ChatGPT 浪潮下的传播革命与媒介生态重构 [J]. 探索与争鸣，2023（03）: 9-12.

2. 魏巍，郭和平. 关于系统"整体涌现性"的研究综述 [J]. 系统科学学报，2010，18（01）: 24-28.

3. 恩格斯. 家庭、私有制和国家的起源 [M]. 北京：人民出版社，2018.

4. 魏屹东. 人工智能会超越人类智能吗？ [J]. 人文杂志，2022（06）: 88-98.

5. 尼克·库尔德利. 媒介、社会与世界：社会理论与数字媒介实践 [M]. 何道宽，译. 上海：复旦大学出版社，2014.

6. 任康磊. 如何高效向 GPT 提问 [M]. 北京：人民邮电出版社，2023.

7. 张小强，郭然浩. 媒介传播从受众到用户模式的转变与媒介融合 [J]. 科技与出版，2015（07）: 123-128.

8. 杨光宗，刘钰婧. 从"受众"到"用户"：历史、现实与未来 [J]. 现代传播（中国传媒大学学报），2017，39（07）: 31-35.

9. 郑元凯，范五三. 中国式现代化对资本逻辑的超越——基于"人的需要"视角 [J]. 福州大学学报（哲学社会科学版），2023，37（04）: 16-27.

10. 冯丽云. 现代市场营销学 [M]. 北京：经济管理出版社，1999.

11. 彭兰. 网络传播概论 [M]. 3 版. 北京: 中国人民大学出版社，2012.

12. 张学军. 论信息的隐性需求 [J]. 现代情报，2004（12）: 58-59.

13. 范晓屏. 基于隐性需要的消费倾向及其营销启示 [J]. 商业研究，2003，（16）: 5-8.

14. 范俊君，田丰，杜一，等. 智能时代人机交互的一些思考 [J]. 中国科学: 信息科学，2018，48（4）: 361-375.

15. 申琦. 服务、合作与复刻: 媒体等同理论视阈下的人机交互 [J]. 西北师大学报（社会科学版），2022，59（3）: 106-115.

16. 董士海. 人机交互的进展及面临的挑战 [J]. 计算机辅助设计与图形学学报，2004（1）: 1-13.

17. Fodor J. In critical condition: Polemical essays on cognitive science and the philosophy of mind[M]. Cambridge: The MIT Press, 1998.

18. Robertson, S. Requirements trawling: techniques for discovering requirements[J]. International Journal of Human-Computer Studies, 2001, 55(4).